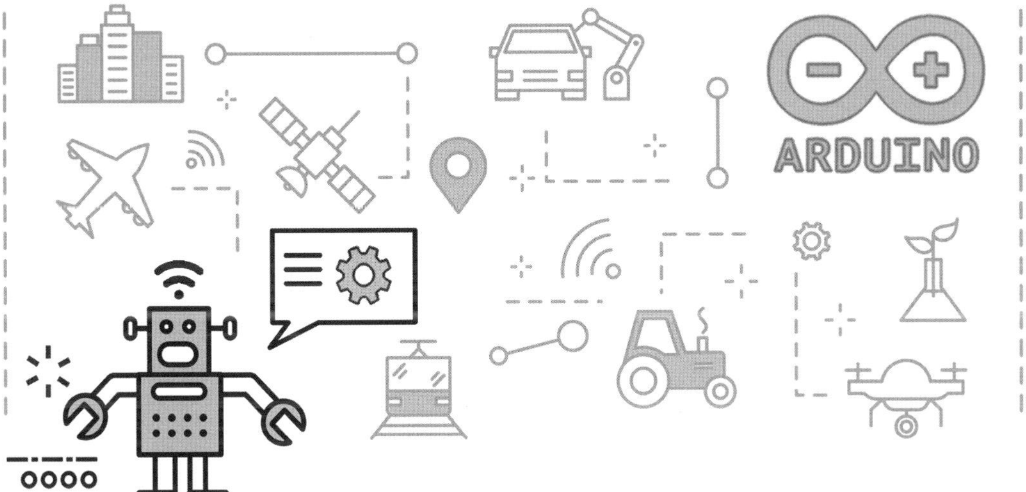

아두이노를 이용한 사물인터넷 기초부터 실무까지

김경희·김영채·오상균·허덕행 공저

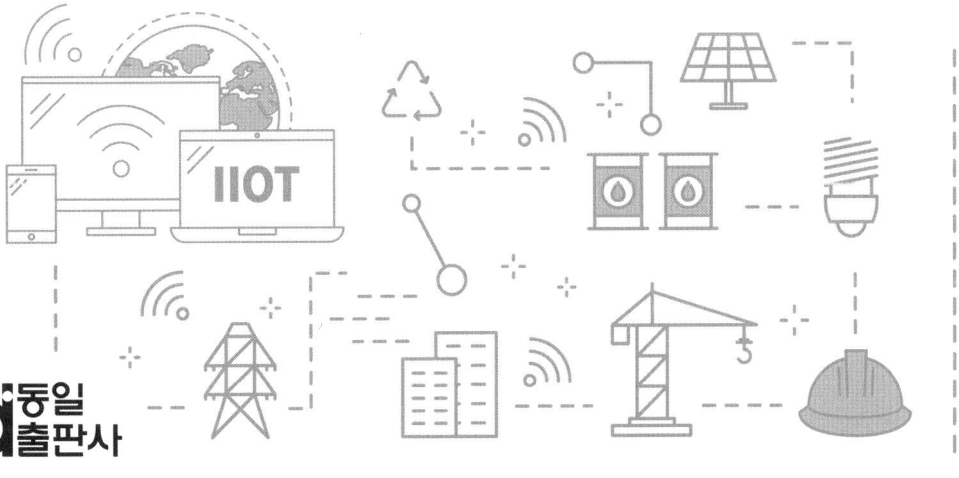

동일출판사

머리말

이 책은 전자회로에 관한 지식이 미흡하거나 소프트웨어에 대한 경험이 많지 않은 독자들을 위하여 저술하였다.

이 책은 소프트웨어 혹은 하드웨어에 대한 경험이 미흡한 독자들이 스스로 하드웨어를 제작하고, 스스로 프로그램을 작성할 수 있는 방법을 습득할 수 있도록 하는 것을 목표로 하고 있지만, 사물 인터넷과 관련된 부품의 사용법과 아두이노 명령어 및 Library의 Syntax를 정리해 두었으며, 프로그램을 작성할 때 필요한, 프로그래밍 고급 기법의 활용 방안도 정리해 두었기 때문에, 독자들이 아두이노 프로그래밍을 할 때 Reference로도 활용할 수 있도록 하였다.

이 책은 독자들이 스스로 하드웨어를 제작하고, 프로그래밍을 할 수 있도록 하기 위하여, 아두이노 홈페이지의 "Arduino Reference"에서 공개하고 있는, 모든 Arduino programming language와 "Libraries"에 공개되어 있는 주요한 Library의 Syntax를 해설 하였으며, 독자들이 이해하고 사용할 수 있도록 하기 위하여, 모든 language와 Library는 해설과 더불어 프로그램을 작성토록 하였으며, 작성된 프로그램이 하드웨어상에서 구현되는 것을 보여 줌으로서, 명령어를 좀 더 직관적으로 이해할 수 있도록 하였다.

이 책에서는 경험이 미흡한 독자들을 위하여, 가장 간단한 프로그램을 작성하는 것을 시작으로, 점진적으로 프로그램의 난이도가 높아지도록 배치하였고, 처음 사용되는 명령어는 반드시 그 이전에 사용법을 해설한 다음, 사용하여 독자들이 혼란스럽지 않도록 배려하였으며, 사물 인터넷 관련 부품들은 먼저 단순하게 구동하는 방법만 설명하고, 응용편에서 활용 방안을 다시 보여 줌으로서 구동 방법과 활용 방안을 모두 이해 할 수 있도록 작성하였으며, 아두이노 고급 기법의 활용에서는 프로그래밍 알고리듬에 필요한 기법들을 해설함으로서, 독자들의 프로그래밍 능력 향상에 도움이 되도록 하였다.

이 책의 구성은

1장 아두이노와 아두이노 프로그램을 작성하고 실험을 할 때 필요한 Software와 Hardware 준비물 등을 간략히 소개하였다.

2장 "Arduino Reference"에서 공개하고 있는 명령어를 이해할 수 있도록 하였지만, 명령어 중에서 하드웨어 관련성이 높은 명령어는 하드웨어와의 연관성을 보여주기 위하여 뒷장에 배치하였다.

3장 프로그램을 작성할 때 알아야 하는 고급 기법을 설명하고, 간단히 활용 방안을 제시하였다.

머리말

4장 아두이노에서 외부기기와 통신할 수 있는 여러 가지 방법을 정리해 두었으며, 하드웨어를 관리할 때 발생하는 데이터와 하드웨어의 상태에 대한 정보 등을 보관하려면, 비휘발성 데이터가 필요하므로, 비휘발성 메모리에 대한 정보와 활용 방법도 같이 정리해 두었다.

5장 Bit 제어 방법을 별도로 분리하여 배치하였다. 저자는 Bit 제어가 Firmware에서 비중이 대단히 높다고 생각하기 때문이다.

6장 사물 인터넷 관련 부품을 활용하는 방법을 소개하고 있다. 6장에서는 독자들의 혼란을 막기 위하여, 부품을 사용하여 프로그래밍하는 방법에 초점을 맞추어서 서술 하였다.

7장 사물 인터넷 관련 부품과, 프로그램 고급 기법 등을 혼합하여 실무적인 프로그램을 작성할 수 있는 실질적인 예제를 배치함으로서 독자들의 능력을 향상 시킬 수 있도록 하였다.

참고로 이 책에서 사용하는 모든 부품은, 아두이노 관련 상품 판매점, 혹은 통신 판매를 통하여 쉽게 구입할 수 있는, 부품을 기준으로 사용 하였으며, 하드웨어적으로 구성 자체가 난해한 모듈이 아닌 경우에는, 단품 위주로 사용하였기 때문에, 부품에 대한 이해도를 높이고, 전자회로에 대한 지식이 미흡한 독자들도 부품 구입과 사용 방법에 대한 어려움을 격지 않도록 배려하였으며, 추가적으로 전자 부품 구입에 대한 경험이 없는 독자들을 위하여 JK 전자의 판매회사 "툴파츠(http://www.toolparts.co.kr)에서 필요한 부품들을 구입할 수 있도록 준비해 달라고 부탁해 두었다.

저자 씀

차례

Chapter 01 아두이노와 개발 환경

Chapter 02 아두이노 명령어

차례

차례

Chapter 06 사물인터넷과 관련된 센서와 모듈

Chapter 07 실무편

차례

부록

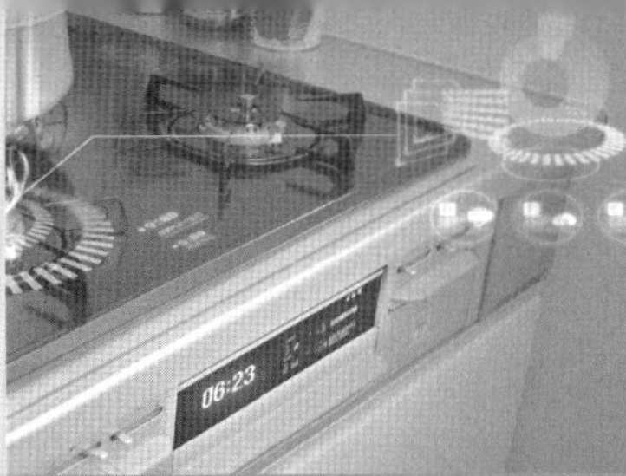

Chapter

01

아두이노와 개발 환경

1.1 아두이노

아두이노는 디지털 하드웨어에 대한 지식과, 소프트웨어에 대한 지식이 없는 사용자들도 물리적인 하드웨어를 쉽게 사용할 수 있도록 만들어진 단일 보드 제품이며, 원칙적으로 오픈 소스이기 때문에, 누구나 제한 없이 사용할 수 있다.

아두이노는 처음 제품으로 만들 때, Atmel사의 AVR을 기반으로 제작하였기 때문에, 아두이노 제품은 현재까지도 AVR을 기반으로 한 제품의 비중이 높은 편이지만, Arm을 기반으로 하는 제품도 출시되는 상황이며, 오픈 소스이기 때문에, UNO, PRO, MINI, MICRO, ZERO 등의 제품뿐 아니라, 필요에 의해서, 다양하게 변형된 아두이노 제품도 출시되고 있다.

아두이노를 처음 접하는 독자들은 아두이노의 하드웨어가 너무 다양하기 때문에 혼란스럽겠지만, 아두이노 홈페이지에서 지정한, 아두이노의 조건에 의하면,

① 아두이노는 Arduino programming language를 만족하여야 하며,
② Arduino Software (IDE)를 사용하여 프로그램을 할 수 있어야 한다.

따라서, 모든 아두이노는 Arduino Software(IDE)를 사용하여 프로그램을 작성하므로 어느 경우나 프로그램의 작성 방법이 같다.

Arduino programming language를 만족한다는 말을 다시 생각해보면, 제품의 종류에 관계없이, 동일한 명령에 대해, 동일한 작업을 수행 한다는 것을 보장할 수 있다.

결론적으로 말하면 ,아무리 다양하여도, 아두이노 제품은 I/O Port의 개수, 물리적인 크기, 동작 전압, 동작 속도, 내부 메모리의 크기 등에서는 차이가 있겠지만, 아두이노는 아두이노일 뿐이다.

쉽게 생각하자. 사용자가 만들려고 하는 제품이 특성상 크기가 작아야 한다면 "Arduino MINI"를 사용하면 된다. "Arduino MINI"를 사용한다고 해서 프로그래밍 방법이나, 프로그래밍 명령이 달라지지 않는다. "Arduino 4 Relays Shield"는 아두이노 Board에 Relay 4개가 추가된 Board이다. 사용자의 프로젝트에 Relay가 필요하다면 "Arduino 4 Relays Shield"를 사용하면 된다.

사용자에게 액세서리가 추가되었을 뿐 달라지는 것은 없다.

저자는 UNO Board가 아두이노 제품 중 가장 보편적으로 사용되는 제품이라고 생각하기 때문에, 이 책을 저술할 때 UNO Board를 기준으로 하였지만, 이 책에서 서술하는 내용은 모든 아두이노에 적용할 수 있는 내용임을 언급해 두기로 하자.

1.2 UNO Board

UNO Board는 가장 보편적으로 사용되고 있는 아두이노 Board이다.

[그림 1.2.1]은 UNO Board이다.

여기서 소개하는 UNO Board의 Spec.은 독자들에게 자료를 제공하는 것이 목적이다. 하드웨어에 대한 경험이 없는 독자들은, 신경 쓰지 말고, 가볍게 한번 보고 지나가도 좋을 것 같다. (나중에 그 의미를 알게 된다)

| 그림 1.2.1 | UNO Board

UNO Board Spec.

① Microcontroller : Atmega328 혹은 328P

② Operating Voltage : 5V

③ Input Voltage : 7~12V

④ Input Voltage Limit : 6~20V

⑤ Digital I/O Pin : 14개(PWM Digital I/O Pin 포함)

⑥ PWM Digital I/O Pin : 6개

⑦ Analog Input Pin : 6개

⑧ DC Current per I/O Pin : 20mA(최대 40mA)

⑨ DC Current for 3.3V Pin : 50mA

⑩ Flash Memory : 32KByte(Boot Loader 0.5 KByte)
⑪ SRAM : 2KByte
⑫ EEPROM : 1KByte
⑬ Clock Speed : 16MHz
⑭ Length : 68.6mm
⑮ Width : 53.4mm
⑯ Weight : 25g

IO Pin Spec

① Digital I/O Port : 0~13(14개)
② Analog Input Port : A0~A5(6개)
③ RS232 Port : 0(RX), 1(TX)
④ External Interrupt : 2, 3
⑤ PWM Port : 3, 5, 6, 9, 10, 11
⑥ SPI Port : 10(SS), 11(MOSI), 12(MISO), 13(SCK)
⑦ built-in LED : 13
⑧ TWI Port : A4(SDA), A5(SCL)
⑨ AREF : Reference voltage for the analog input(A/D Converter의 기준 전압이다.)
⑩ IoRef : 5V I/O Board에서는 5V가 출력되며 3.3V I/O Board에서는 3.3V가 출력된다.
⑪ Reset : Reset Port로 LOW 전압이 입력되면 아두이노가 초기화되고 다시 시작된다.

☑

- Port 0~13은 digital I/O Port이고, A0~A5는 analog 입력 Port이다.
- Port 0,1은 USB와 연결되어 Arduino Software(IDE)로부터 Program을 다운 받거나, 시리얼 모니터용으로 사용되기 때문에 Digital I/O 목적으로는 사용하지 않는 것이 좋다.
- A0~A5는 아날로그 입력 Port지만, Digital I/O Port로 설정하면 Digital I/O Port로 사용할 수 있다.

1.3 Arduino Software(IDE)

아두이노는 프로그래밍을 할 때 아두이노 IDE를 사용하도록 되어 있다. 아두이노 IDE는 아두이노 홈페이지(www.arduino.cc)에서 다운 받을 수 있다.

아두이노 홈페이지의 메뉴에서 "SOFTWARE"→"DOWNLOADS"를 선택하면, install 프로그램과 zip 프로그램 중 하나를 선택할 수 있다. install 프로그램은 다운 받은 다음, install과정이 필요하지만, zip 프로그램은 압축을 풀기만 하면 사용할 수 있다. install 프로그램을 설치하였다면 아두이노의 기본 경로는 "C:₩Program Files₩Arduino"이고, zip 프로그램을 사용하였으면 아두이노의 기본 경로는 사용자가 압축을 푼 폴더이다. 참고로 프로그램을 down 받을 때 아두이노 발전을 위하여 금전적인 기여를 할 것인지를 묻는다(사용자의 양심을 건드리고 있지만, 강제사항은 아니다).

"JUST DOWNLOAD"를 선택하면 금전적 기여 없이 다운 받을 수 있다.

[그림 1.3.1]은 아두이노 IDE를 실행하였을 때의 화면이다.

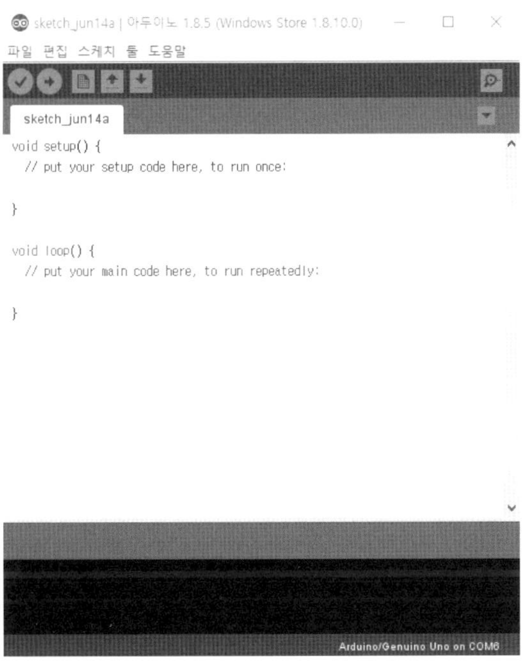

| 그림 1.3.1 | 아두이노 IDE 화면

IDE 화면에는 프로그램을 작성하기 위한 setup() 함수와 loop() 함수가 정의되어 있다. 아두이노는 setup() 함수와 loop() 함수 내부에 프로그램을 작성하도록 설계되어 있다.

setup() 함수는 아두이노가 프로그램을 실행할 때 한번만 수행되는 작업(Port 초기화, 통신 초기화 등)을 실행하기 위한 함수이고, loop() 함수는 반복적으로 계속 실행해야 하는 작업(Key Check, 외부 signal 입력 등)을 실행하기 위한 함수이다.

프로그램은 처음 setup() 함수 내부의 명령이 먼저 실행되고, setup() 함수의 내부 명령이 모두 처리된 다음, loop() 함수 내부의 명령이 실행되며, loop() 함수 내부 명령은 무한히 반복적으로 실행된다.

아두이노 프로그램을 작성하여 수행하는 과정은 다음과 같다.

① setup() 함수와 loop() 함수 내부에 프로그램을 작성한다.

② 작성된 프로그램을 CPU가 구동할 수 있는 기계어로 변환해 주어야 한다.
메뉴에서 "스케치" → "확인/컴파일"을 선택한다(이 과정이 소스 프로그램이 기계어로 변환되는 Compile 과정이다.).

③ Compile에 의해 만들어진 기계어를 아두이노 Board로 전송한다.
메뉴에서 "스케치" → "업로드"를 선택한다.

④ 업로드가 완료되면, 아두이노 프로그램이 즉시 실행된다.

1.4 하드웨어 실험을 위한 준비

아두이노를 사용하는 하드웨어를 구동하려면, 하드웨어를 제작할 수 있는 브레드보드와 사용하려는 부품도 필요하지만 연결선도 필요하다. [그림 1.4.1]은 브레드보드와 연결선의 그림이다. [그림 1.4.1 (a)]의 브레드보드의 좌측과 우측에 세로 방향으로 점 5개씩, 5개의 group이 2줄씩 있는데 이 그룹들은 각기 내부적으로 연결되어 있고, 세로 방향으로는 그룹끼리도 연결되어 있다. 간단히 말하면 브레드 보드 사용자는 25개의 연결점을 갖는 4개의 서로 다른 세로 줄을 가지고 있다는 뜻이 된다. 브레드보드 그림에 선을 그어 놓은 것은 내부적으로 연결되어 있다는 것을 가시적으로 보여주기 위함이다. 중간 부분은 위쪽에 가로 선을 그어 놓았는데, 모든 5개의 가로 점들은 내부적으로 연결되어 있지만, 다른 그룹과는 연결이 되어 있지 않다. 따라서 5개의 연결점을 갖는 선은 좌우로 2개 아래위로 30개 이므로 독자들은 5개의 연결점을 갖는 선을 2×30=60개를 가지고 있는 셈이다. [그림 1.4.1 (b)]는 브레드보드를 사용하여 부품과 아두이노를 연결할 때 사용하는 연결선의 그림이다. 공구 상가 등에서 구입이 가능하다.

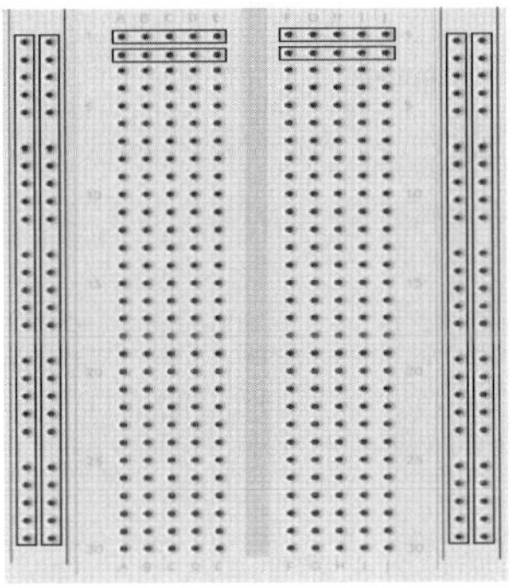

(a) 브레드 보드

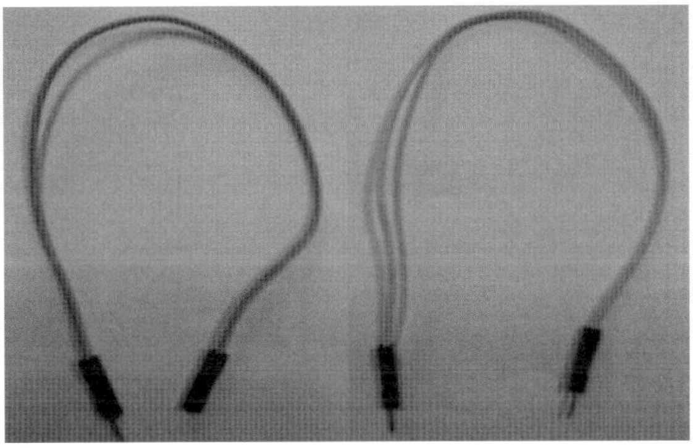

(b) 연결선

| 그림 1.4.1 | 브레드보드와 연결선

[그림 1.4.2]는 회로도와 결선도에서 UNO Board를 표현한 그림이다.

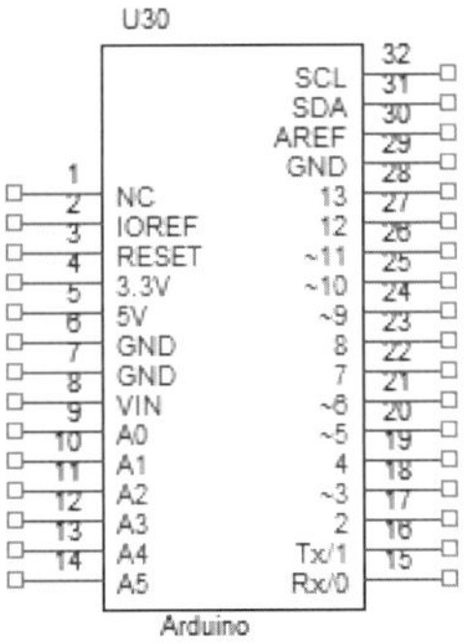

(a) 회로도

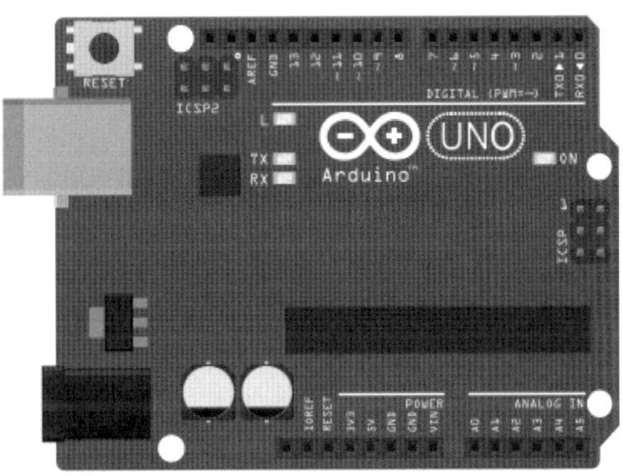

(b) 결선도

| 그림 1.4.2 | UNO Board의 표현

[그림 1.4.2 (a)]는 회로도에서 UNO Board를 표현한 그림이며, [그림 1.4.2 (b)]는 결선도에서 UNO Board를 표현한 그림이다.

[그림 1.4.3]은 LED가 2개인 회로를, 브레드 보드위에 제작할 때, 회로를 표현하기 위하여 사용되는 회로도와 결선도이다.

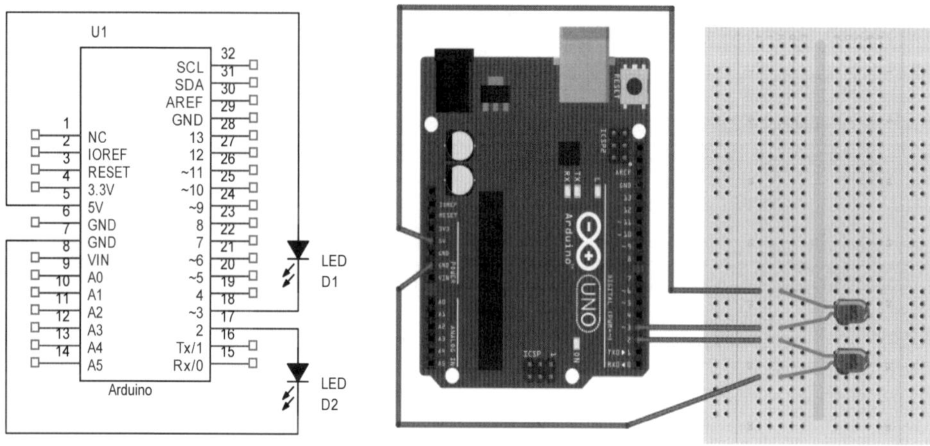

(a) 회로도 (b) 결선도

ㅣ그림 1.4.3ㅣ 아두이노 회로

현시점에서 회로의 동작은 생각하지 말자. [그림 1.4.3 (a)]는 회로도이고 [그림 1.4.3 (b)]는 결선도이다. [그림 1.4.3 (b)]를 결선도라 하며, 하드웨어의 물리적 구성을 가시적으로 표현한 그림이며, 하드웨어에 대한 경험이 없는 사용자를 위한 그림이다.

[그림 1.4.3 (a)]의 회로도가 전자회로를 표현할 때 가장 보편적으로 사용되고 있는 그림이다. 회로도는 부품의 이름과 입출력 Port의 연결 상태를 표현하는 것이 목적이다.

[그림 1.4.3 (a)]에서 U1, D1, D2는 사용된 부품을 관리하는 목적으로 사용하는 번호에 불과하며 특별한 의미는 없다.

저자는, 좀 더 발전된 개발자가 되려면, 결선도 없이 회로도만으로 회로를 구성하는 것에 익숙해지는 것이 필요하다고 생각하고 있다.

Chapter

02

아두이노 명령어

2장은 아두이노를 이용하여 디지털 하드웨어를 제어할 때 사용되는, 명령어와 그 명령어의 사용 방법을 설명하기 위하여 마련하였다. 2장에서 설명하는 명령어들은 아두이노 프로그램을 작성할 때, 사용빈도가 대단히 높은 명령어이므로, 아두이노를 잘 활용하려면, 2장에서 소개하는 명령어를 자유롭게 사용할 수 있어야 한다. 3장 이후부터는 독자들이 2장의 명령어를 모두 알고 있을 것이라, 가정하고 저술하였다.

2장은 아두이노의 명령어를 이해하는 것이 중요하므로 -하드웨어에 대한 경험이 미흡한 독자들이 많다고 생각하였기 때문에- 되도록 부품을 작게 사용하고, 쉽게 만들 수 있는 하드웨어를 이용하였으며, 동일한 하드웨어를 사용하여 여러 가지 명령어들을 실험해 볼 수 있도록 하였다.

2장에 필요한 준비물은 다음과 같다.

1. Bread Board 1개
2. LED 4개
3. Tack Switch 3개
4. 저힝 2.2KOhm 7개
5. 가변 저항 10KOhm 1개

2.1 실험 회로-1

[그림 2.1.1]은 아두이노를 사용한, 하드웨어 제어 실험을 구현하기 위한 회로의, 회로도와 결선도이다.

하드웨어 제작은 [그림 2.1.1 (a)]의 회로도를 이용하여 제작하는 것이 일반적인 방법이지만, 하드웨어에 대한 경험이 미흡한 독자들은 [그림 2.1.1 (b)]의 결선도를 참고하여 하드웨어를 제작하는 것이 좋을 것 같다.

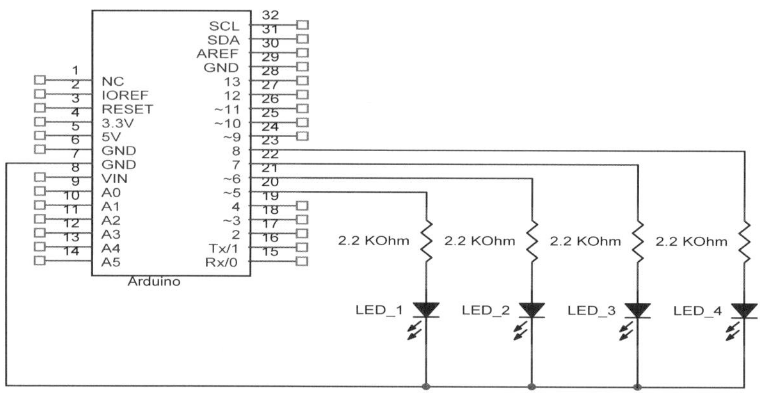

(a) 회로도

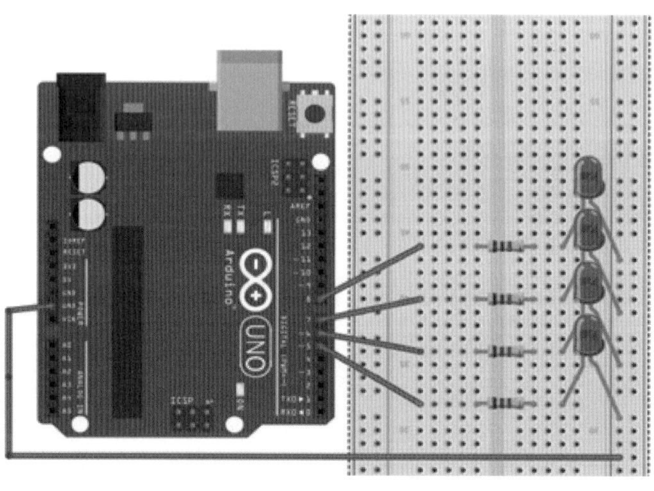

(b) 결선도

| 그림 2.1.1 | 아두이노 실험회로 1

실험 회로에서 사용되는 아두이노의 Port는 5, 6, 7, 8번이다. 회로를 제작할 때 주의할 점은, LED가 방향성을 가지고 있다는 점이다.

참고로, 전자에서는 LED나 콘덴서와 같이, 극성이 있는 부품을 생산을 할 때, 높은 전압 쪽으로 연결되는 단자의 길이를 조금 더 길게 만드는 경향이 있다. 그것은 자동화 시스템에서 대량 생산을 할 때 단자 구분을 위한 것이 목적이지만 반드시 지켜져야 하는 성문율은 아니다. 하지만 저자의 경험으로는 그러한 룰이 적용되는 부품이 많았던 것으로 보인다.

독자들이 구입한 LED의 단자 길이에 차이가 있으면, 단자 길이가 긴 쪽을 저항 쪽으로 연결하면 된다. 독자들이 구입한 LED의 단자 길이가 같거나, 구분이 어려우면 일단 방향을 생각하지 말고 연결하여도 부품이 파손되는 일은 없으니 걱정할 필요는 없다. 하지만 모든 부품에 대해서 잘못 연결되어도 부품이 파손되지 않는다고 생각하지는 말자. MOS FET의 경우는 손으로 만지는 것만으로도 부품이 파손되는 경우도 있다(그래서 생산 라인에서는 생산자들이 손목에 링을 차고 작업을 하기도 한다.).

[그림 2.1.1] 회로는 LED의 특성상 역 전압을 견딜 수 있으며, 아두이노 출력 Port의 Current Drive 능력도 약하기(최대 40mA) 때문에 파손의 위험이 없다는 것이다. 방향이 잘못 연결된 LED는 다음 절에서 작성하게 될 프로그램을 실행해 보면서 방향을 정정해도 문제 되지는 않는다.

한 가지 주의할 점은, 전자에서는 전원이 연결된 상태에서 하드웨어를 수정하는 것은 금기시 하고 있다. 하드웨어를 수정할 필요가 있을 때는 반드시 전원을 OFF한 상태에서 수정하기 바란다. 이 회로는 2.4절까지 사용된다.

2.2 digitalWrite – 디지털 신호의 출력

[그림 2.1.1]의 회로에서, LED_1은 Port 5번으로부터 5V의 전압이 출력되면 불이 들어온다. Port 5번으로 5V 전압이 출력되도록 프로그램을 작성해 보자. Port 5번으로 5V 전압이 출력되도록 하려면,

① Port 5번을 출력 Port로 지정해 주어야 한다. Port 5번 Pin을 출력 Port로 지정하는 명령은 다음과 같다.

```
pinMode(5,OUTPUT) ;
```

② Port 5번을 출력 Port로 지정 하였으면, 5번 Port로 전압을 출력할 수 있다. Port 5번으로 5V 전압을 출력하려면, 5번 Port에 "HIGH"를 Write하면 5V가 출력된다. 5번 Port의 출력 전압이 0V가 되도록 하려면 "LOW"를 Write하면 된다.
Port로 "HIGH"를 Write하는 명령은 다음과 같다.

```
digitalWrite(5, HIGH) ;
```

아두이노 IDE의 메뉴에서 "파일" → "새파일"을 선택하면, Editor 화면에 명령어가 없는, 비어있는 프로그램이 만들어진다. 새로 만들어진 프로그램에는 setup() 함수와 loop() 함수로 생성되어 있다. setup() 함수는 프로그램이 시작될 때, 1번만 실행되는 프로그램을 작성하고, loop() 함수는 반복적으로 실행되는 프로그램을 작성하도록 설계되어 있다. LED_1에 불이 들어오도록 하는 프로그램이므로, 불이 들어오는 명령은 1번만 수행하면 된다. 따라서 Setup() 함수에 명령어를 입력하면 된다.

setup() 함수에 ❶,❷번 줄을 입력하자.

```
void setup() {
  // put your setup code here, to run once:
  pinMode(5, OUTPUT) ;                      // ..................... ❶
  digitalWrite(5, HIGH) ;                   // ..................... ❷
}
void loop() {
  // put your main code here, to run repeatedly:
}
```

아두이노 IDE의 메뉴에서 "스케치" → "확인/컴파일"을 실행하면, 아두이노 보드에서 프로그램을 실행할 수 있는 Code가 만들어진다. 컴파일 에러가 발생하였다면, ❶,❷번 문장을 다시 확인해 보기 바란다. 에러없이 컴파일되었다면 아두이노에서 실행 가능한 Code가 만들어진다.

아두이노 IDE의 메뉴에서 "스케치" → "업로드"를 실행하면,

① CPU에서 실행 가능한 Code-Compile 과정에서 만들어진 Code-가 아두이노 하드웨어로 다운되고,

② 다운이 완료되면,

③ 아두이노에 다운된 Code가 실행된다.

예제 2.1 불이 들어오는 LED가 LED_2 혹은 LED_3이 되도록 프로그램을 수정해 보기 바란다.

예제 2.2 LED_1과 LED_3에 동시에 불이 들어오는 프로그램을 작성하라.

2.3 deley - 시간지연

LED_1에 불이 들어왔다가 꺼지는 프로그램을 작성해 보자. LED를 ON-OFF하려면 Port에 "HIGH"를 출력하는 명령을 입력하고, 그 다음 명령어에서 "LOW"를 출력하는 명령어를 입력하면 되지만, LED를 ON한 다음, 바로 OFF를 하면 그 시간 간격이 너무 짧기 때문에, 사람은 ON-OFF를 감지하지 못한다. 따라서 LED가 ON-OFF되는 것을 감지하려면, LED를 ON한 다음, OFF를 하기 전에, ON-OFF 사이의 시간을 지연할 수 있는 방법이 필요하다. 이와 같이 프로그램 상에서 시간을 지연하는 명령은 **delay(mtime)**와 **delayMicroseconds(utime)**가 있다. **delay(mtime) 함수**에서 **mtime**은 msec(1/1000 sec) 단위이고, **delayMicroseconds(utime) 함수**에서 **utime**은 **usec**(1/1000000 sec) 단위이다. 따라서 **delay(2000)**을 실행하면 2000 msec = 2 sec이므로 2초 동안 시간 지연이 발생한다.

2.3.1 단순 지연 프로그램

LED_1이, 1 sec 동안, 1회만 ON-OFF하는 프로그램을 작성해 보자. 1회만 동작하는 프로그램이므로 setup() 함수에 명령을 작성하자.

작성된 프로그램은 다음과 같다.

```
void setup() {
  // put your setup code here, to run once:
  pinMode(5,OUTPUT) ;                          // ..................... ❶
  digitalWrite(5,HIGH) ;                       // ..................... ❷
  delay(1000) ;                                // ..................... ❸
  digitalWrite(5,LOW) ;                        // ..................... ❹
  delay(1000) ;                                // ..................... ❺
}
```

```
void loop() {
  // put your main code here, to run repeatedly:
}
```

❶ 명령은 디지털 Port 5번을 출력 Port로 지정하는 명령이다.
❷ 명령은 5번 Port로 5V 전압을 출력하라는 명령이다. 따라서 LED가 ON된다.
❸ 명령은 1000 msec(1 sec) 동안 시간을 지연하라는 명령이다.
❹ 명령은 5번 Port로 0V 전압을 출력하라는 명령이다. 따라서 LED가 OFF된다.
❺ 명령은 1000 msec(1 sec) 동안 시간을 지연하라는 명령이다. 이 명령은 사용하지 않아도, 이 프로그램에는 영향을 주지는 않는다.

setup() 함수 내에 프로그램을 하였기 때문에 LED는 1 sec 동안 1회 ON-OFF하고 종료 된다.

2.3.2 반복 지연 프로그램

LED_1이 반복해서 ON(1 sec), OFF(1 sec)하는 프로그램을 작성하자.

반복 실행되는 프로그램이라 하여도, 2.3.1절의 프로그램에서 Port 5번을 출력 Port로 지정하는 명령은 한번만 필요하다. 따라서 ❶번 문장은 setup() 함수에서 실행되도록 하는 것이 좋다. 하지만 ON-OFF 동작은 반복 실행되어야 하므로, 2.3.1절의 프로그램에서 ❶번 명령을 제외한, 나머지 프로그램 명령을 모두 loop() 함수로 이동해야, 1회만 동작하던 프로그램이 계속적으로 반복하여 실행되는 프로그램으로 변경된다. 2.3.1절의 프로그램에서 ❺번은 1회만 실행되는 프로그램에서는 필요 없었지만, 프로그램을 반복 실행하려면 반드시 필요한 명령이다. 따라서 프로그램은 다음과 같이 작성된다.

```
void setup() {
  // put your setup code here, to run once:
  pinMode(5,OUTPUT) ;
}
void loop() {
  // put your main code here, to run repeatedly:
  digitalWrite(5,HIGH) ;
  delay(1000) ;
  digitalWrite(5,LOW) ;
  delay(1000) ;
}
```

프로그램을 컴파일하고, 실행하면 LED_1이 지속적으로 ON-OFF할 것이다.

전기 전자에서는 전압 변화의 시간적 변화를 가시적으로 표현하기 위하여 Time Chart를 자주 사용한다. 2.4.1절의 전압 변화를 Time Chart로 표현하면 다음과 같다.

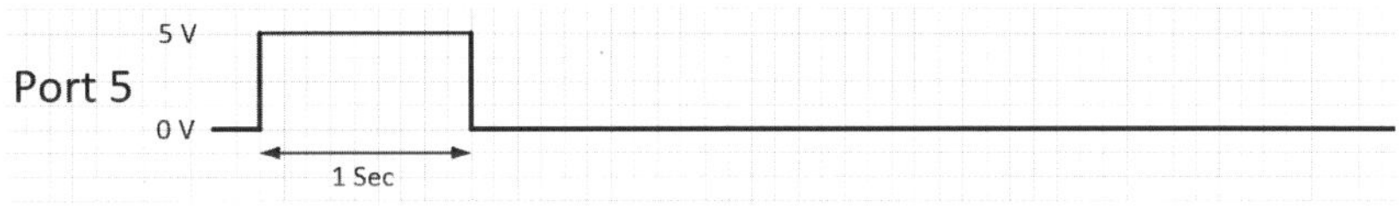

2.4.2절의 전압 변화를 Time Chart로 표현하면 다음과 같다.

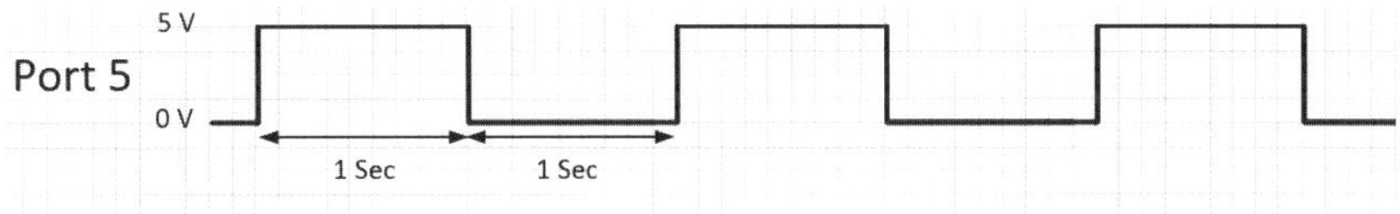

2.4 #define - Constant

LED_1, LED_2...는 하드웨어 상에 있는 LED를 구별하기 위한 이름이다. 그런데 프로그램에서 LED_1이 숫자 5를 의미한다고 하면, 명령어를

```
pinMode(5,OUT) ;              // LED_1의 Port는 5번이다.
```

으로 작성하지 않고

```
pinMode( LED_1, OUTPUT) ;
```

으로 작성할 수 있다면, 프로그램을 회로도와 연결하여 생각하기가 쉬워진다. 아두이노에서는 이와 같이 특정한 문자 혹은 숫자를 쉽게 구분할 수 있도록 하기 위하여, sudo 명령어 "#define"을 제공하고 있다. 예를 들어 Port 번호 5번, 6번을, 다음과 같이 표현한다면,

```
#define LED_1   5
#define LED_2   6
```

프로그램을 작성할 때, Port 번호 5, 6을 사용하지 않고, LED_1과 LED_2로 표현할 수 있으므로, 프로그램을 좀 더 이해하기 쉽게 만들 수 있다.

프로그램을 작성하기 전에 Time Chart에 대하여 잠시 생각해 보고 지나가자. 먼저 다음과 같은 작업을 실행해야 한다고 생각해 보자.

① LED_1이 1 sec동안 ON–OFF한 다음

② 1 sec 후에, LED_2가 1 sec동안 ON–OFF하고

③ 다시 1 sec후에 LED_3가 1 sec 동안 ON_OFF한 다음

④ 1 sec 후에, 1번의 과정부터 다시 시작하는 프로그램을 작성한다.

위에서 설명한 내용을 Time Chart로 표현하면 [그림 2.4.1]과 같다.

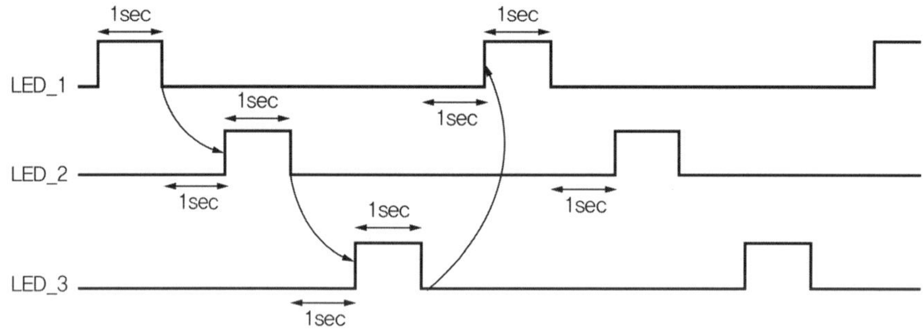

| 그림 2.4.1 | Time Chart

[그림 2.4.1]에 있는 화살표는 원인과 결과를 나타낸다. LED가 ON되는 시간은 1 sec이다. [그림 2.4.1]을 분명히 이해하기 위하여 화살표 부분만 정리해 보면

① LED_1이 OFF 되면 1 sec 후에 LED_2가 ON되고,

② LED_2가 OFF 되면 1 sec 후에 LED_3가 ON되고,

③ LED_3가 OFF 되면 1 sec 후에 LED_1이 다시 ON된다.

[그림 2.4.1]에서 보는 바와 같이 digital 신호는 Time Chart로 표현하는 것이, 가시적이기 때문에 좀 더 이해하기도 쉽고 개념도 명료해 진다. 뿐만 아니라 Time Chart를 기준으로 하여 프로그램을 작성하면, 프로그램의 작성도 훨씬 쉬워진다.

저자의 경험으로는 firmware 관련 프로그램은, Time Chart를 기반으로 업무를 분석하고 프로그램을 작성하는 것이 좋은 방법이라 생각하고 있지만, 훈련되지 않은 상태에서 Time Chart를 실 업무에 적용하기는 쉽지 않으므로, Time Chart에 익숙해지도록 자주 사용해 보는 것이 좋을 것 같다.

다음은 [그림 2.4.1]의 Time Chart를 기준으로 작성한 프로그램이다.

프로그램의 가독성을 높이기 위하여, #define을 사용하여 Port 번호를, 회로도 상의 이름 LED_1, LED_2, LED_3으로 대신할 수 있도록 프로그램을 작성 하였으며, LED의 ON-OFF 명령을 loop() 함수 속에 작성하였기 때문에 프로그램은 반복 동작을 실행한다.

```
#define LED_1   5                              // ..................... ❶
#define LED_2   6
#define LED_3   7
void setup() {
  pinMode(LED_1,OUTPUT) ;                      // ..................... ❷
  pinMode(LED_2,OUTPUT) ;
  pinMode(LED_3,OUTPUT) ;
}
void loop() {
  digitalWrite(LED_1,HIGH) ;                   // ..................... ❸
  delay(1000) ;
  digitalWrite(LED_1,LOW) ;
  delay(1000) ;
  digitalWrite(LED_2,HIGH) ;
  delay(1000) ;
  digitalWrite(LED_2,LOW) ;
  delay(1000) ;
  digitalWrite(LED_3,HIGH) ;
  delay(1000) ;
  digitalWrite(LED_3,LOW) ;
  delay(1000) ;
}
```

❶ Port 번호를 LED_1, LED_2, LED_3으로 대치하였다.

❷ LED_1, LED_2, LED_3을 사용하여 Port를 출력 Port로 지정하였다.

❸ Time Chart에 의해 LED를 ON_OFF하는 프로그램을 작성하였다.

예제 2.4 다음과 같은 Time Chart를 만족하는 프로그램을 작성하라.

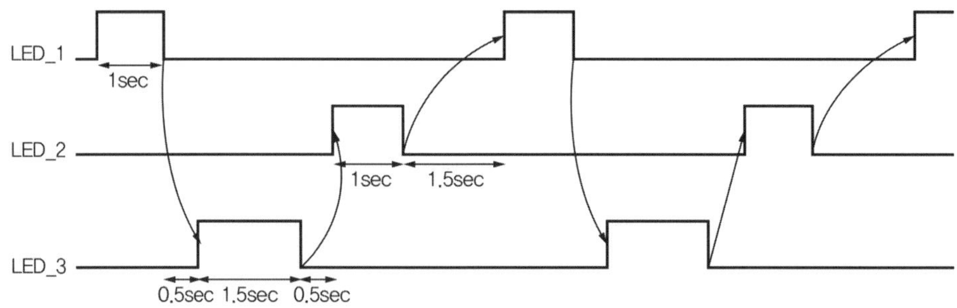

2.5 실험 회로-2

[그림 2.5.1] 회로는 2.18절까지의 프로그램을 모두 실험해 볼 수 있도록 작성된 회로의 회로도와 결선도이다.

[그림 2.5.1] 회로는 실험 회로 1에 Tack Switch를 3개 추가한 회로이다.

주의할 점은 Tack Switch를 잘못 설치하면 항상 ON 혹은 OFF 상태가 된다. 프로그램을 실험해보고 방향이 잘못되었으면 90˚ 회전하여 설치하면 해결된다.

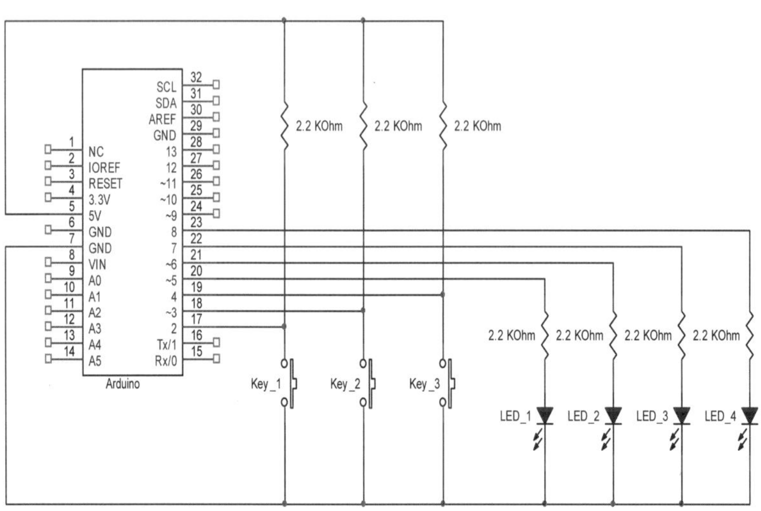

(a) 회로도

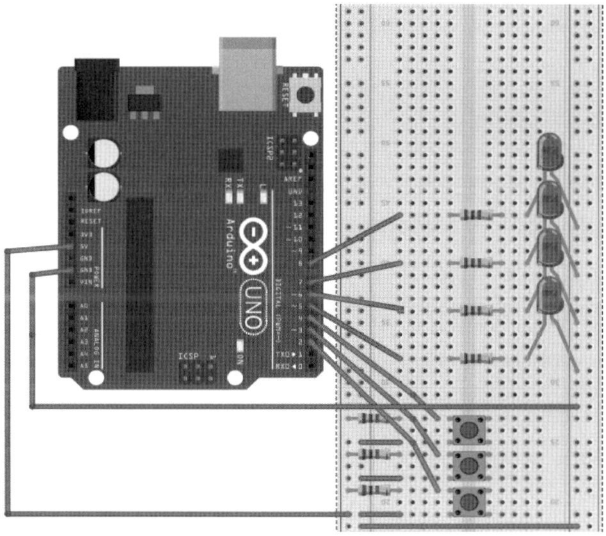

(b) 결선도

| 그림 2.5.1 | 실험 회로 2

회로에서 Key의 동작은 Key가 Open된 상태일 때는, Key 입력 Port 2, 3, 4번에는 5V가 입력되며, Key를 누르면 Key가 ON 상태가 되면서, 해당되는 입력 Port에는 0V가 입력되도록 설계되어 있다.

2.6 digitalInput – 디지털 입력

아두이노 Port로 digital 신호를 입력 받으려면, 먼저 아두이노 Port를 입력 Port로 지정해야 한다. 아두이노 Port를 입력 Port로 지정하는 명령은 다음과 같다.

```
pinMode(Port 번호, INPUT) ;
혹은
pinMode(Port 번호, INPUT_PULLUP) ;
```

☑ INPUT와 INPUT_PULLUP의 차이는, 내부 Pullup 저항을 사용하거나, 사용하지 않는다는 점이 다르다. Hardware적인 문제이다. 당분간은 어느 것을 사용해도 결과는 같다.

digital 입력 신호를 수신하는 명령은 다음과 같다.

```
digitalRead(Port번호) ;
```

digitalRead 명령으로 수신되는 입력 값은 "HIGH" 혹은 "LOW"이다. 입력 신호를 전자적인 관점으로 보면-UNO Board를 기준으로- 입력 전압이 3V 이상이면 HIGH, 그보다 전압이 낮으면 LOW가 입력된다. 참고로 프로그램 상에서 입력 값 "HIGH"는 integer 1과 등가이고, "LOW"는 integer 0와 등가이다.

[그림 2.5.1] 회로는 Key_1(Port 2번)이 OPEN 상태일 때는, Port 2번으로 5V가 입력되고, Key_1이 눌려있을 때는 Port 2번으로 0V가 입력되도록 설계되어 있다.

Port 2번으로 입력되는 값을 LED_1으로 출력하는 프로그램을 작성하면, Key_1의 digital 입력 상태를 LED_1으로 확인할 수 있다.

프로그램은 다음과 같다.

```
#define LED_1 5
#define Key_1 2
void setup() {
  // put your setup code here, to run once:
  pinMode(LED_1 ,OUTPUT) ;                    // ..................... ❶
  pinMode(Key_1,INPUT) ;                      // ..................... ❷
}
void loop() {
  // put your main code here, to run repeatedly:
  int Dgt = digitalRead(Key_1) ;              // ..................... ❸
  digitalWrite(LED_1,Dgt) ;                   // ..................... ❹
}
```

❶ LED_1(Port 5번)을 출력 Port로 지정하였다.
❷ Key_1(Port 2번)을 입력 Port로 지정하였다.
❸ Key_1의 입력 상태를 수신하는 명령이다.
❹ Key_1에서 입력된 값을 LED_1로 출력한다.

▸ ❸, ❹에서 매개 변수 Dgt를 사용하고 있다. 매개변수 Dgt를 사용하지 않고 다음과 같이 작성하여도 결과는 같다.

```
digitalWrite(LED_1,digitalRead(Key_1)) ;
```

❸, ❹에서 줄 대신 위의 명령을 사용하여도 결과는 같다. C-like Language에서 자주 사용되는 표현법이다. 익숙해질 필요가 있다.

2.7 if...else - 조건절

프로그램을 작성할 때, 조건에 따라 프로그램이 다르게 동작을 해야 하는 경우, 조건을 판단하기 위한 수단으로 "if" 명령이 사용된다.

"if" 명령의 Syntax는 다음과 같다.

```
if (조건을 판단하기 위한 연산식){
        // 조건을 만족할 때 실행하는 명령
}
else{
        // 조건을 만족하지 않을 때 실행하는 명령
}
```

if 명령이 중요한 것은 조건에 따라 다르게 동작한다는 것이며, 이러한 기능을 조건부 분기하며 소프트웨어의 중요한 기능 중 하나이다.

다음과 같은 예를 프로그램으로 작성해 보자.

Key_1이 Open 상태이면, LED_1이 ON되고, Key_1을 누르면 LED_2가 ON되는 프로그램을 작성하자. Key_1에 따른 LED_1, LED_2의 상태를 Time Chart로 표현하면 [그림 2.7.1]과 같다.

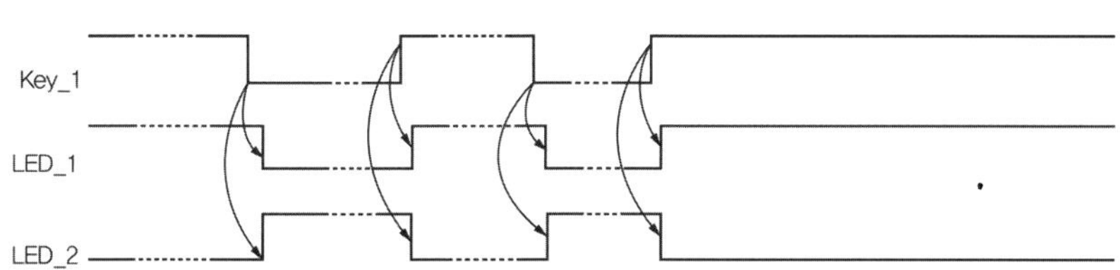

| 그림 2.7.1 | Time Chart

프로그램은 다음과 같다.

```
#define LED_1   5
#define LED_2   6
#define Key_1   2

void setup() {
  // put your setup code here, to run once:
  pinMode(LED_1 ,OUTPUT) ;                    // …………………… ❶
  pinMode(LED_2 ,OUTPUT) ;
  pinMode(Key_1,INPUT) ;
}
void loop() {
  // put your main code here, to run repeatedly:
  int Dgt = digitalRead(Key_1) ;              // …………………… ❷
  if(Dgt==HIGH){                              // …………………… ❸
          digitalWrite(LED_1,HIGH) ;
          digitalWrite(LED_2,LOW) ;
  }
  else{                                       // …………………… ❹
        digitalWrite(LED_1,LOW) ;
        digitalWrite(LED_2,HIGH) ;
  }
}
```

❶ 입력과 출력 Port를 정의하였다.
❷ Key_1의 상태를 입력한다.
❸ Key_1이 Open 상태이다(LED_1→ HIGH, LED_2 → LOW).
❹ Key_1이 ON 상태이다(LED_1 → LOW, LED_2 → HIGH).

2.8 for – 반복 명령

for 명령은 같은 명령을 여러 번 반복해서 실행 할 때 사용하는 명령이다.
“for” 문장의 Syntax는 다음과 같다.

```
for (초기값 ; 조건절 ; 처리함수) {
        // 반복 수행되어야 하는 명령
}
```

for 명령을 사용 하여, 1부터 100까지 더하는 프로그램을 작성해 보자.

```
int Sum = 0 ;                          // ………………… ❶
for(int i=1 ; i<=100 ; ++i){           // ………………… ❷
  Sum += i ;                           // ………………… ❸
}
```

❶은 integer 변수 Sum을 정의하고 초기값을 0으로 하라는 명령이다.
❷은 for문장이다

- 초기값 : 변수 i를 integer로 정의하고 초기값을 1로 하였다.
- 조건절 : i의 값이 100보다 작거나 같으면 {..}구간의 명령을 반복하여 실행한다.
- 처리함수 : {..}구간의 명령이 실행 되고나면 “++i”가 실행된다.
  “++i”는 “i = i + 1 ;”과 등가 이므로 i의 값은 매번 1씩 증가한다.

❸의 명령은 Sum = Sum + i ;와 등가이다. 따라서 Sum에는 i의 값이 계속 누적된다.

다음 프로그램은 초기값을 100으로 하고 i의 값을 1씩 줄여가면서 Sum에 더해주는 프로그램이다. 순서만 다를 뿐 합산되는 값은 같으므로, Sum의 결과 값은 위와 같이 5050이 된다.

```
int Sum = 0 ;
for(int i=100 ; i>0 ; --i){
  Sum += i ;
}
```

Key_1을 누르면 LED_1을 5번 ON-OFF하고, Key_2를 누르면 LED_1을 10번 ON_OFF하는 프로그램을 작성하자.

위의 조건을 구현하고 실행해 보면, 프로그램을 작성할 때, 자주 접하게 되는 Key와 관련된 문제가 발생한다.

Key가 입력되어 LED_1이 동작하고 있을 때, Key를 다시 누르면 - LED_1이 동작되고 있는 상태이므로 - Key 값을 수신하지 못한다는 문제가 발생한다. 이러한 문제가 발생하였을 때, 프로그램에서 대처하는 방법은 약간의 고급 기법이 필요하다. 그러한 기법들은 일단 뒤로 미루자. 차선책이지만, 사용자가 Key Miss를 불평하지 않도록 하기 위하여, 자주 사용하는 방법은, Key 입력이 허용된 상태인지, 허용되지 않는 상태인지 여부를 사용자가 알 수 있도록 표시하는 방법이다. 커피 자판기 등의 프로그램에서 주로 사용하는 방법이다. Key 입력의 허용 상태를 표시하기 위하여 LED_4를 사용하자.

LED_4는 Key 입력이 허용될 때는 ON되고, 허용되지 않을 때는 OFF가 되도록 하여 Key 입력 허용 상태를 표시하자.

다음은 for 명령을 사용하여 작성한 프로그램이다.

```
#define LED_1   5
#define LED_4   8
#define Key_1   2
#define Key_2   3
void setup() {
  pinMode(LED_1,OUTPUT) ;
  pinMode(LED_4,OUTPUT) ;
  pinMode(Key_1,INPUT) ;
  pinMode(Key_2,INPUT) ;
}

void loop() {
  int Cnt ;
  Cnt = 0 ;
  digitalWrite(LED_4,HIGH) ;                    // LED_4로 Key 입력 허용 상태임을 표시한다.
  if(digitalRead(Key_1)==LOW) Cnt = 5 ;         // Key_1이 입력되면 Cnt=5이다.
  if(digitalRead(Key_2)==LOW) Cnt = 10;         // Key_2가 입력되면 Cnt=10이다.
  digitalWrite(LED_4,LOW) ;                     // LED가 동작되므로 LED_4를 OFF한다.
  for(int i=1 ; i <= Cnt ; i++){                // Cnt 횟수만큼 반복된다.
    digitalWrite(LED_1,HIGH) ;
    delay(200) ;
```

```
        digitalWrite(LED_1,LOW) ;
        delay(200) ;
    }
}
```

① if(digitalRead(Key_1)==LOW) Cnt=5 ;
위의 문장은 다음 문장을 1문장으로 줄인 것이다.

```
int cDta = digitalRead(Key_1) ;
if(cDta == LOW) Cnt = 5 ;
```

② if, for..등의 명령에서, 조건에 따라 실행되어야 하는 명령이 1개 뿐 일 때는 "{ }"를 사용하지 않아도 된다.

③ Key가 눌리지 않으면 Cnt=0이고 i의 초기값이 1이므로, for 문장의 조건 (i <= Cnt)을 만족하지 못하므로 for 문장 내부의 명령은 실행되지 않는다.

④ Key에 의해 Cnt의 값이 결정되며, Cnt의 값만큼, for 문장 내부의 명령이 실행되므로, LED_1은 Cnt 횟수만큼 ON-OFF한다.

⑤ LED_1을 ON-OFF할 때 출력되는 신호를 전자에서는 Pulse라 부른다. 따라서 ON-OFF가 5번 있었다면, 전자에서는 "Pulse가 5번 방출되었다"라고 표현한다.

예제 2.7 Key_1을 누르면 LED_1이 5번 ON-OFF하고, Key_2를 누르면 LED_2가 10번 ON_OFF하는 프로그램을 작성하라.

2.9 break, continue

2.9.1 break

break는 for와 같이 반복되는 loop에서 탈출할 때 사용되는 명령이다.

2.8절의 프로그램 조건을 다음과 같이 수정하자. Key_1을 누르면 LED_1을 5번 ON-OFF하고, Key_2를 누르면 LED_1을 10번 ON_OFF하며, **Ket_3를 누르면 언제든지, LED_1은 On_OFF를 멈추고, Key 입력 상태로 복귀한다.**

2.8절의 프로그램에 Key_3를 입력 Port로 지정하고, Key_3가 눌렸을 때, for Loop를 탈출하도록 수정한 프로그램은 다음과 같다.

```
#define LED_1   5
#define LED_4   8
#define Key_1   2
#define Key_2   3
#define Key_3   4
void setup() {
  pinMode(LED_1,OUTPUT) ;
  pinMode(LED_4,OUTPUT) ;
  pinMode(Key_1,INPUT) ;
  pinMode(Key_2,INPUT) ;
  pinMode(Key_3,INPUT) ;
}
void loop() {
  int Cnt ;
  Cnt = 0 ;
  digitalWrite(LED_4,HIGH) ;
  if(digitalRead(Key_1)==LOW) Cnt = 5 ;
  if(digitalRead(Key_2)==LOW) Cnt = 10 ;
  digitalWrite(LED_4,LOW) ;
  for(int i=1 ; i <= Cnt ; i++){
    if(digitalRead(Key_3)==LOW) break ;
    digitalWrite(LED_1,HIGH) ;
    delay(200) ;
    digitalWrite(LED_1,LOW) ;
    delay(200) ;
  }
}
```

for loop 내의 명령이 한번 처리되는데 필요한 시간은 – 200 msec의 delay가 2번 있으므로– 400 msec(0.4초)이다. 따라서 Key_3은 400 msec마다 1번씩 Check되고 있기 때문에 Key_3을 너무 짧게 누르면 Key_3을 감지하지 못하는 경우가 발생한다. 이와 같은 400 msec의 한계 시간은 사용자로 하여금 불편을 느끼게 한다. 문제를 해결하려면 앞에서 설명하였듯이 약간의 고급 기법이 필요하다. 나중에 그와 관련된 기법들을 설명을 하겠지만, 초보적이지만, 원리적이고, 간단히 사용할 수 있는 방법들은 2장의 뒷부분에서 설명하고 있다.

2.9.2 Continue

break 명령은 for loop를 탈출하는 명령이므로 loop의 회수가 달라지지만, continue는 continue 보다 밑에 있는 내부 실행 명령을 생략하고 loop를 계속 진행하는 명령이기 때문에 loop의 횟수에는 영향을 주지 않는 명령어이다.

2.8절의 프로그램 조건을 다음과 같이 수정하자.

Key_1을 누르면 LED_1을 5번 ON-OFF하고, Key_2를 누르면 LED_1을 10번 ON_OFF하며, LED_1을 ON-OFF하는 loop를 순환 하고 있을 때, Ket_3를 누르고 있는 동안은 LED_1이 ON 상태를 유지하도록 프로그램을 변경하자.

```
#define LED_1  5
#define LED_4  8
#define Key_1  2
#define Key_2  3
#define Key_3  4

void setup() {
  pinMode(LED_1,OUTPUT) ;
  pinMode(LED_4,OUTPUT) ;
  pinMode(Key_1,INPUT) ;
  pinMode(Key_2,INPUT) ;
  pinMode(Key_3,INPUT) ;
}

void loop() {
  int Cnt ;
  Cnt = 0 ;
  digitalWrite(LED_4,HIGH) ;
  if(digitalRead(Key_1)==LOW) Cnt = 5 ;
  if(digitalRead(Key_2)==LOW) Cnt = 10 ;
  digitalWrite(LED_4,LOW) ;
  for(int i=1 ; i <= Cnt ; i++){
    digitalWrite(LED_1,HIGH) ;
    delay(200) ;
    if(digitalRead(Key_3)==LOW){
      delay(200) ;          // OFF 다음의 delay(200)을 보상하여야 loop의 동작 시간
                            400 msec을 유지할 수 있다.
```

```
        continue ;               // OFF 명령을 생략하고 for 문장으로 복귀하기 때문에
                                    LED_1이 OFF되지 않는다.
      }
      digitalWrite(LED_1,LOW) ;
      delay(200) ;
    }
    digitalWrite(LED_1,LOW) ; // Key_3을 누르고 있을 때 Loop가 종료되면 LED_1이 ON
                                    상태를 유지하므로 OFF한다.
}
```

2.10 while

일반적으로 for 명령은 5회, 10회,..와 같이 횟수가 정해져 있는 동작을 처리할 때 주로 사용한다. 하지만 횟수의 제한 없이 동작을 실행할 때는, while 명령을 사용하는 것이 유리하다. While 명령의 Syntax는 다음과 같다.

```
while(조건절){
        // 반복 수행되어야 하는 명령
}
```

2.10.1 while 명령의 사용

Key_1을 누르면 LED_1로 [그림 2.10.1 (a)] 신호가 계속 출력되고, Key_2를 누르면 LED_1으로 [그림 2.10.1 (b)] 신호가 계속 출력되는 프로그램을 작성하라.

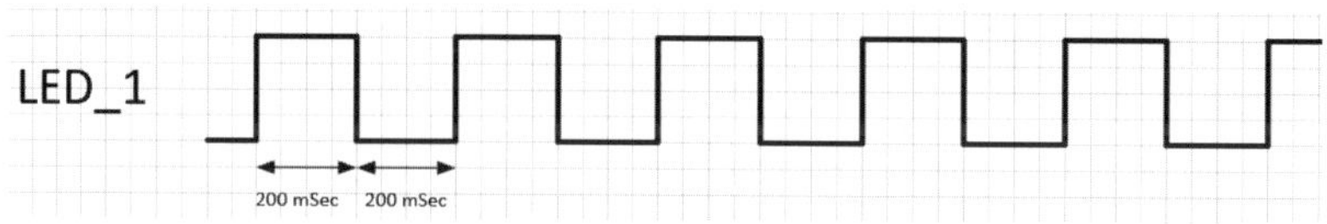

(a) 200 msec Pulse

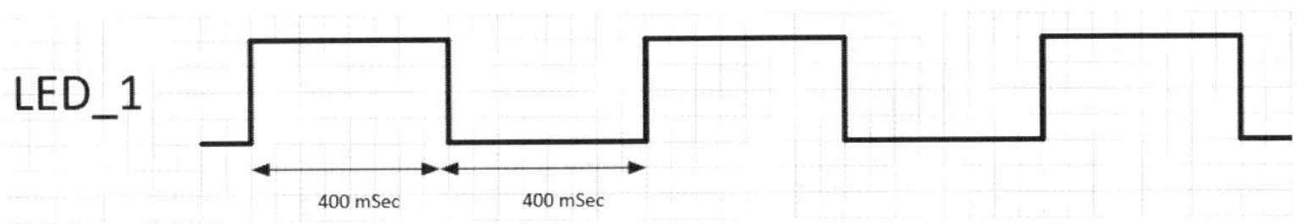

(b) 400 msec Pulse

| 그림 2.10.1 | LED_1로 출력되는 Pulse

앞 절의 프로그램은 LED의 ON_OFF 회수를 조절하는 프로그램이지만, 이 프로그램은 Time의 길이를 조정하는 프로그램이다.

다음은 작성된 프로그램이다.

```
#define LED_1   5
#define Key_1   2
#define Key_2   3

void setup() {
  pinMode(LED_1,OUTPUT) ;
  pinMode(Key_1,INPUT) ;
  pinMode(Key_2,INPUT) ;
}

void loop() {
  while(true){                                        // ..................... ❶
    if(digitalRead(Key_2)==LOW) break ;               // ..................... ❷
    digitalWrite(LED_1,HIGH) ;
    delay(200) ;
    digitalWrite(LED_1,LOW) ;
    delay(200) ;
  }
  while(true){                                        // ..................... ❸
    if(digitalRead(Key_1)==LOW) break ;               // ..................... ❹
    digitalWrite(LED_1,HIGH) ;
    delay(400) ;
    if(digitalRead(Key_1)==LOW) break ;               // ..................... ❺
    digitalWrite(LED_1,LOW) ;
    delay(400) ;
  }
}
```

❶ while 문장의 조건절을 “true”로 하면 무한 loop가 된다.ON-OFF 400 msec의 Pulse를 무한히 방출하는 루틴이다.

❷ Key_2를 누르면 첫 번째 while loop로부터 탈출한다.

❸ 조건절이 “true”이므로 역시 무한 loop이다. ON-OFF 800 msec의 Pulse를 무한히 방출하는 루프이다.

❹ Key_1을 누르면 2번째 while loop로부터 탈출한다.

❺ while loop 내부에 delay(400); 명령이 2개이므로, 이 문장이 없으면 800 msec마다 1번씩 Key_1을 Check하게 된다.

☑

- 프로그램에서 ❺번 문장은 delay time이 800 msec가 되지 않도록 하기 위한 문장이라 하였다. 저자의 경험으로는, 일반적으로 사람들은, 100 msec 이하의 시간은 감각적으로 느끼지 못하며, 200 msec 정도의 시간은 잠시 멈칫하는 느낌은 받지만, 그다지 불편함을 느끼지는 못한다. 하지만 400 msec 이상의 시간은 불편함을 느끼는 시간이라 보는 것이 좋을 것 같다.
- 사람의 인지 속도를 느껴 보려면 Key_1을 눌러서 LED_1의 깜빡이는 횟수를 세어보라. ON-OFF 길이는 400 msec의 Pulse이다. 그 다음 Key_2를 누르고 Pulse의 숫자를 세어보라. ON-OFF의 길이가 800 msec의 Pulse이다.

2.10.2 delay time 제어

2.10.1절의 프로그램은 Key 눌림을 검출하려면 최대 400 msec 이상의 시간이 필요하므로 사용자 입장에서는 불편함을 느끼게 된다.

2.10.1절의 프로그램에서 ❺번의 생각을 확장해서 생각해 보면, 원시적인 방법이지만, delay time으로 인한 문제를 해결할 수 있는 방법을 찾을 수 있다. 예를 들면

```
delay(200) ;
if(digitalRead(Key_2)==LOW) break ;
```

위의 명령어를 다음과 같이 변형한다.

```
delay(100) ;
if(digitalRead(Key_2)==LOW) break ;
delay(100) ;
if(digitalRead(Key_2)==LOW) break ;
```

이와 같이 변경하면 프로그램이 길어지고, 조금은 귀찮아 지지만, 100 msec 구간마다 1번씩 Key_2를 Check하므로, Key_2를 Check하는 time의 한계를 100 msec가 되도록 만들 수 있다. 저자의 경험으로는 100 msec는 사용자가 delay time을 느끼지 못하는 시간이다.

다음은 delay time에 의한 한계를 100 msec 이하로 줄여서 작성한 프로그램이다. 프로그램의 반응 속도를 2.10.1절의 프로그램과 비교해 보라.

```
#define LED_1  2
#define Key_1  6
#define Key_2  7

void setup() {
  pinMode(LED_1,OUTPUT) ;
  pinMode(Key_1,INPUT) ;
  pinMode(Key_2,INPUT) ;
}

void loop() {
  while(true){
    digitalWrite(LED_1,HIGH) ;
    delay(100) ;
    if(digitalRead(Key_2)==LOW) break ;
    delay(100) ;
    if(digitalRead(Key_2)==LOW) break ;
    digitalWrite(LED_1,LOW) ;
    delay(100) ;
    if(digitalRead(Key_2)==LOW) break ;
    delay(100) ;
    if(digitalRead(Key_2)==LOW) break ;
  }
  while(true){
    digitalWrite(LED_1,HIGH) ;
    delay(100) ;
    if(digitalRead(Key_1)==LOW) break ;
    delay(100) ;
    if(digitalRead(Key_1)==LOW) break ;
    delay(100) ;
    if(digitalRead(Key_1)==LOW) break ;
    delay(100) ;
```

```
        if(digitalRead(Key_1)==LOW) break ;
        digitalWrite(LED_1,LOW) ;
        delay(100) ;
        if(digitalRead(Key_1)==LOW) break ;
        delay(100) ;
        if(digitalRead(Key_1)==LOW) break ;
        delay(100) ;
        if(digitalRead(Key_1)==LOW) break ;
        delay(100) ;
        if(digitalRead(Key_1)==LOW) break ;
    }
}
```

☑ 조금은 무식해 보이지만 원론적인 관점으로 보면 좋은 방법 중 하나이다. 따지고 보면 multi tasking 프로그램의 구조도 이와 유사한 형태로 만들어 지고 있다.

2.11 do...While

do...While 명령과 while 명령은 반복된 loop를 실행 한다는 점에서는 같다. 하지만 While 명령은 조건 절을 충족하지 않으면, 내부 명령어가 한 번도 실행되지 못하지만, do...While 명령은 조건 절이 충족되지 않아도 최소한 한번은 실행된다는 점이 다르다.

do...While의 Syntax는 다음과 같다.

```
do{
        // 반복 수행되어야 하는 명령
} while (조건절)
```

2.10절의 예제를 do..While 명령을 이용하여 프로그램을 작성하자.

이 예제에서는 delay time 문제를 해결하기 위하여, loop 순환 도중 누르는 Key의 상태를 검출하기 위한 변수로 Flag를 사용하여, loop 순환을 시작할 때 pulse의 폭(Cnt)을 결정하도록 하였다.

```
#define LED_1  2
#define Key_1  6
#define Key_2  7

void setup() {
  pinMode(LED_1,OUTPUT) ;
  pinMode(Key_1,INPUT) ;
  pinMode(Key_2,INPUT) ;
}
void loop() {
  int Cnt = 2 ;
  int Flag = 0 ;
  do{
    if(Flag == 0) Cnt = 2 ;                        // ………………… ❶
    else Cnt = 4 ;
    digitalWrite(LED_1,HIGH) ;                     // ………………… ❷
    for(int i=0;i<Cnt;++i){                        // ………………… ❸
      if(digitalRead(Key_1)==LOW) Flag = 0 ;       // ………………… ❹
      if(digitalRead(Key_2)==LOW) Flag = 1 ;
      delay(100) ;
    }
    digitalWrite(LED_1,LOW) ;                      // ………………… ❺
    for(int i=0;i<Cnt;++i){                        // ………………… ❻
      if(digitalRead(Key_1)==LOW) Flag = 0 ;       // ………………… ❼
      if(digitalRead(Key_2)==LOW) Flag = 1 ;
      delay(100) ;
    }
  } while(true) ;                                  // ………………… ❽
}
```

❶ Key 입력에 의해 변경된 Flag 값을 이용하여 Cnt 값을 수정한다.

❷ LED_1을 ON한다.

❸ Cnt 값만큼 시간을 지연한다. 100 msec 단위로 Loop를 구동하도록 한 것은 Key 검출시간을 100 msec 이하가 되도록 하기 위함이다.

❹ Key를 검출한다.

❺ LED_1을 OFF한다.

❻ Cnt 값만큼 시간을 지연한다. 100 msec 단위로 Loop를 구동하도록 한 것은 Key 검출시간을 100 msec 이하가 되도록 하기 위함이다.

❼ Key를 검출한다.

❽ While의 조건이 true이므로 "do{"부터 다시 시작된다.

> ☑ Key 입력에 대한 프로그램의 반응 시간을 검토해 보기 바란다. Key 검출 시간을 100 msec로 제한하였기 때문이다. do~while 명령어를 사용하였기 때문이라 생각하지 않기 바란다.

2.12 switch...case

if 명령은 Yes 혹은 No를 판단하는 명령인데 비하여, switch...case 명령은 여러 가지 조건들을 선택할 수 있는 기능을 가진 명령이다.

switch...case 명령의 Syntax는 다음과 같다.

```
switch (변수) {
 case 변수의 값1:
        // 조건을 만족하였을 때 실행하는 명령
        break;
 case 변수의 값2:
        // 조건을 만족하였을 때 실행하는 명령
        break;
.......................................
 default:
        // 만족하는 조건이 없을 때 실행하는 명령
}
```

다음 조건을 만족하는 프로그램을 작성해 보자.

Key_1을 누르면 LED_1에 불이 들어오고, Key_2를 누르면 LED_2에 불이 들어오며, Key_3를 누르면 LED_3에 불이 들어오는 프로그램을 작성하자.

작성된 프로그램은 다음과 같다.

```
#define LED_1   5
#define LED_2   6
#define LED_3   7
#define Key_1   2
#define Key_2   3
#define Key_3   4
int Port, PrePort ;                                          // ...................... ❶
void setup() {
  pinMode(LED_1,OUTPUT) ;
  pinMode(LED_2,OUTPUT) ;
  pinMode(LED_3,OUTPUT) ;
  pinMode(Key_1,INPUT) ;
  pinMode(Key_2,INPUT) ;
  pinMode(Key_3,INPUT) ;
  Port = PrePort = LED_1 ;                                   // ...................... ❷
}

void loop() {
  if(digitalRead(Key_1) == LOW) Port = LED_1 ;
  if(digitalRead(Key_2) == LOW) Port = LED_2 ;
  if(digitalRead(Key_3) == LOW) Port = LED_3 ;
  switch(Port){                                              // ...................... ❸
    case LED_1:
      if(PrePort != LED_1) digitalWrite(PrePort,LOW) ;
      break ;
    case LED_2:
      if(PrePort != LED_2) digitalWrite(PrePort,LOW) ;
      break ;
    case LED_3:
      if(PrePort != LED_3) digitalWrite(PrePort,LOW) ;
      break ;
  }                                                          // ...................... ❹
  digitalWrite(Port,HIGH) ;                                  // ...................... ❺
  PrePort = Port ;                                           // ...................... ❻
}
```

❶ Port와 PrePort 변수를 Gloval로 정의되었다. 일반적으로 사용되는 Local 변수는 원칙적으로는 변수가 정의되어 있는 Block 내에서만 사용할 수 있지만 ❶번과 같이 setup() 함수의 위쪽에 변수를 정의하면 모든 Block에서 사용할 수 있다. 이를 Global 변수라 부른다.

❷ 변수 Port와 PrePort의 값을 LED_1으로 초기화하였다.
❸ Port가 switch 구문의 변수로 사용되고 있다. 직전에 ON되었던 LED가 Port로 지정하고 있는 LED와 다르면 직전에 ON되었던 LED를 OFF 상태가 되도록 한다.
❹ 'default :'는 필요 없기 때문에 default 구문은 사용하지 않았다.
❺ Port가 변수이기 때문에 LED는 Port 값으로 결정된다.
❻ 직전에 ON되었던 LED를 기억하기 위하여 PrePort가 사용되었다. PrePort를 사용함으로서, LED의 선택이 변경되었을 때, 이전에 ON 상태이던 LED를 OFF할 수 있다.

2.13 function

function은 프로그램에서 필요한 특정한 기능을, 별도로 분리하여 구현한 것으로, 구조적인 프로그램을 작성할 때 반드시 필요한 개념이다.

function의 Syntax는 다음과 같다.

```
ret   FunName(인수1,인수2,...){
        // 함수에서 처리해야 할 명령어
        return 반환값 ;
}
```

- ret : 함수가 실행을 완료한 다음 반환 값의 type (int, char, long...)를 나타낸다.
- FunName : 함수의 이름
- 인수1, 인수2, … : 함수 구동에 필요한 데이터 값
- 반환값 : 함수가 실행한 다음 반환하는 값, ret type이다.

Function의 예를 보이기 위하여, 2개의 integer 숫자를 가산한 다음, 결과 값을 반환하는 함수를 만들어 보자. 더하기 함수이므로 함수의 이름을 "Add"라 하면, "Add" 함수는 다음과 같다.

```
int Add(int Val1, int Val2){
        int Sum ;
        Sum = Val1 + Val2 ;
        return Sum ;
}
```

function으로 만들어진 Add 함수는 main 프로그램에서 다음과 같이 사용한다..

```
int Val = Add(3,4) ;
```

Add 함수의 반환 값은 7이므로 Val의 값은 7이 된다.

2.10절의 프로그램은 Key_1을 누르면 200 msec의 Pulse를 출력하고, Key_2를 누르면 400 msec의 Pulse를 출력하는 프로그램이다. function을 사용하여 2.10절의 프로그램과 동일하게 작동하는 프로그램을 작성 하자.

2.10절과 2.11절에서는 –명령어 사용법의 예를 보이기 위하여– While 혹은 do..While 명령을 사용하였지만, loop() 함수가 이미 반복수행 기능을 가지고 있기 때문에, While 혹은 do..While 명령을 사용할 필요는 없다.

프로그램에서는 DlyTime() 함수를 만들어 사용하였다.

구조적인 관점에서 2.10절의 프로그램과 비교해 보기 바란다.

```
#define LED_1   2
#define Key_1   6
#define Key_2   7
int Cnt ;

void setup() {
  pinMode(LED_1,OUTPUT) ;
  pinMode(Key_1,INPUT) ;
  pinMode(Key_2,INPUT) ;
  Cnt = 2 ;
}

void loop() {
  digitalWrite(LED_1,HIGH) ;
  Cnt = DlyTime(Cnt) ;                         // ………………… ❶
  digitalWrite(LED_1,LOW) ;
  Cnt = DlyTime(Cnt) ;                         // ………………… ❷
}

int DlyTime(int Cont){                         // ………………… ❸
    int Tme, Ret ;
    Ret = Tme = Cont ;
```

```
    for(int i=0;i<Tme;++i){                                   // ..................... ❹
      if(digitalRead(Key_1)==LOW) Ret = 2 ;
      if(digitalRead(Key_2)==LOW) Ret = 4 ;
      delay(100) ;
    }
    return Ret ;                                              // ..................... ❺
}
```

❶, ❷ Time Delay를 위하여 DlyTime() 함수를 사용한다.

❸ DlyTime() 함수의 정의

❹ 100 msec의 time delay를 단위로 루프를 순환하면서 Key를 검출한다.

❺ Key 입력으로 변환된 값을 return한다.

2.14 #include

function이나 상수... 등을 외부 file에 정의한 다음, #include 지시문을 사용하면, 아두이노 프로그램에서 외부 file에 정의된 function이나 상수 등을 사용할 수 있다.

#include 지시문의 Syntax는 다음과 같다.

```
#include <file 이름>
#include "file 이름"
```

〈 〉와 “”의 차이는 file을 검색하는 방법의 차이라 생각하면 된다. **〈〉는** 컴파일러 옵션에서 지정한 경로에 따라 file을 검색하므로, AVR C libraries.. 등을 사용할 때는 〈 〉를 사용하지만, “”는 source file과 동일한 디렉터리에서 검색을 시작하므로, 사용자 라이브러리는 “”를 사용하는 것이 좋다. 물론 여러 프로그램에서 사용되는 function 등은 라이브러리 file로 만들어서 재사용하는 방법도 고려할 필요가 있다.

Editor를 사용하여 “Ref.h”라는 File을 만들자.

File의 내용은 다음과 같다.

```
#define LED_1   5
int Add(int v1,int v2){
        int Sum = v1 + v2 ;
        return Sum ;
}
int Sub(int v1,int v2){
        int Ret = v1 - v2 ;
        return Ret ;
}
```

상수 LED_1을 정의하였고, 더하기와 빼기를 하는 함수 Add와 Sub를 정의한 File이다. Ref.h file을 이용하여 LED_1의 ON-OFF time이 서서히 증가했다가 감소하는 프로그램을 작성해 보자.

프로그램은 다음과 같다.(Ref.h File은 main 프로그램과 같은 Directory에 있어야 한다.

```
#include "Ref.h"                          // ..................... ❶
void setup() {
  pinMode(LED_1,OUTPUT) ;
}
void loop() {
  int Dly=1 ;
  for(int i=0 ; i<10 ; ++i){
    Dly = Add(Dly,1) ;                    // ..................... ❷
    digitalWrite(LED_1,HIGH) ;
    delay(Dly*100) ;
    digitalWrite(LED_1,LOW) ;
    delay(Dly*100) ;
  }
  for(int i=0;i<10;++i){
    Dly = Sub(Dly,1) ;                    // ..................... ❸
    digitalWrite(LED_1,HIGH) ;
    delay(Dly*100) ;
    digitalWrite(LED_1,LOW) ;
    delay(Dly*100) ;
  }
}
```

❶ Ref.h File을 읽어 들인다. Ref.h File이 프로그램 directory에 있어야 한다.

❷ Ref.h에 정의되어 있는 함수 Add()를 사용하여 루프가 순환 하면 Dly의 값을 1씩 증가한다. 따라서 LED_1의 ON-OFF 시간이 차츰 증가한다.

❷ Ref.h에 정의되어 있는 함수 Sub()를 사용하여 루프가 순환되면 Dly의 값을 1씩 감소한다. 따라서 LED_1의 ON-OFF 시간이 차츰 빨라진다.

2.15 Comment

실무적인 관점에서 보면, 프로그램은 작성하는 것 보다, Document가 훨씬 중요하다. 실무에서 한번 작성된 프로그램이 수정 없이 계속 사용되는 경우는 거의 없다고 보아야 한다. 따라서 프로그램의 Document가 정리되어 있지 않으면, 자신이 작성한 프로그램 마저도, 수정하기 어려운 경우가 많으므로 Document의 정리는 거의 필수 사항이라 보는 것이 좋을 것 같다.

Firmware 관련 프로그램에서는, Source 프로그램 내의 Comment가 특히 중요하기 때문에 Comment를 하는 방법은 알고 있어야 한다.

아두이노에서 허용되는 Comment는 **"/* ... */"**와 **"//"** 2가지이다.

/* ... */ : block comment 혹은 multi-line comment라 부르며 "/*" 와 "*/" 사이의 모든 것은 Comment로 간주한다.

// : single line comment라 부르며, "//" 이후 Line의 끝까지를 Comment로 간주한다.

사용 예

```
/* 이것은 LED의 밝기를 조절하는 변수이다 */
/* Blink하는 방법은 1 sec동안 Turn On, 1 sec 동안 Turn OFF하는 방법을 사용하며,
   Key_1은 Blink를 시작하며
   Key_3는 Blink를 중지하는 목적으로 사용한다.
*/
// Pin 13 번은 내장 LED와 연결되어 있다.
// Add() 함수는 가산 동작을 하면서 합산 값을 내부적에 저장한다.
// ..................... (1)
```

2.16 배열 (Array) - sizeof

배열(Array)은 동일한 자료 형을 가지는 데이터의 집합체이다.

배열의 요소(Element)는 int, char, float...와 같은 일반적인 데이터 형을 사용하는 것이 보통이지만, 필요에 따라서는, 데이터의 블록 혹은 구조체 등도 배열의 요소로 사용할 수 있다.

다음은 배열(array)를 정의하거나, 초기화하는 예이다.

```
int myInta[6];
int myIntb[6]  =  {-2,  -4,  8,  3,  5,  7};
int myIntc[]   =  {2,  4,  8,  3,  5,  7};
char myCha[6] ;
char myChb[]  =  {'H','e','l','l','o',0} ;
char myChc[]  =  "Hello" ;
```

▸ String "Hello"는 마지막에 0을 포함하고 있다.

다차원 배열은 다음과 같이 정의한다.

```
int Mx2[3][4] ;
int Mx3[3][4][5] ;
```

다차원 배열의 초기화는 다음과 같이 한다.

```
int Mx2[3][4]  =  {{1,2,3,4},{2,3,4,5},{3,4,5,6}} ;
```

▸ 아두이노에서는 크기를 정의하지 않은 다차원 배열의 초기화는 허용하지 않는다.

int iMx2[][] = {{1,2,3,4},{2,3,4,5},{3,4,5,6}} ;

하지만 다음과 같이 낮은 차원의 크기를 지정해 주면 초기화를 허용한다.

int iMx2[][4] = {{1,2,3,4},{2,3,4,5},{3,4,5,6}} ;

배열에 정의되어 있는 요소(Element)의 수를 알아야 할 필요가 있을 때는, sizeof 명령을 사용 한다. sizeof의 Syntax는 다음과 같다.

```
sizeof(Array) ;
sizeof(변수형) ;
```

- 배열이 인수로 주어지면 배열에 할당되어 있는 Memory의 크기를 byte 수로 return한다.
- "변수형"이 인수로 주어지면 변수의 크기를 byte 수로 return한다.

sizeof 함수를 사용하여 배열의 Element 수를 계산해 보자.
myInta 배열의 정의는 다음과 같다.

```
int myInta[6];
```

myInta의 Element수는 −myInta가 integer 배열이므로− 다음과 같이 배열 전체가 차지하는 메모리의 크기를 구한값에서, Element 1개가 차지하는 메모리의 크기를 나누어서 계산한다.

```
int Sze = sizeof(myInta) / sizeof(int) ;
```

sizeof(myInta)의 return 값은 12이고, sizeof(int)의 return 값은 2이므로, myInta 배열의 개수를 나타내는 값(Sze)은 6으로 계산되며, 이 값은 myInta 배열의 Element 수와 일치한다.

다음은 Pulse 신호의 모양이다.

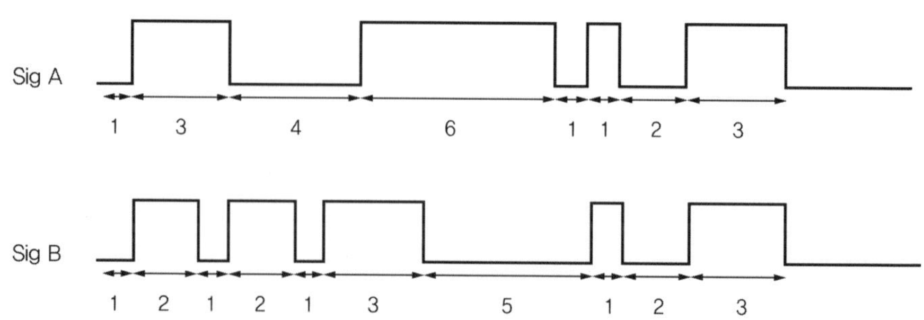

출력 신호의 단위시간은 0.5 sec이다.

Key_1을 누르면 Sig A를 LED_1로 출력하고, Key_2을 누르면 Sig B를 LED_1로 출력하는 프로그램을 작성해 보자.

Sig A와 Sig B의 신호를 표현하기 위하여, Array SigA[]와 SigB[]를 사용하여 프로그램을 작성하였다.

```
#define LED_1 5
#define Key_1 2
#define Key_2 3
int SigA[] = {1,3,4,6,1,1,2,3} ;                              // ..................... ❶
int SigB[] = {1,2,1,2,1,3,5,1,2,3} ;
void setup() {
  pinMode(LED_1,OUTPUT) ;
  pinMode(Key_1,INPUT) ;
  pinMode(Key_2,INPUT) ;
}
void loop() {
  int Flag ;
  if(digitalRead(Key_1)==LOW){                               // ..................... ❷
    Flag = 0 ;
    for(int i=0;i<sizeof(SigA)/sizeof(int);++i){             // ..................... ❸
      if(Flag == 1) digitalWrite(LED_1,HIGH) ;               // ..................... ❹
      else  digitalWrite(LED_1,LOW) ;
      Flag = 1- Flag ;                                       // ..................... ❺
      delay(SigA[i]*500) ;                                   // ..................... ❻
    }
    digitalWrite(LED_1,LOW) ;
  }
  if(digitalRead(Key_2)==LOW){                               // ..................... ❼
    Flag = 0 ;
    for(int i=0;i<sizeof(SigB)/sizeof(int);++i){
      if(Flag == 1) digitalWrite(LED_1,HIGH) ;
      else  digitalWrite(LED_1,LOW) ;
      Flag = 1- Flag ;
      delay(SigB[i]*500) ;
    }
    digitalWrite(LED_1,LOW) ;
  }
}
```

❶ 배열 SigA[]와 SigB[]를 정의하고 초기화 하였다.
❷ Key_1을 감시하는 명령이다.
❸ SigA[] 배열의 요소의 수만큼 루프를 순환한다.
❹ Flag 값에 때라 HIGH 혹은 LOW를 출력한다.
❺ Flag 값을 수정한다. 1 → 0 혹은 0 → 1
❻ 배열의 값에 따라 지연시간을 변경한다.
❼ Key_2를 감시하는 명령이다.

2.17 컴퓨터와의 통신

아두이노 IDE의 툴(tool)로 제공되고 있는 "시리얼 모니터"를 사용하면, Computer와 아두이노 board 사이의 -RS232 방식의- 통신이 가능하다. 원칙적으로는 RS232 통신을 하려면 추가적인 Hardware가 필요하지만, UNO Board에서는 프로그래밍 "업로드" 통신선을 공유해서 사용하고 있으므로- 통신을 위한- 별도의 Hardware를 사용하지 않아도 된다.

UNO Board의 경우, Port 0을 RS232 통신의 수신 Port로 사용하며, Port 1을 RS232의 송신 Port로 사용하고 있다.

시리얼 모니터와 통신을 할 때, 사용되는 기본적인 명령은 다음과 같다.

1) Serial.begin(보드레이트) ;
Serial.begin(보드레이트, Rs232 옵션) ;

- 보드레이트 : 통신 속도이다.
- Rs232 옵션 : Bit 수, parity, stop bit수를 정의한다.
- return : none

• Rs232 옵션 값의 구조는 Serial_(데이터 Bit수)(parity)(stop Bit)

– 데이터 Bit 수 : 전송하는 데이터의 Bit수를 의미하며, 5,6,7,8 중 하나를 사용할 수 있다. Byte 데이터를 전송하려면 8-Bit이므로 8이다.
– parity : Parity Even(E), Odd(O), non(N) 3개의 값이 있다. N은 No Parity를 의미하며, 보통은 N을 많이 사용한다.
– stop Bit : Stop Bit의 개수를 의미한다. 아두이노에서는 1과 2만 허용한다.
– default 값은 "SERIAL-8N1"이며 8-bit, No parity, 1 stop bit로 정의 하는 것이 된다.

2) Serial.write(val) ;

Serial.write(str) ;

Serial.write(buf, len) ;

Serial 통신선으로 데이터를 전송할 때 사용하는 명령이다.

- val : 1 글자 (1-Byte의 데이터) 혹은 숫자 (0~255 범위의 수)
  예를 들면 'A' 혹은 49 (49는 'A'의 Code값이다).
- str : 문자열 (ASCII String) 예 "abcd"
- buf : char 배열 예를 들어 "char Dta[6]"으로 정의 되어 있는 Array를 버퍼로 사용하려면 "Dta"라 기록한다.
- len : Buffer에서 전송할 데이터의 수
- return : 실질적으로 전송한 데이터의 수

3) Serial.print(val) ;

Serial.print(val, format) ;

Serial.print("문자열") ;

Serial 통신 라인으로 "문자열"을 전송할 때 사용하는 명령

- val : byte, int, lon, float 등으로 정의되어 있는 변수값
  print() 함수는 val의 값을 문자열로 바꾸어 통신 라인으로 전송한다.
  val=123이라면 "123"을 전송하고, val=1.23이면 "1.23"을 전송한다.
- format : 숫자를 문자열로 표현할 때 Hexa, Binary, Octal 등 여러 가지 방법으로 표현할 수 있다. 예를 들면 65는 Hexa로 표현하면 "41"이고 Binary로 표현하면 "01000001"이다. format으로 사용하는 값은 3장의 SoftSerial을 참조하기 바란다.
- "문자열" : 전송할 문자열."안녕하세요..."와 같은 문자열이다.
- return : 실질적으로 전송한 데이터의 수

4) Serial.println(val) ;

Serial.print(val, format) ;

Serial.println("문자열") ;

기능 자체는 print() 함수와 동일하다. 하지만 print() 대신 println() 함수로 통신을 하면 "ASCII 문자열" 뒤에, editor 등에서 줄 바꿈을 할 때 사용하는 2개의 문자 ("₩r₩n")가 추가되어 전송한다.

- return : 실질적으로 전송한 데이터의 수

5) Serial.read() ;

통신 line으로부터 char Data를 수신한다.

- return : char 데이터

6) Serial.readString() ;

통신 line으로부터 String을 수신한다.

- return : String 데이터

아두이노 IDE의 툴(tool)에서 제공하는 "시리얼 모니터"를 사용하여, Computer와 통신을 해보자. 통신 실험을 위하여, 다음과 같은 작업을 하는 프로그램을 작성하자.

① 컴퓨터에서 String Data를 전송하면,
② String "Receive Line : "을 수신한 String의 앞에 추가하는 방법으로 수정하고
③ 수정된 String을 컴퓨터로 재전송하는 프로그램이다.

프로그램의 작성과 실험은 다음과 같은 순서로 구현해 보자.

① 프로그램을 다음과 같이 작성하고, 컴파일한 다음, "업로드"를 하자.

```
void setup() {
  Serial.begin(9600) ;
}
void loop() {
  String str = Serial.readString() ; // 컴퓨터에서 전송하는 String을 수신하는 명령이다.
  if(str != ""){                     // 수신한 String을 검토한다. 수신 값이 없으면 ""이다.
    Serial.println("Receive Line : "+str) ;  // 수신한 String에 "Receive Line : "을 추가
                                             한 다음 컴퓨터로 재송신한다.
  }
}
```

② 아두이노 IDE에서 "툴"→"시리얼 모니터"를 선택하자.

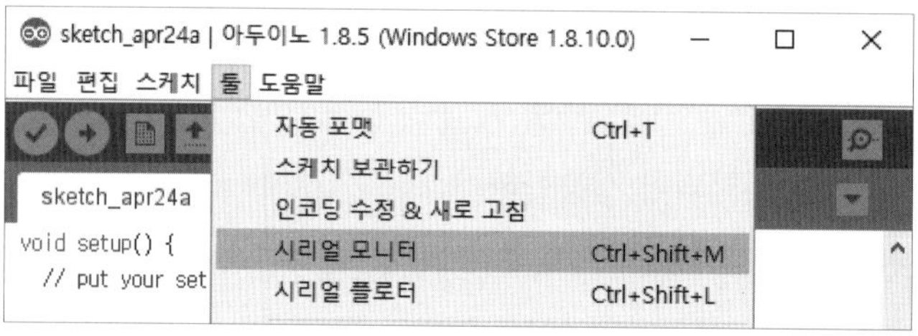

③ ①번에서 통신 속도를 9600으로 설정하였다. 시리얼 모니터 화면 우측 밑을 보면 통신 속도를 표시하고 있다. “보드레이트” 값이 “9600”인지 확인하자. “9600”이 아니면 “9600”으로 수정하여야 한다.

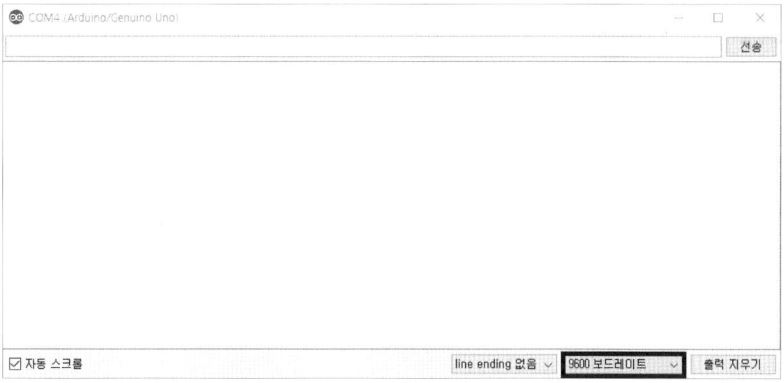

④ 시리얼 모니터 화면에 “Rs232 Test”를 입력하고, “전송” button을 Click하자.

⑤ 아두이노 Board로부터의 응답을 확인하자.

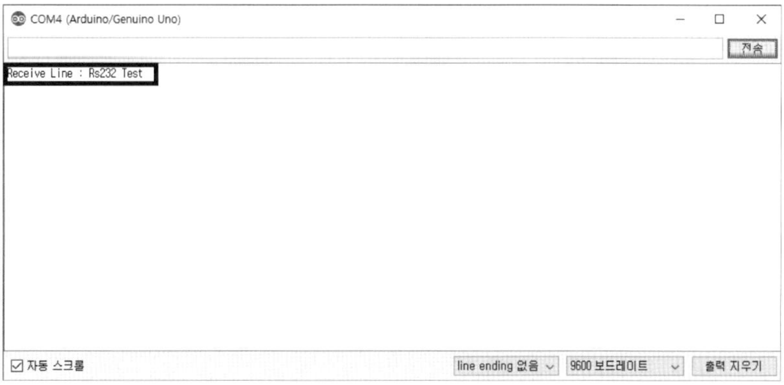

이번에는 아두이노와 Computer 사이의 통신 기능을 응용하여, 하드웨어의 상태를 Computer에서 알 수 있도록 하고, Computer에서 지시하는 명령에 따라 하드웨어의 상태가 바뀌는 프로그램을 작성해 보자.

① 아두이노 Board에서 Key를 누르면, Key가 사용되었음을 Computer에 알리기 위하여 Key_1을 누르면 Computer로 문자열 "Key_1 Push"를 전송하고, Key_2를 누르면 Computer로 문자열 "Key_2 Push"를 전송하며,

② Computer에서 시리얼 모니터를 이용하여 문자'1', '2', '3', '4'중 한 문자를 아두이노 Board로 전송하면 LED_1, LED_2, LED_3, LED_4가 ON되고, 다른 문자를 전송하면 LED가 모두 OFF 되도록 작성하자.

프로그램을 작성하기 전에 고려할 사항은 다음과 같다.

① Serial.read() 명령은 수신 데이터가 없으면 -1을 return한다.

② 사용자가 Key를 누를 때, 전자적 관점에서 보면 사용자가 누르는 시간은 상당히 긴 시간이기 때문에, 아두이노는 사용자의 의도와 무관하게 Key 신호를 여러 번 혹은 수십 번 이상 감지하게 된다. 따라서 Key를 입력할 때는 Key Check를 하는데 필요한 시간을 조정해 주어야 한다.

다음은 Serial.read() 명령과 Key 입력 시간을 고려하여 작성한 프로그램이다.

```
#define LED_1 5
#define LED_2 6
#define LED_3 7
#define LED_4 8
#define Key_1 2
#define Key_2 3
int PreLED ;                                    // ...................... ❶
void setup() {
  Serial.begin(9600) ;
  pinMode(LED_1,OUTPUT) ;
  pinMode(LED_2,OUTPUT) ;
  pinMode(LED_3,OUTPUT) ;
  pinMode(LED_4,OUTPUT) ;
  pinMode(Key_1,INPUT) ;
  pinMode(Key_2,INPUT) ;
  PreLED = 0 ;
```

```
}
void loop() {
  if(digitalRead(Key_1)==LOW){                          // ···················· ❷
     Serial.println("Key_1 Push") ;                     // ···················· ❸
     delay(200) ;                                       // ···················· ❹
  }
  if(digitalRead(Key_2)==LOW){
     Serial.println("Key_2 Push") ;
     delay(200) ;
  }
   int cDta = Serial.read() ;                           // ···················· ❺
  switch(cDta){                                         // ···················· ❻
    case '1':
         digitalWrite(PreLED,LOW) ;                     // ···················· ❼
         digitalWrite(LED_1,HIGH) ;                     // ···················· ❽
         PreLED = LED_1 ;                               // ···················· ❾
         break ;
    case '2':
         digitalWrite(PreLED,LOW) ;
         digitalWrite(LED_2,HIGH) ;
         PreLED = LED_2 ;
         break ;
    case '3':
         digitalWrite(PreLED,LOW) ;
         digitalWrite(LED_3,HIGH) ;
         PreLED = LED_3 ;
         break ;
    case '4':
         digitalWrite(PreLED,LOW) ;
         digitalWrite(LED_4,HIGH) ;
         PreLED = LED_4 ;
         break ;
    default:
        if(cDta>0){                                     // ···················· ❿
           digitalWrite(PreLED,LOW) ;
           PreLED = 0 ;
        }
        break ;
  }
}
```

❶ 변수 PreLED를 Global로 정의하였다.

❷ Key_1을 눌렀는지 여부를 Check한다.

❸ "Key_1 Push"에 CR-LF("₩r₩n")을 추가하여 전송한다.
시리얼 모니터는"Key_1 Push"를 표시하고 Cursor를 다음 줄로 이동한다,

❹ delay(200)를 사용하여 Key Check 시간을 조절한다.
Key를 누른 다음 200 msec 이상의 시간이 지난 이후부터, Key Check를 할 수 있다.

❺ RS232 통신 Line으로부터 1-Byte의 글자를 수신한다. RS232 통신 선로에 수신된 데이터가 없으면 -1이 return된다.

❻ Switch 명령의 변수는 수신한 데이터이다.

❼ 이전에 ON 상태였던 LED를 OFF한다.

❽ 선택된 LED를 ON상태가 되도록 한다.

❾ ON 상태가 된 LED의 Port 번호를 기억해 둔다.

❿ cDta>0이면 수신한 데이터가 있지만 수신 데이터가 '1', '2', '3', '4'가 아니므로, 그 이전에 ON 상태였던 LED를 OFF한다.

2.18 Data 변환 - String Class

프로그램을 작성하다 보면 숫자 데이터(123)를 문자열("123")로 변환하거나, 문자열("123")을 숫자(123)로 변환해야하는 경우가 있다.

문자와 숫자의 데이터 변환 방법을 검토해 보자.

2.18.1 Char ↔ Code 변환

문자는 내부적으로 Code의 값으로 정의되어 있다.

예를 들면 문자 'A'의 ASCII Code 값은 65이고, 문자 'B', 'C'...의 ASCII Code 값은 66, 67, …이다. 같은 숫자 65라 하여도 char 변수에 저장되어 있으면 문자 'A'로 처리되지만 integer 변수에 저장되어 있으면 65라는 숫자로 처리된다는 점이 다르다. 프로그램에서 문자와 Code의 값을 상호 변환하기 위한 방법이 필요하다. 문자↔Code를 변환하는 함수가 **byte()** 함수와 **char()** 함수이다.

```
char ch = char(65) ;          // ch에는 문자 'A'가 기록된다.
byte bDta = byte('A') ;       // bDta의 값은 65이다.
```

문자↔Code 변환은 다음과 같이 **cast**를 사용하여도 변환이 가능하다.

```
char ch = (char)65 ;          // ch에는 문자 'A'가 기록된다.
byte bDta = (byte)'A' ;       // bDta의 값은 65이다.
```

2.18.2 String() 함수

print() 혹은 println() 함수를 사용하여 integer value 123을 전송하면 화면에 "123"이라는 문자열이 보이는 것은, print(), println() 함수가 전송하기 전에 숫자를 문자열로 변환하기 때문에 가능하다.

숫자 123은 '{'의 Code 값이므로 Integer 값 123을, print 명령이, String 변환 없이 전송하였다면 화면에는 '{'라는 문자 1개만 표시된다.

이와 같이 숫자를 문자열로 변환하는 함수는 String() 함수이다.

다음은 String() 함수의 사용 예이다.

```
int iDta = 123 ;
float fDta = 12.34 ;
String str_1 = String(iDta) ;        // str_1에는 문자열 "123"이 저장된다.
String str_2 = String(fDta) ;        // str_2에는 문자열 "12.34"가 저장된다.
```

2.18.3 sprintf() 함수

sprintf() 함수는 표준 C(ANSI-C)에 정의되어 있는 함수이며, 특정한 format에 맞추어서 String을 만들 때 필요하다.

sprintf() 함수의 Syntax는 다음과 같다.

```
int sprintf(char * buffer, const char * format-string, argument-list);
```

- buffer : char type의 array 혹은 Pointer이다.
- format-string : sprintf() 함수를 사용하여 생성할 String의 format이다.

  %d : 10진수 표현

  %x : 16진수 표현

  %c : 문자 표현

  %s : 문자열(string) 표현

- argument-list : 표현하고 싶은 데이터를 ','로 구분하여 나열한다.
- return : 만들어진 문자열의 개수

문자열을 format하는 방법은 정수 5를 기준으로 설명하자

① %d → "5"

② %3d → " 5" ; 여기서 3은 문자열의 최소 자리수가 3임을 나타낸다.
5는 1자리만 필요하므로 나머지는 " "(space)로 채운다.
숫자가 4자리이면(예: 1234) 4자리 문자("1234")가 된다.

③ %03d → "005" : 3은 문자열의 최소 자리수를 나타내며, 0이 앞에 있으므로 " " (space) 대신 "0"을 채운다.

다음은 sprintf() 함수를 사용한 예이다.
프로그램 실행 결과는 시리얼 모니터로 확인할 수 있다.

```
void setup() {
  char    cstr[10] ;
  Serial.begin(9600) ;
  sprintf(cstr,"번호는 %d",3) ;                 // "3"
  Serial.println(cstr) ;
  sprintf(cstr,"번호는 %2d",3) ;                // " 3"
  Serial.println(cstr) ;
  sprintf(cstr,"번호는 %02d",3) ;               // "03"
  Serial.println(cstr) ;
  sprintf(cstr,"Hexa 표현  %x",100) ;           // 64 : 100을 16진수(Hexa)로
                                                // 표현하면 0x64이다.
  Serial.println(cstr) ;
  sprintf(cstr,"Hexa 표현  %03x",100) ;         // 064
  Serial.println(cstr) ;
  sprintf(cstr,"문자열은 %s","Sample") ;        // "Sample"
  Serial.println(cstr) ;
  sprintf(cstr,"문자열은 %10s","Sample") ;      // "    Sample" String은 자리 수가
                                                // 10개인 문자열로 생성된다.
  Serial.println(cstr) ;
  sprintf(cstr,"문자는 %c",65) ;                // "A" : 65는 'A'의 Code 값이다.
  Serial.println(cstr) ;
}
void loop() {
}
```

2.18.4 dtostr() 함수

dtostr() 함수는 아두이노 Reference에서는 공개되지 않았지만, 내부적으로 정의되어 있는 함수 중 하나이다.

dtostr() 함수는 실수(float 혹은 double)를 문자열로 변환할 때, format 문자열을 만들기 위하여 사용하는 함수이다.

dtostr() 함수의 Syntax는 다음과 같다.

```
dtostrf(double, width, precision, buffer) ;
```

- double : float 혹은 double 변수
- width : 문자열의 최소 길이(소수점도 포함), 생성된 문자열의 길이가 width 값보다 작으면 문자열 앞에 " "(space)를 채운다.
- precision : 소수점 이하의 자리수
- buffer ; 문자열을 생성할 char array

다음은 dtostr() 함수의 사용 예이다. 시리얼 모니터로 확인해 보라.

```
void setup() {
  char    cstr[10] ;
  Serial.begin(9600) ;
  dtostrf(12.3, 5, 2, cstr) ;             // "12.30" 소수점 포함 5자리이다.
  Serial.println(cstr) ;
  dtostrf(12.3, 6, 2, cstr) ;             // " 12.30" 소수점 포함 6자리이다.
  Serial.println(cstr) ;
  dtostrf(12.3, 7, 2, cstr) ;             // "  12.30" 소수점 포함 7자리이다.
  Serial.println(cstr) ;
}
void loop() {
}
```

2.18.5 String Class

String은 Class이다. Class에 대한 정의와 사용법은 "프로그래밍 활용 기법"에서 설명한다. 지금은 간단히 종속 함수를 모아둔 집합체라 생각하자.

String에 정의되어 있는 종속함수를 사용하려면
① String Object를 만들고,
② String Object의 이름을, 종속 함수의 이름 앞에 붙여서 사용한다.

String Class에 정의되어 있는 함수들의 Syntax는 다음과 같다.
종속 함수 앞에 추가한 "문자열의 이름"은 String Object의 이름이다.

1) int iret = 문자열 이름.toInt() ;

문자열을 integer 값으로 변환한다.

2) float fret = 문자열 이름.toFloat() ;

문자열을 float 값으로 변환한다.

3) 문자열 이름.getBytes(buf, len) ;

문자열을 구성하고 있는 char의 Code 값을, 배열 buf[]로 변환한다.

```
String str_1 ="ABC" ;
byte bAry[4] ;                // 문자열"ABC"의 길이 + 1 = 4
str_1.getBytes(bAry,4) ;      // bAry[]에 'A','B','C'의 Code 값 65,66,67이 저장된다.
```

- 문자열은 문자열의 마지막에 0을 가지고 있으므로 배열의 크기는 문자열의 길이보다 1만큼 큰 값이라야 한다.

4) 문자열 이름.substring(from) ;

String의 일부를 잘라내어 새로운 String을 만드는 함수이다.

- form : from값이 지정하는 위치부터 String의 마지막까지를 잘라서 새로운 String으로 만든다. 첫 번째 위치의 값은 0이다.
- return : String

문자열 이름.substring(from, to) ;

from부터 to까지의 문자를 잘라서 새로운 String을 만든다.

- to : 잘라내어야 할 위치를 나타내는 값, to 위치의 값은 포함되지 않는다.
- return : String

5) 문자열 이름.toLowerCase() ;

Sting 내의 모든 문자를 소문자로 변경한다.

▸ return : none

6) 문자열 이름.toUpperCase() ;

Sting 내의 모든 문자를 대문자로 변경한다.

▸ return : none

7) 문자열 이름.trim() ;

Sting의 앞과 뒤에 있는 문자 중 invisuble(눈에 보이지 않는) 문자를 모두 제거한 문자열로 만든다.

▸ return : none

다음은 Char↔Code 변환과 문자열↔숫자 변환의 예를 보여주는 프로그램이다. 아두이노 IDE의 시리얼 모니터로 결과를 확인할 수 있다.

```
void setup() {
  Serial.begin(9600) ;
  char ch_1 = 'A' ;
  byte bDta_1 = byte(ch_1) ;                         // ..................... ❶
  String srt_t = "char 'A'의 Code 값은 "+String(bDta_1)+"이다" ;
  Serial.println(srt_t) ;
  byte bDta_2 = 66 ;
  char ch_2 = char(bDta_2) ;                         // ..................... ❷
  srt_t = "숫자 "+String(bDta_2)+"을 코드로 변환하면 '"+ch_2
          +"' 가 된다";
  Serial.println(srt_t) ;
  String str_1 = "123" ;
  int iDta = str_1.toInt() ;                         // ..................... ❸
  srt_t = "String str_1을 integer로 변환한 값은 "+String(iDta)+" 이다" ;
  Serial.println(srt_t) ;
  String str_2 = "123.45" ;
  float fDta = str_2.toFloat() ;                     // ..................... ❹
  srt_t = "String str_2를 float로 변환한 값은 "+String(fDta)+"이다" ;
  Serial.println(srt_t) ;
  iDta *= 2 ;
```

```
    str_1 = String(iDta) ;                                    // ………………… ❺
    srt_t = "Integer iDta를 String으로 변환한 값은 "+str_1+"이다" ;
    Serial.println(srt_t) ;
    fDta *= 2 ;
    str_2 = String(fDta) ;                                    // ………………… ❻
    srt_t = "float fDta를 String으로 변환한 값은 "+str_2+"이다" ;
    Serial.println(srt_t) ;
}
void loop() {
}
```

❶ char ch_1을 byte 데이터로 변환한다.

❷ byte bDta_2를 char 데이터로 변환한다.

❸ String str_1을 integer 데이터로 변환한다.

❹ String str_2를 float 데이터로 변환한다.

❺ integer iDta를 String 데이터로 변환한다.

❻ float fDta를 String 데이터로 변환한다.

다음은 String Class의 함수를 사용한 예이다.

```
void setup() {
    Serial.begin(9600) ;
    String str_1 = "123.45" ;
    String str_2 = str_1.substring(0,3) ;                     // ………………… ❶
    String srt_t = "String '"+str_1
                 +"'에서 0부터 3까지를 잘라낸 Substring은 '"+str_2+"'이다";
    Serial.println(srt_t) ;
    byte abDta[4] ;
    str_2.getBytes(abDta,4) ;                                 // ………………… ❷
    srt_t ="String '"+str_2+"'의 Code는 " ;
    Serial.print(srt_t) ;
    for(int i=0;i<3;++i) Serial.print(String(abDta[i])+",") ;
    Serial.println("이다 ") ;
    String str_3 =" This is Sample " ;
    Serial.print("String '"+str_3+"'를 Lower Case로 변환하면 '") ;
    str_3.toLowerCase() ;                                     // ………………… ❸
    Serial.println(str_3+"'이 된다") ;
```

```
    Serial.print("String '"+str_3+"'를 Upper Case로 변환하면 '") ;
    str_3.toUpperCase() ;                                    // ·················· ❹
    Serial.println(str_3+"'이 된다") ;
    Serial.print("String '"+str_3+"'를 Trim하면 '") ;
    str_3.trim() ;                                           // ·················· ❺
    Serial.println(str_3+"'이 된다") ;
}
void loop() {
}
```

❶ String의 0부터 3번째 자리까지를 잘라낸다.

❷ String 문자열의 code 값을 byte 배열에 기록한다. String 문자열은 마지막에 0을 가지고 있기 때문에 배열의 크기를 String 길이(3) +1 = 4로 하였다.

❸ String 문자열의 내부 문자를 모두 소문자로 변경한다.

❹ String 문자열의 내부 문자를 모두 대문자로 변경한다.

❺ String 문자열의 앞뒤에 있는 invisuble(눈에 보이지 않는)문자를 모두 제거한다.

2.19 실험회로-3

[그림 2.19.1] 회로는 A/D와 PWM 실험을 위한 회로이며, 2.20절 이후는 이 회로를 사용하여 실험을 한다.

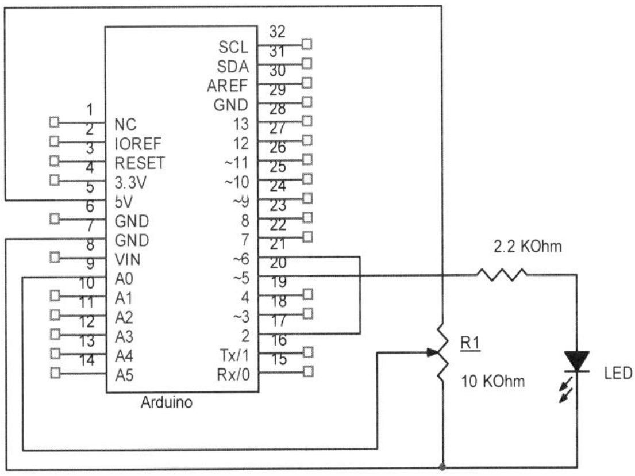

(a) 회로도

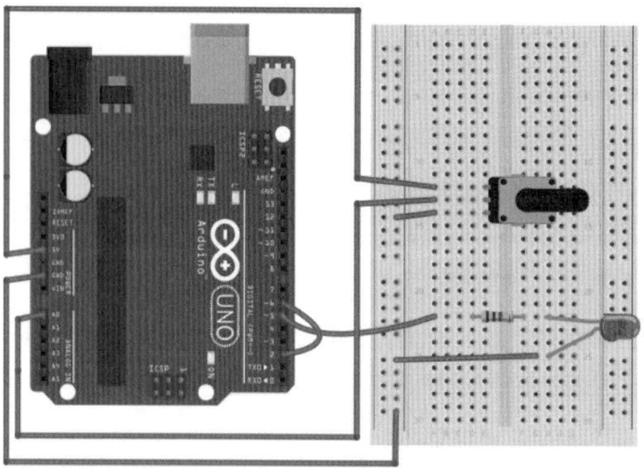

(b) 결선도

| 그림 2.19.1 | 아두이노 실험회로 3

가변저항은 볼륨저항을 사용하는 것이 실험하기 편하겠지만, 브레드보드에 실장할 때는 반고정 저항이 편리한 경우가 많다.

독자들이 어떤 것을 사용하여도 문제 되지 않는다.

2.20 Analog Input

UNO Board는 6개의 Analog Input Port(A/D Port)가 있으며, 5V UNO Board에서 Analog Input Port의 특성은 다음과 같다.

① A/D Converter의 Resolution은 10-bit이다.
② 아날로그 신호의 최소 측정단위의 default 값은 4.9mV이다.
③ A/D 변환시간(Conversion Time)은 100 usec이다.

A/D Port로부터 아날로그 데이터를 수신하는 명령어는 analogRead()이다. analogRead() 명령의 Syntax는 다음과 같다.

```
analogRead(pin)
```

- pin : Analog Input Port의 Port No. (0,...5)
- return 값은 0~1023 사이의 정수 값이다.

[그림 2.19.1]의 회로에서 R1은 10KOhm의 가변저항이며, 양단에 5V의 전압이 인가되어있으므로, 가변저항 R1의 저항 값을 가변하면, 아날로그 Port A0에 인가되는 아날로그 전압도 가변된다. A0에 인가되는 아날로그 전압을 측정하는 프로그램은 다음 사항을 고려하였다.

① 아날로그 Port로 입력되는 전압은, A/D에 의해 디지털 데이터로 변환되므로, 입력 데이터를 다음과 같이 전압 값으로 환산하였다(10-bit, 5V).

$$\text{아날로그 전압} = \frac{\text{입력 디지털 데이터 값}}{1024} \times 5\,\text{V}$$

② 아두이노 Board는 숫자를 표현할 방법이 없으므로, 측정된 전압 값의 표현은 Computer의 시리얼 모니터를 이용하였다.

③ 아날로그 Port의 변환 속도가 너무 빠르기 때문에, 데이터는 1 sec마다 1번씩 읽기로 하였다.

다음은 작성된 프로그램이다.

```
#define Ad0   0
void setup() {
  Serial.begin(9600) ;                                  // ………………… ❶
}
void loop() {
  int AdVal = analogRead(Ad0) ;                          // ………………… ❷
  float Val = 5.0*AdVal/1024.0 ;                         // ………………… ❸
  String str = "AdVal = "+String(AdVal)+" => "
                          +String(Val)+" Volt" ;         // ………………… ❹
  Serial.println(str) ;                                  // ………………… ❺
  delay(1000) ;                                          // ………………… ❻
}
```

❶ Rs232의 Baud rate는 9600 BPS이다. Computer에는 "시리얼 모니터"를 실행하여야 한다.

❷ Analog Data를 읽어 들인다.

❸ Analog Data를 전압 값으로 변환한다.

❹ String()은 숫자를 String으로 변환할 때 사용한다.

❺ Computer로 String 데이터를 전송한다.

❻ 다음 측정까지 1 sec를 기다린다.

☑ 가변 저항을 가변하면 입력 전압이 바뀌는 것을 확인할 수 있다.

2.21 analogReference()

analogReference() 함수는 A/D Converter의 정밀도를 조정하기 위한 명령이다.

A/D Converter는 A/D 변환을 할 때 기준으로 사용할 수 있는 아날로그 전압을 선택하고, 그 전압을 이용하여 아날로그 값을 디지털 데이터로 변화하는 방법을 사용하고 있다. 이때 사용되는 아날로그 기준 전압을 A/D Converter의 Reference Voltage라 한다.

Reference Voltage에 의해 A/D Converter에 입력할 수 있는 최대 입력 전압과 정밀도가 결정되기 때문에, Reference Voltage는 안정도가 높은 전원을 사용해야 한다.

아두이노 board는 내장되어 있는 A/D Converter는 입력 최대 전압과 정밀도를 가변할 수 있도록 만들기 위하여, Reference Voltage를 외부에서 변경할 수 있도록 설계되어 있다. 아두이노 Board의 ARef(회로도 30번 pin)Port가 A/D Converter의 Reference Voltage를 변경할 수 있도록 만든 입력 Port이다. UNO Board는 Resolution이 10Bit이므로, A/D 변환 데이터의 LSB 값은 $\frac{\text{ARef 전압}}{1024}$ 으로 계산된다. 따라서 default인 경우는 아날로그 신호의 최소 측정단위$= \frac{5V}{1024} \simeq 4.9mV$ 으로 계산된다.

① 입력 신호의 최댓값이 3.3V인 경우

아날로그 신호의 최소 측정단위$= \frac{3.3\,V}{1024} \simeq 3.2\,mV$

② 입력 신호의 최댓값이 1.1V인 경우

아날로그 신호의 최소 측정단위$= \frac{1.1\,V}{1024} \simeq 1.1\,mV$

☑
- nalogReference() 함수의 type 값을 변경하고, 프로그램을 "업로드"할 때 Error가 발생하는 경우가 있는데, 그것은 CPU 내부 레지스터 값을 변경할 때 필요한 시간 때문인 것으로 보인다. Error가 발생한 다음 "업로드"를 다시 해보면 Error가 발생하지 않는다.
- 저자는 프로그램의 동작을 확실히 하기 위하여, 프로그램 "업로드" 후에 전원을 한 번 OFF한 다음, 다시 ON하여 프로그램을 실행하였다.

analogReference() 함수의 Syntax는 다음과 같다.

```
analogReference(type) ;
```

UNO에 적용할 수 있는 type 값은 다음과 같다.

- DEFAULT : 입력 최대 전압 5V

  아날로그 신호의 최소 측정단위= $\frac{5V}{1024} \simeq 4.9mV$

- INTERNAL : 입력 최대 전압 1.1V

  아날로그 신호의 최소 측정단위= $\frac{1.1V}{1024} \simeq 1.1mV$

- EXTERNAL : AREF pin(회로도 30번 pin)에 인가되는 전압

  아날로그 신호의 최소 측정단위= $\frac{\text{ARef에 인가된 전압}}{1024}$

▸ return : void 함수이므로 return 값은 없다.

① 다음은 type 값을 DEFAULT로 설정하였을 때의 프로그램이다.

```
#define Ad0  0
void setup() {
  Serial.begin(9600) ;
  analogReference(DEFAULT) ;
}
void loop() {
  int AdVal = analogRead(Ad0) ;
  float Val = 5.0*AdVal/1024.0 ;
  String str = "AdVal = "+String(AdVal)+" => "+String(Val)+" Volt" ;
  Serial.println(str) ;
  delay(1000) ;
}
```

② 다음은 type 값을 INTERNAL로 설정하였을 때의 프로그램이다.

nalogReference()의 인수를 DEFAULT→INTERNAL로 변경해 주어야 하며, 전압의 최댓값도 5→1.1로 변경해 주어야 전압 값이 올바르게 표현된다.

```
#define Ad0  0
void setup() {
  Serial.begin(9600) ;
  analogReference(INTERNAL) ;
}
void loop() {
  int AdVal = analogRead(Ad0) ;
  float Val = 1.1*AdVal/1024.0 ;
  String str = "AdVal = "+String(AdVal)+" => "+String(Val)+" Volt" ;
  Serial.println(str) ;
  delay(1000) ;
}
```

③ 다음은 type 값을 EXTERNAL로 설정하였을 때의 프로그램이다.

EXTERN type을 지정하려면 아두이노 board의 AREF pin(회로도에서는 30번 pin)에 외부 전압을 인가해 주어야 한다. 실험을 위해서는 아두이노 board에서 출력되는 3.3V(4번 pin)를 Aref(30번) pin에 연결해 주면 입력 최대 전압 3.3V로 만들 수 있다. 이 경우도 전압 값을 올바르게 측정하려면, 프로그램에서 전압의 최댓값을 5→3.3으로 변경해 주어야 한다.

```
#define Ad0  0
void setup() {
  Serial.begin(9600) ;
  analogReference(EXTERNAL) ;
}
void loop() {
  int AdVal = analogRead(Ad0) ;
  float Val = 3.3*AdVal/1024.0 ;
  String str = "AdVal = "+String(AdVal)+" => "+String(Val)+" Volt" ;
  Serial.println(str) ;
  delay(1000) ;
}
```

☑ EXTERN을 사용하지 않을 때는 Aref(30번)pin이 Open 상태가 되도록 외부와의 연결을 끊어야 한다,

2.22 AnalogWrite – Analog Output(PWM)

아두이노 Board는 디지털 Board이다. 원칙적으로 디지털 Board가 출력할 수 있는 전압은 0V와 5V-5V Board인 경우- 2가지 전압 중 1가지 밖에 선택할 수 없다. 따라서 디지털 보드의 출력은 0V이거나 5V라야 한다.

이와 같이 디지털 Board에서는 아날로그 값을 표현할 수 있는 방법이 없기 때문에, 디지털 board에서 아날로그 값을 표현하기 위한 수단으로 PWM(Pulse Width Modulation) 방식을 도입하여 사용하고 있다.

PWM을 간단히 설명하면 [그림 2.22.1]과 같이 Pulse의 폭(시간)으로 아날로그 값을 표현하는 방법이다.

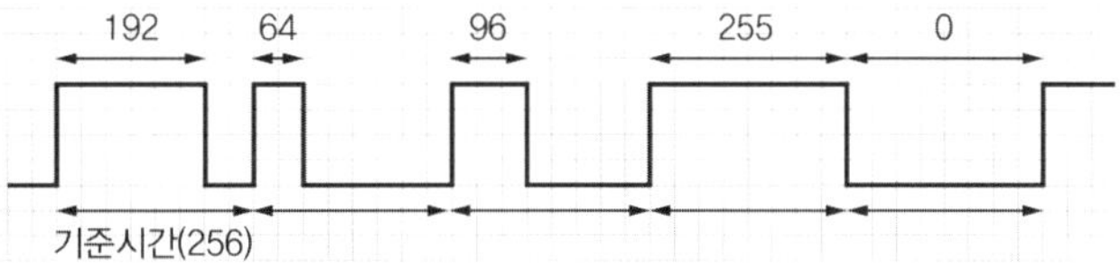

[그림 2.22.1] PWM 신호의 파형

대부분의 경우, 디지털 Board에서 PWM 신호를 만드는 방법은 기준 시간(t_{unit})과 아날로그 숫자의 최댓값을 정하고, 아날로그 값을 시간의 길이로 표현하는 방법을 사용하기 때문에 출력 신호의 Pulse 폭은 다음과 같이 계산된다.

$$\text{출력 신호의 Pulse 폭} = \frac{\text{아날로그 값} \times \text{기준시간}(t_{unit})}{\text{아날로그 최대값}}$$

PWM을 아날로그 값의 표현 방법으로 사용하는 이유는, 시간의 길이로 아날로그 숫자를 표현할 수 있기 때문이지만, 실용적인 관점에서 보면, 모든 신호는 직류성분 신호와 교류성분 신호로 나누어지는데, PWM 신호의 직류성분은 PWM 신호의 Pulse 폭에 비례하기 때문이다. 따라서 직류 전압의 크기로 조절하도록 만들어진 장비의 경우 PWM으로 직류 성분의 값을 변경하는 방법을 응용하여 사용하는 경우가 많다.

[그림 2.22.1]을 예로 설명하면 다음과 같다.

참고로 신호의 직류 성분은 한주기의 평균값으로 계산된다.

PWM으로 만든 아날로그 신호의 최대 전압 값이 5V라 가정하면,

기준값이 255이고 첫 번째 Pulse는 펄스의 폭이 192이므로,

$$\text{첫 번째 Pulse의 평균 전압} = 5\,\mathrm{V} \times \frac{192}{256} = 3.75\mathrm{V}$$

이고, 2번째 펄스 신호의 폭은 62이므로

$$\text{두 번째 Pulse의 평균 전압} = 5\,\mathrm{V} \times \frac{64}{256} = 1.25\mathrm{V}$$

가 된다. 따라서 기준 시간의 간격으로 3.75V, 1.25V, 1.87V, 5V, 0V의 직류 전압성분이 차례로 출력되고 있다. 아두이노에서 아날로그 신호를 출력할 때는 analogWrite() 함수를 사용하며, analogWrite() 명령은, PWM 신호를 출력한다.

analogWrite() 함수의 Syntax는 다음과 같다.

```
analogWrite(pin, value) ;
```

- pin : UNO Board에서는 3,5,6,9,10,11번 Port중 하나를 선택할 수 있다.
  UNO Board는 3,9,10,11번 Port의 기준시간과, 5,6번 Port의 기준시간이 같지 않다.
  - 3,9,10,11번 Port의 기준시간은 $\frac{1}{490}\mathrm{sec} \simeq 2\mathrm{msec}$이고,
  - 5,6번 Port의 기준시간은 $\frac{1}{980}\mathrm{sec} \simeq 1\mathrm{msec}$이다.
- value : 아날로그 값, default인 경우 아날로그 최댓값은 256이다. 따라서 value값은 0~255 범위내의 값만 허용된다.

LED의 밝기는 LED에 인가되는 전압의 평균치에 따라 달라진다. PWM 신호는 아날로그 값에 따라 평균치가 달라지기 때문에, 아두이노의 PWM을 사용하면 LED의 밝기를 조정할 수 있다. [그림 2.19.1] 회로에서 Analog Port 0로 입력된 값을 PWM 펄스로 출력하는 프로그램을 작성해 보자. 프로그램을 작성할 때 고려할 사항은, A/D Port는 분해능이 10-Bit(1024)이지만, PWM은 분해능이 8-bit(256)이다. 다시 말하면 A/D Port의 입력에 5V가 가해지면 A/D 값은 1023이지만, PWM Port는 255일 때 5V를 출력한다. 따라서 아날로그 입력 값을 PWM으로 출력하려면, A/D로 입력된 아날로그 값에서 4(1024/256)로 나눈 값을 PWM으로 출력하여야 한다.

작성된 프로그램은 다음과 같다.

```
#define Da0  5
#define Ad0  0
void setup() {
  pinMode(Da0,OUTPUT) ;                              // ..................... ❶
}
void loop() {
  float adVal = analogRead(Ad0)/4 ;                  // ..................... ❷
  analogWrite(Da0,adVal) ;                           // ..................... ❸
}
```

❶ PWM은 출력 이므로 Port 5번을 출력 Port로 지정하여야 한다.
❷ adVal은 아날로그 입력 값을 4로 나눈 값이다.
❸ PWM 신호를 출력한다.

예제 2.1 LED의 밝기가 서서히 밝아 졌다가, 다시 서서히 어두워지는 동작이 반복되도록 프로그램을 작성하라.

힌트) PWM 출력 값을 너무 빠르게 변화하면 사람은 그 변화를 감지하지 못한다. 따라서 일정한 시간 지연이 필요하다.

2.23 Tone-구형파 신호 생성

구형파 신호를 생성할 때는 tone() 함수를 사용한다. tone() 함수와 PWM의 다른 점은, tone() 함수는 duty 비가 50%인 pulse 신호만 생성하지만 주파수를 변경할 수 있다는 점이다. duty비란 Pulse의 ON 시간을 Pulse의 주기로 나눈 값을 말한다. [그림 2.22.1]에서 첫 번째 펄스는 ON 시간이 192이고, 주기가 256이므로, duty비는 $\frac{192}{256} \times 100 = 75\%$ 이다.

duty비가 50%라는 말은 ON time과 OFF time이 같다는 뜻이다.

tone() 함수의 Syntax는 다음과 같다.

```
tone(pin 번호, 주파수) ;
tone(pin 번호, 주파수, 신호 발생 기간) ;
```

- pin 번호 : 구형파 신호를 출력하는 Port 번호
- 주파수 : 출력되는 구형파 신호의 주파수
- 신호 발생 기간 : 구형파 신호를 출력하는 시간, msec 단위이며, 이 값이 3000이면, 3 sec동안만 구형파를 발생한다.

☑
- tone 명령으로 만들어지는 신호 주파수의 최솟값은 31Hz이다.
- tone 명령은 한번에 1개의 Port로만 출력할 수 있다. 동시에 2개 이상의 Port에 tone() 명령이 실행되도록 할 수는 없다.
- tone() 함수는 한번 호출되면 "신호 발생기간"이 주어지거나, noTone() 함수가 호출되지 않는 한 구형파를 계속 출력한다.

noTone() 함수의 Syntax는 다음과 같다.

```
noTone(pin 번호) ;
```

2.24 PulseIn - 펄스의 폭 측정

pulseIn()은 입력 Pulse의 폭을 측정할 수 있는 함수이다. pulseIn 함수의 Syntax는 다음과 같다.

```
pulseIn(pin 번호, value) ;
pulseIn(pin 번호, value, timeout) ;
```

- pin 번호 : 신호를 측정할 Port의 번호이다.
- value : HIGH(펄스의 ON 시간 측정) 혹은 LOW(펄스의 OFF시간 측정)
  value가 HIGH인 경우를 예로 설명하면 입력 Port가 OFF에서 ON 상태로 변환하는 순간부터 Port가 다시 OFF로 변환되기까지의 시간을 측정한다.
- timeout : 측정 펄스가 입력될 때까지 기다리는 시간의 최댓값으로 usec 단위이며, default 값은 1 sec이다.
- return : 펄스의 폭을 usec 단위로 측정한 값(unsigned long)

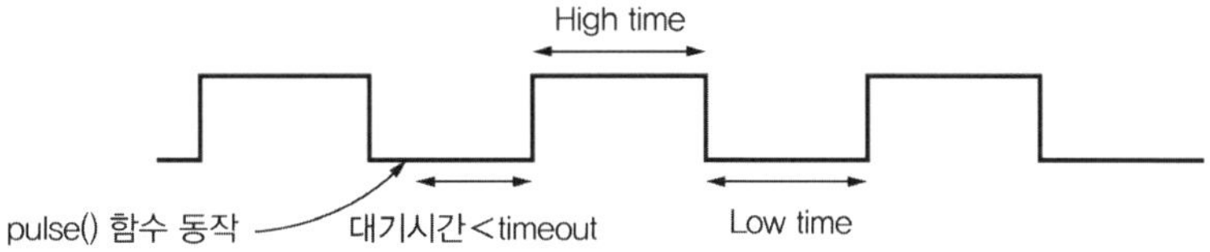

[그림 2.24.1] pulseIn에서 측정하는 시간

pulseIn() 함수를 실험하려면, 입력 단에 펄스 신호가 인가되어야 한다. 신호 발생기가 있는 독자들은 문제 될 것이 없지만, 신호 발생 장치가 없는 독자들을 위하여, 앞에서 배운 펄스 신호를 출력하는 명령(tone, analogWrite)을 사용하여 펄스 신호를 출력하자.

tone() 함수를 사용해서 만든 펄스 신호를 측정하는 프로그램을 작성하자.

실험회로 3에는 Port 6번과 2번이 연결되어 있다. Port 6번으로 tone() 신호를 출력하고, Port 2번으로 출력되는 구형파 신호를 측정하는 프로그램을 작성하면 다음과 같다.

```
#define plsout  6
#define plsIn   2
void setup() {
  Serial.begin(9600) ;
  pinMode(plsout,OUTPUT) ;
  pinMode(plsIn,INPUT) ;
  tone(plsout,500) ;                                  // ………………… ❶
}
void loop() {
  long hval = pulseIn(plsIn,LOW) ;                    // ………………… ❷
  long lval = pulseIn(plsIn,LOW) ;                    // ………………… ❸
  float freq = 1000000.0/(hval+lval) ;                // ………………… ❹
  String str = "Frequency = "+String(freq)+" Hz, HIGH time = "
               +String(hval)+"usec, LOW time = "+String(lval)
               + "usec";
  Serial.println(str) ;                               // ………………… ❺
  delay(3000) ;                                       // ………………… ❻
}
```

❶ ton() 함수로 출력되는 구형파의 주파수는 500Hz이다.

❷ 펄스의 ON time을 측정한다,

❸ 펄스의 OFF time을 측정한다. ON time + OFF time = 펄스의 주기

❹ 펄스 신호의 주파수를 계산한다, 펄스 신호의 측정 단위는 usec이며, 펄스 신호의 주파수 = 1/(펄스 신호의 주기)로 계산한다.

❺ RS232 통신을 사용하여 "시리얼 모니터"로 결과 값을 전송한다.

❻ 다음 측정을 하기 전에 3 sec를 대기한다.

audioWrite() 함수에 의해 만들어지는 PWM 신호를 측정하는 프로그램을 작성해 보자. 측정 결과는 시리얼 모니터로 확인할 수 있다.

analogWrite() 함수에서 duty비를 각각 25%, 50%, 75%로 출력되는 3가지 PWM 신호를 출력하고, pulsinIn()으로 측정하여 계산한 duty비 값과 비교할 수 있도록 프로그램을 하자. 다음은 작성된 프로그램이다.

```
#define plsout   6
#define plsIn    2
void setup() {
  Serial.begin(9600) ;
  pinMode(plsout,OUTPUT) ;
  pinMode(plsIn,INPUT) ;
}

void loop() {
  analogWrite(plsout,64) ;                    // duty가 25%인 PWM 신호출력
  MeasurePWM() ;
  analogWrite(plsout,128) ;                   // duty가 50%인 PWM 신호출력
  MeasurePWM() ;
  analogWrite(plsout,192) ;                   // duty가 75%인 PWM 신호출력
  MeasurePWM() ;
  delay(3000) ;
}
void MeasurePWM(){
  long hval = pulseIn(plsIn,HIGH) ;           // ON time 측정
  long lval = pulseIn(plsIn,LOW) ;            // OFF time 측정
  float freq = 1000000.0/(hval+lval) ;        // 주파수를 계산함
  float duty = 100.0*hval/(hval+lval) ;       // duty비를 계산함
  String str = "Frequency = "+String(freq)+", duty = "+String(duty) ;
  Serial.println(str) ;                       // RS232 Port로 결과값 전송
}
```

2.25 Timming

micros() 함수와 millis() 함수는 독립적으로 구동하고 있는 내부 timer를 이용하는 함수이기 때문에, 프로그램과 무관하게, 사건의 경과 시간을 측정할 수 있는 함수이다.

1) micros() ;

아두이노 프로그램이 시작한 이후 경과 시간을 usec 단위로 측정한 값을 return하는 함수이다.

- return : unsigned long 값

2) millis() ;

아두이노 프로그램이 시작한 이후 경과 시간을 msec 단위로 측정한 값을 return하는 함수이다.

- return : unsigned long 값

micros() 함수와 millis() 함수를 이용하여 시간의 경과를 측정하는 프로그램을 작성해 보자.

```
void setup() {
  Serial.begin(9600) ;
}
void loop() {
  char cData[100] ;
  long mTime, pmTime ;
  long uTime, puTime ;
  Serial.println("==============Start==================");
  pmTime = millis() ;                           // ···················· ❶
  puTime = micros() ;                           // ···················· ❷
  delay(10) ;
  uTime = micros() ;                            // ···················· ❸
  mTime = millis() ;
  uTime -= puTime ;                             // ···················· ❹
  mTime -= pmTime ;

  sprintf(cData,"Time of delay(10) is %ld min & %ld usec",mTime, uTime) ;
```

```
    Serial.println(cData) ;
    long Sum = 0 ;
    puTime = micros() ;                                    // ·················· ❺
    for(int i=0;i<100;++i) Sum += i ;
    uTime = micros() ;                                     // ·················· ❻
    uTime -= puTime ;                                      // ·················· ❼
    sprintf(cData," Sum is %ld (%ld usec)", Sum, uTime) ;
    Serial.println(cData) ;
    delay(5000) ;
}
```

❶ 명령 실행 전에 millis() 값을 읽어둔다.

❷ 명령 실행 전에 micros() 값을 읽어둔다.

❸ 명령 실행 직후에 micros(), millis()의 값을 읽는다.

❹ 경과 시간을 계산한다.

❺ 합산 명령을 시작하기 전에 micros() 값을 읽어둔다.

❻ 합산 명령이 완료된 직후 micros() 값을 읽는다.

❼ 경과 시간을 계산한다.

☑ UNO Board를 기준으로 하면 micros() 함수로 측정되는 값의 최소 단위는 4 usec임을 알 수 있었다.

2.26 Bit 제어 함수

디지털 기기를 제어할 때, 데이터 내부의 Bit를 관리해야 하는 경우가 많기 때문에 아두이노에도 데이터의 Bit를 관리하는 함수가 제공되고 있다.

다음은 아두이노에서 제공하고 있는 Bit 관리함수의 Syntax이다.

1) bitSet(x, n) ;

변수 x의 n번째 Bit를 Set(1)하는 함수

- x : Bit Sey 명령의 대상이 되는 변수
- n : Bit의 번호 0부터 시작한다. Bit 0은 LSB이다.
- return : none

2) bitClear(x, n) ;

변수 x의 n번째 bit를 Clear(0)하는 함수

- x : Bit Clear 명령의 대상이 되는 변수
- n : Bit의 번호 0부터 시작한다. Bit 0은 LSB이다.
- return : none

3) bitRead(x, n) ;

변수 x의 n번째 bit의 값을 읽을 때 사용하는 함수

- x : Bit Read 명령의 대상이 되는 변수
- n : Bit의 번호 0부터 시작한다. Bit 0은 LSB이다.
- return : 1 혹은 0

4) bitWrite(x, n, b) ;

변수 x의 n번째 bit의 값을 b(0혹은 1)로 변경할 때 사용하는 함수

- x : Bit Read 명령의 대상이 되는 변수
- n : Bit의 번호 0부터 시작한다. Bit 0은 LSB이다.
- b : 1 혹은 0
- return : none

5) highByte(x) ;

long과 같이 4-Byte 데이터에도 사용할 수 있지만, 아두이노에서는 16-Bit 데이터를 기준으로 만들어진 함수이다.

- 상위 Byte(8~15번 Bit)의 값을 return한다.
- x : 함수를 적용할 변수
- return : Byte : 상위 Byte(8~15번 Bit)의 값

6) lowByte(x) ;

변수 x의 하위 byte(0~7번 bit)의 값을 알기 위한 함수이다.

- x : 함수를 적용할 변수
- return : Byte : 하위 Byte(0~7번 Bit)의 값

다음은 Bit 관리함수를 사용한 예이다. 프로그램을 이해하기 전에 다음을 먼저 확인해 두자. [Table 2.26.1]은 문자의 Code값을 Decimal, Hexa, Binary으로 표현한 것이며, Binary 데이터에 대한 경험이 많지 않은, 독자들이 프로그램을 이해하는데 도움이 되도록 만든 Table이다.

문자	Code 값(decimal)	Code값(Hexa)	Code값(binary)
'A'	65	0x41	01000001
'B'	66	0x42	01000010
'C'	67	0x43	01000011

[Table 2.26.1] Code 값의 표현

다음은 Bit 제어의 예를 보여주는 프로그램이다.
실험 결과는 시리얼 모니터로 확인할 수 있도록 하였다.

```
void setup() {
  Serial.begin(9600) ;
  char ch = 'A' ;
  Serial.print("Char ch의 내용 : ") ;
  Serial.println(ch) ;
  bitSet(ch,1) ;                                   // ..................... ❶
  Serial.print("Char ch의 내용 : ") ;
  Serial.println(ch) ;
  bitClear(ch,0) ;                                 // ..................... ❷
  Serial.print("Char ch의 내용 : ") ;
  Serial.println(ch) ;
  bitWrite(ch,0,1) ;                               // ..................... ❸
  Serial.print("Char ch의 내용 : ") ;
  Serial.println(ch) ;
  if(bitRead(ch,6)==1) Serial.println("ch의 7번째 Bit 값은 1입니다") ;
                                                   // ..................... ❹
  else Serial.println("ch의 7번째 Bit 값은 0 입니다.") ;
  int iDta = 12345 ;
  int Hdta = highByte(iDta) ;                      // ..................... ❺
  Serial.print("12345의 상위 Byte 값 : ") ;
  Serial.println(Hdta) ;
  int Ldta = lowByte(iDta) ;                       // ..................... ❻
  Serial.print("12345의 하위 Byte 값 : ") ;
  Serial.println(Ldta) ;
}
void loop() {
}
```

❶ n=1이므로 2번째 Bit를 1로 변경하였다. 'A'(01000001) → 'C'(01000011)
❷ n=0이므로 1번째 Bit를 0으로 변경하였다. 'C'(01000011) → 'B'(01000010)
❸ 0번째 Bit를 1로 변경하였다. 'B'(01000011) → 'C'(01000011)
❹ n=6이므로 7번째 Bit를 읽었다. 'C'(01000011)이므로 1이다.
❺ 숫자 12345를 Hexa로 표현하면, 0x3039이다. 따라서 상위 Byte의 값은 0x30(48)이다.
❻ 숫자 12345를 Hexa로 표현하면, 0x3039이다. 따라서 하위 Byte의 값은 0x39(57)이다.

2.27 Random

프로그램을 작성할 때, 무작위로 선출하거나, 무작위로 데이터를 검출해야 하는 경우 등.. 사람이 개입되지 않는 랜덤 한 데이터가 필요한 경우가 있다. 이와 같은 경우 난수를 발생하는 함수가 필요하다.

random() 함수는 난수를 생성하는 함수이다.

random() 함수의 Syntax는 다음과 같다.

```
random(max) ;
random(min, max) ;
```

- max : 생성되는 난수의 최댓값
- min : 생성되는 난수의 최솟값
- return : 생성되는 난수는 long type이다.

☑ random() 함수는 프로그램이 시작될 때, 설정되어 있는 초기 값에 의해 생성 되므로 초기값을 변경하면 난수가 생성되는 시작 조건을 다르게 할 수 있다. 이와 같이 초기 값을 변경할 수 있도록 만든 함수가 randomSeed() 함수이다.

randomSeed() 함수의 Syntax는 다음과 같다.

```
randomSeed(숫자) ;
```

▸ 숫자 : random(0 함수의 초기 상태는 이 값으로 결정된다. 이 값에는 특별한 제약이 없다. 정수이면 어떤 값이라도 문제 되지 않는다.

다음은 난수를 생성하는 프로그램이다. 시리얼 모니터로 결과를 확인하라.

```
void setup() {
  // put your setup code here, to run once:
  Serial.begin(9600) ;
  randomSeed(17) ;                    // Seed 값을 17로 하였다.
}
void loop() {
  int val = random(100) ;             // 최댓값을 100으로 하였다.
  Serial.println(val) ;               // 시리얼 모니터로 생성되는 난수를 전송한다.
  delay(1000) ;
}
```

Chapter

03

아두이노 프로그래밍 기법

아두이노의 Compiler는 AVR-GCC를 기반으로 하고 있기 때문에, 내부적으로는, 아두이노에서 공개하고 있지 않는, 많은 명령어와 Library를 가지고 있으며, C/C++의 중요한 기능들도 지원하고 있다.

C/C++를 기반으로 하고 있는 언어는 원칙적으로는 Pointer, Class, Library, inheritance.. 등을 지원하기 때문에, 객체 지향적인 프로그래밍(OOP) 기법을 구현할 수 있는 환경을 제공하지만, 아두이노 Compiler는 아두이노 자체적인 한계가 있기 때문에 그 중 일부 기능만 지원되는 것으로 보인다.

3장은 독자들이 아두이노 Compiler에서 지원하는 C/C++ 고유의 장점중 하나인 Pointer와 Class, Library를 활용하는 방법과 Firmware로서의 장점인 Hardware interrupt을 설명하기 위하여 마련하였다.

3장은 C/C++ 고유의 장점을 구현하는 것이 주요한 목적이므로, 간단한 하드웨어로 실험을 할 수 있도록 하였다.

3장에 필요한 준비물은 다음과 같다.

1. Bread Board 1개
2. Tack Switch 2개
3. 저항 2.2 KOhm 2개

3.1 실험회로 4

[그림 3.1.1]은 3장의 프로그램에서 사용할 실험 회로이다.

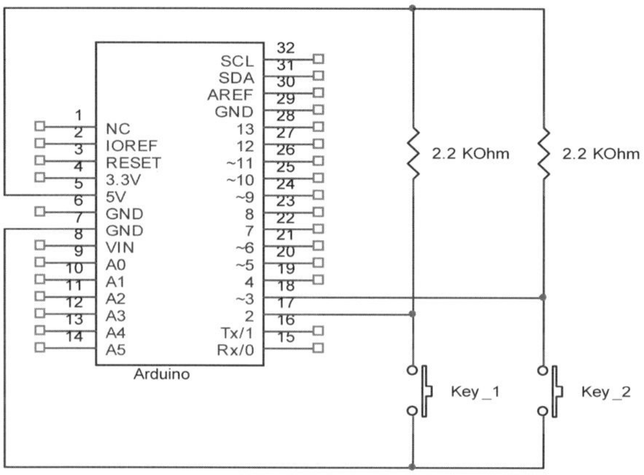

(a) 회로도

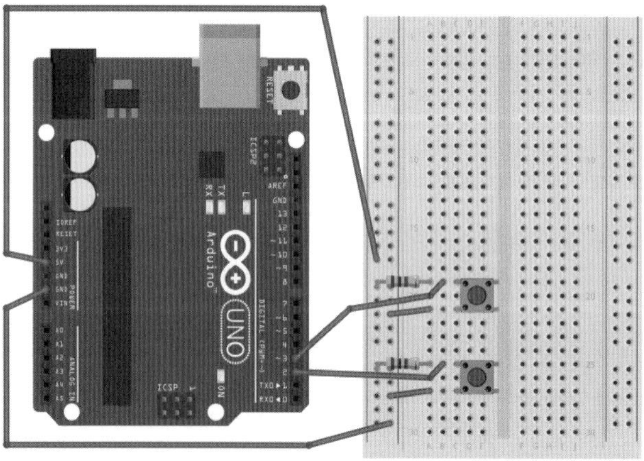

(b) 결선도

| 그림 3.1.1 | 실험 회로

3.2 Pointer

C-언어를 사용하는 이유 중 하나가 Pointer라 해도 좋을 만큼, C-언어에서 Pointer의 비중은 대단히 높다. 아두이노도 C-언어를 기반으로 하기 때문에, 아두이노에 프로그래밍을 하려면 Pointer의 사용법은 알고 있어야 한다.

변수를 정의하고 사용하려면 다음 3가지가 필요하다.

① 변수의 이름

② 변수를 저장할 장소

③ 변수의 내용

변수는 메모리에 저장하는 것이 일반적이며, 변수의 값을 메모리에 저장하려면 데이터를 저장할, 메모리의 주소(address)를 알아야 한다.

C-언어에서는 변수에 할당되는 메모리의 주소를 L-Value라 부르고, 메모리의 내용(데이터)를 R-Value라 부른다.

> ☑ R-Value의 값을 그냥 Value로 지칭할 경우에는, L-Value는 Reference Value 혹은 Reference라 지칭하기도 한다.

[그림 3.2.1]은 char 변수 chDta의 정의와 memory 상의 위치이다.

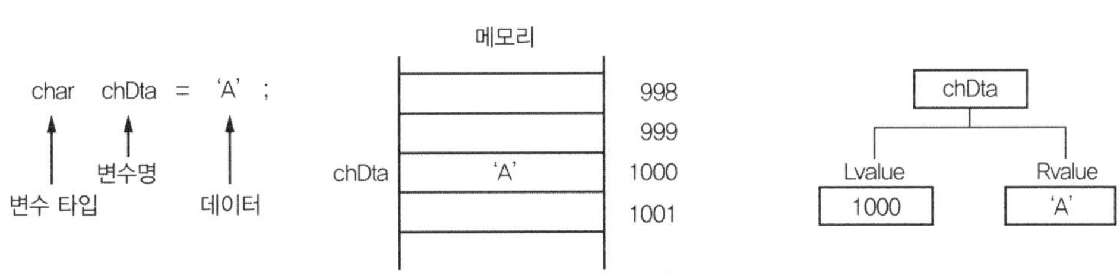

| 그림 3.2.1 | 변수 chDta의 정의

chDta의 메모리 주소 1000번지는 Compiler가 Source Code를 Compile하면서, 메모리에서 비어있는 공간 중 한곳을 선택한 주소이다. chDta는 1000번지에 1-Byte의 메모리 공간을 점유하고 있으며, 메모리내의 데이터 값은 'A'이다. 따라서 chDta의 L-value의 값은 1000이며, R-value의 값은 'A'이다.

3.2.1 Pointer의 정의

C-언어에서 Pointer란 다른 변수의 주소를, 변수의 값으로 하는 변수를 의미하며 다음과 같이 정의한다.

```
char *cPt ;
```

[그림 3.2.1]에서 정의한 chDta와 cPt는 동일한 변수 타입을 가지고 있으므로 cPt를 이용하여 chDta를 지정할 수 있다. 다음 명령을 보자

```
cPt = &chDta ;
```

위의 문장에서 '&'는 chDta의 L-value값(1000)을 의미한다. 따라서 cPt의 R-value에는 1000이 기록된다.

cPt의 R-value가 가리키고 있는 데이터의 내용을 추출하거나 변경할 때는 다음과 같이 '*' 기호를 사용한다.

```
char cVal = *cPt ;                    // ................... ❶
*cPt = 'B' ;                          // ................... ❷
```

❶번이 실행되면 cPt가 chDta를 point하고 있기 때문에, cVal에는 chDta의 R-value값 'A'가 전송된다.

❷번이 실행되면 cPt는 chDta의 Pointer이므로, cPt의 값은 변경되지 않는다. 대신 cPt가 point하고 있는 변수 chDta의 값이 'B'가 된다.

3.2.2 double pointer

C-언어에서는 Pointer에 대한 Pointer도 허용하고 있다. Pointer에 대한 Pointer는 "Double Pointer"라 부르기도 한다. Pointer에 대한 Pointer는 다음과 같이 정의 한다.

```
char **cPt2 ;
```

다음은 Pointer to Pointer를 사용하는 예이다.

```
char chDta  = 'B' ;
char *cPt   = &chDta ;
char **cPt2 = &cPt ;
```

이들의 관계를 정리하면 [그림 3.2.2]와 같다.

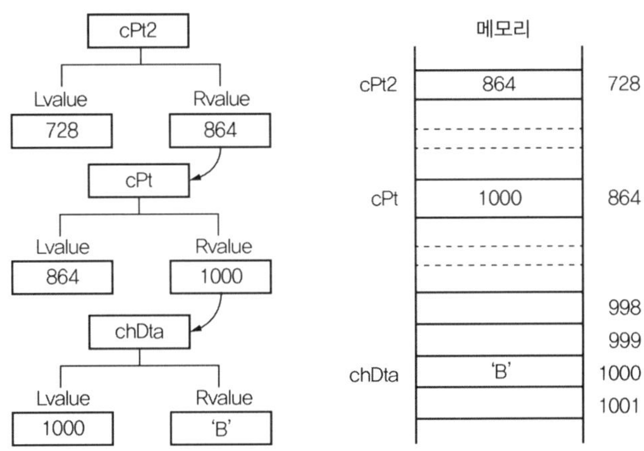

| 그림 3.2.2 | Double Pointer, Pointer, 변수의 관계

```
chDta :  lvalue = 1000, rvalue = 'B'
cPt   :  lvalue = 864,  rvalue = 1000
cPt2  :  lvalue = 728,  rvalue = 864
```

cPt2를 사용하여 표현할 수 있는 데이터 값을 정리하면
① cPt2의 값은 864이고,
② *cPt2의 값은 1000이며,
③ **cPt2의 값은 'B'이다.

다음은 integer 변수 iDta에 대한 Pointer와 Double Pointer를 정의하고, 각 변수의 L-value와 R-value 값을 '시리얼 모니터' 확인 할 수 있도록 작성한 프로그램이다. 프로그램의 실행 결과를 검토해 보기 바란다.

```
int iDta ;
int *iPt1 ;
int **iPt2 ;
void setup() {
  Serial.begin(9600) ;
  iDta = 123 ;     // iDta의 value는 123이다.
  TrcVal() ;
  *iPt1 = 234 ;   // iDta의 value를 234로 변경한다.
  TrcVal() ;
  **iPt2 = 345 ;  // iDta의 value를 345로 변경한다.
  TrcVal() ;
}
void TrcVal(){
  int val, adr, val1, val2 ;
  val = iDta ;                                    // ..................... ❶
  adr = &iDta ;                                   // ..................... ❷
  String str = "iDta : lvalue = "+String(adr)
                      +", rvalue = "+String(val) ;
  Serial.println(str) ;
  iPt1 = &iDta ;                                  // ..................... ❸
  val = iPt1 ;                                    // ..................... ❹
  adr = &iPt1 ;                                   // ..................... ❺
  val1 = *iPt1 ;                                  // ..................... ❻
  str = "iPt1 : lvalue = "+String(adr)+", rvalue = "+String(val)
                            + " => "+String(val1);
  Serial.println(str) ;
  iPt2 = &iPt1 ;                                  // ..................... ❼
  val = iPt2 ;                                    // ..................... ❽
  adr = &iPt2 ;                                   // ..................... ❾
  val1 = *iPt2 ;                                  // ..................... ❿
  val2 = **iPt2 ;                                 // ..................... ⓫
  str = "iPt2 : lvalue = "+String(adr)+", rvalue = "+String(val)
                  + " => "+String(val1)+" => "+String(val2) ;
  Serial.println(str) ;
  Serial.println("") ;
}
void loop() {
}
```

❶ iDta의 value이다(rvalue).
❷ iDta의 Address이다(lvalue).
❸ iPt1이 iDta의 Pointer가 되도록 설정하였다.
❹ iPt1의 value이다. (rvalue), iDta의 Address
❺ iPt1의 Address이다(lvalue).
❻ iPt1이 가리키고 있는 메모리의 내용이다. iDta의 value이다.
❼ iPt1을 사용하여 iPt2를 double Pointer로 만들었다.
❽ iPt2의 value이다(rvalue). iPt1의 Address이다.
❾ iPt2의 Address이다(lvalue).
❿ iPt2의 Pointer가 가리키고 있는 값이다, iPt1의 Address
⓫ iPt2가 간접적으로 가리키고 있는 값이다. iDta의 value

다음은 프로그램을 실행한 결과이다.

```
iDta : lvalue = 364, rvalue = 123
iPt1 : lvalue = 362, rvalue = 364 => 123
iPt2 : lvalue = 360, rvalue = 362 => 364 => 123

iDta : lvalue = 364, rvalue = 234
iPt1 : lvalue = 362, rvalue = 364 => 234
iPt2 : lvalue = 360, rvalue = 362 => 364 => 234

iDta : lvalue = 364, rvalue = 345
iPt1 : lvalue = 362, rvalue = 364 => 345
iPt2 : lvalue = 360, rvalue = 362 => 364 => 345
```

3.2.3 Pointer의 연산

Pointer는 데이터의 위치를 value로 가지고 있는 변수이기 때문에, Pointer의 연산은 일반 변수의 연산과 조금 다르다. Pointer 연산이 일반 변수와 다른 이유는, array를 기준으로 생각하는 것이, 이해하기 쉬울 것 같다. integer array와 pointer를 다음과 같이 정의하였다고 생각해 보자.

```
int iary[10] ;                    // ..................... ❶
int *iPt = iary ;                 // ..................... ❷
++iPt ;                           // ..................... ❸
```

❶ iary는 integer array이며, 아두이노에서 integer의 크기는 2-Byte이다. 따라서 iary[0]의 주소가 902번지라면, ary[1]의 주소는 904, iary[2]의 주소는 906 …와 같이 각 변수의 주소는 2씩 증가하면서 배열된다.

❷ iary는 &iary[0]와 등가 이므로 iPt는 iary[0]를 point하고 있으므로, *iPt의 값은 iary[0]와 같은 값이다.

❸ iPt는 integer 변수에 대한 Pointer이므로, ++iPt의 의미는, Pointer iPt가 뒤에 있는 변수 iAry[1]을 Point하기 위한 연산이라 보는 것이 합리적이다. 따라서 iPt의 value는 +1이 아니라, integer 변수의 크기가 2이므로 +2가 되어야 iPt는 iary[1] 주소를 value로 가지게 된다.

정리하면 Pnt가 Pointer 변수이고, ++Pnt; 명령이 실행되었다면
① char *Pnt 으로 정의된 Pointer이면 변수 값은 +1 증가한다.
② int *Pnt 으로 정의된 Pointer이면 변수 값은 +2 증가한다.
③ long *Pnt 으로 정의된 Pointer이면 변수 값은 +4 증가한다.
④ float *Pnt 으로 정의된 Pointer이면 변수 값은 +4 증가한다.

변수의 type에 따라 Pointer의 연산 결과가 달라지는 것을 확인하기 위하여, 다음과 같은 프로그램을 작성해 보자.

```
void setup() {
  String str ;
  char cDta, *cPt ;
  int  iDta, *iPt ;
  long lDta, *lPt ;
  float fDta, *fPt ;
  int iary[]={1,2,3,4,5,6,7} ;
  int *aPt ;
  int val1, val2, val3 ;

  Serial.begin(9600) ;
  cPt = &cDta ;
  val1 = cPt ;
  cPt++ ;                                        // ..................... ❶
  val2 = cPt ;
  str = "Char : "+String(val1)+" => "+String(val2) ;
  Serial.println(str) ;
```

```
  iPt = &iDta ;
  val1 = iPt ;
  iPt++ ;                                              // ..................... ❷
  val2 = iPt ;
  iPt-- ;                                              // ..................... ❸
  val3 = iPt ;
  str="Int  : "+String(val1)+" => "+String(val2) + " => " + String(val3);
  Serial.println(str) ;

  lPt = &lDta ;
  val1 = lPt ;
  lPt++ ;                                              // ..................... ❹
  val2 = lPt ;
  lPt += 4 ;                                           // ..................... ❺
  val3 = lPt ;
  str="long : "+String(val1)+" => "+String(val2) + " => " + String(val3);
  Serial.println(str) ;

  fPt = &fDta ;
  val1 = fPt ;
  fPt++ ;                                              // ..................... ❻
  val2 = fPt ;
  fPt -= 3 ;                                           // ..................... ❼
  val3 = fPt ;
  str="float: "+String(val1)+" => "+String(val2) + " => " + String(val3);
  Serial.println(str) ;

  aPt = iary ;
  val1 = aPt ;
  int dta1 = *aPt ;
  aPt += 5 ;                                           // ..................... ❽
  val2 = aPt ;
  int dta2 = *aPt ;
  str = "ary[]: "+String(dta1)+"("+String(val1)+") => "
              +String(dta2)+"("+String(val2)+")" ;
  Serial.println(str) ;
}
void loop() {
}
```

❶ char Pointer이므로 데이터 값은 1만 증가한다.
❷ int Pointer이므로 데이터 값은 2 증가한다.
❸ int Pointer이므로 데이터 값은 2 감소한다.
❹ long Pointer이므로 데이터 값은 4 증가한다.
❺ long Pointer이므로 데이터 값은 4×4=16 증가한다.
❻ float Pointer이므로 데이터 값은 4 증가한다.
❼ float Pointer이므로 데이터 값은 3×4=12 감소한다.
❽ int Pointer이므로 데이터 값은 5×2=10 증가한다. iary[0]를 Point하다가, iary[5]를 Point하게 된다.

3.2.4 Call by value, Call by reference

function은 Global로 정의되어 있는 변수가 아니면, 외부 변수는 사용하거나 변경할 수 없으며, function의 인수는 원칙적으로는 지역 변수로 정의되기 때문에, 인수로 전달되는 변수는 function의 외부에서는 사용할 수 없다. 하지만 Pointer를 function의 인수로 정의하면 상황이 달라는데, 그에 대한 이유를 설명하기 전에 먼저 용어를 정리하면, C 언어에서 함수를 호출할 때 단순 변수를 인수로 사용하는 것을 “Call by Value”라 하고, Pointer 혹은 변수의 lvalue를 인수로 사용하는 것을 “Call by Reference”라 부른다.

함수를 호출할 때, Pointer 혹은 변수의 lvalue를 인수로 사용하면, 전달된 인수가 지역 변수로 사용되기 때문에 function이 종료 되었을 때는 소멸되는 것은 Call by value와 다를 바 없지만, 전송되는 내용 자체가 Address이기 때문에, Address를 이용하여 데이터 값을 변형하면, Address에 저장되어 있는 데이터의 값이 변형된다. 따라서 데이터로 전달되는 주소 값이 function의 몸체 밖에 있는 외부 변수의 주소라면 외부 변수의 값도 변경할 수 있다.

다음은 Call by value는 외부 값이 변경되지 않지만, Call by Reference는 외부 변수도 그 값이 변경된다는 것을 확인하기 위한 프로그램이다.

```
void setup() {
  int  iDta = 123, iDtb = 345, iDtc = 567, *iPt ;
  Serial.begin(9600) ;
  String str = "iDta = "+String(iDta)+ ". iDtb = " + String(iDtb)
                        + ", iDtc = "+String(iDtc) ;
  Serial.println(str) ;
```

```
    iPt = &iDtb ;
    ftest(iDta, iPt, &iDtc) ;
    str = "iDta = "+String(iDta)+ ". iDtb = " + String(iDtb)
                              + ", iDtc = "+String(iDtc) ;
    Serial.println(str) ;
}
void loop() {
}
void ftest(int iDta, int* Pt1, int* Pt2){
    iDta  = 15 ;
    *Pt1  = 25 ;
    *Pt2  = 35 ;
}
```

☑ 프로그램을 실행해 보면 iDtb와 iDtc의 값이 변경되었음을 알 수 있다.

3.3 Pointer to Function

function에 대한 Pointer를 정의하면 대단히 편리하다.
function에 대한 Pointer는 다음과 같이 정의한다.

```
반환값 (* Function이름)(인수1,인수2...) ;
```

다음은 return 값이 int이고 int 인수가 2개인 함수에 대한 Pointer to Function의 예이다. Pointer의 이름을 "pFun"으로 하였다.

```
int (* pFun)(int, int) ;
```

3.3.1 Pointer to Function의 사용

다음은 반환 값이 integer이고, 인수가 2개인 Add 함수와 Sub 함수이다.

```
int Add(int v1, int v2){
  int Ret = v1 + v2 ;
  return Ret ;
}
int Sub(int v1, int v2){
  int Ret = v1 - v2 ;
  return Ret ;
}
```

다음은 Add 함수와 Sub 함수에 적용할 수 있는 Pointer를 정의하고 사용하는 예이다.

```
int (* pFun)(int, int) ;          // ..................... ❶
pFun = Add ;                      // ..................... ❷
int Val1 = pFun(5,3) ;            // ..................... ❸
pFun = Sub ;                      // ..................... ❹
int Val2 = pFun(5,3) ;            // ..................... ❺
```

❶ 반환 값이 integer이고, 인수가 2개(int, int)인 함수에 대한 Pointer를 정의하였다. pFun는 Pointer의 이름이다.
❷ pFun Pointer를 Add 함수의 Pointer로 정의하였다.
❸ pFun Function을 실행하였다. Add 함수가 실행되며 결과값은 8이다.
❹ pFun Pointer를 Sub 함수의 Pointer로 정의하였다.
❺ pFun Function을 실행하였다. Sub 함수가 실행되며 결과값은 2이다.

다음은 Pointer to Function을 사용하여 작성한 프로그램의 예이다.

```
void setup() {
  int (*pfun)(int , int);         // ..................... ❶
  Serial.begin(9600) ;
  pfun = Add ;                    // ..................... ❷
  int val = pfun(5,3) ;           // ..................... ❸
```

```
  Serial.println(val) ;
  pfun = Sub ;                          // ………………… ❹
  val = pfun(5,3) ;
  Serial.println(val) ;
}
void loop() {
}
int Add(int v1,int v2){                 // ………………… ❺
  int Ret = v1 + v2 ;
  return Ret ;
}
int Sub(int v1, int v2){                // ………………… ❻
  int Ret = v1 - v2 ;
  return Ret ;
}
```

❶ pfun pointer를 (int, int)를 인수로 하는 function pointer로 정의한다.

❷ pfun을 Add() 함수의 pointer로 지정한다.

❸ pfun() 함수를 실행한다. Add() 함수의 Pointer이므로 Add() 함수가 실행된다.

❹ pfun을 Sub() 함수의 pointer로 지정한다.

❺ Add() 함수의 정의

❻ Sub() 함수의 정의

3.3.2 Pointer to Function을 인수로 사용하는 Function

Pointer to Function은 다른 함수의 인수로 사용할 수 있다.

Pointer to Function을 다른 함수의 인수로 사용한다는 것의 의미는, 함수를 호출하는 입장에서 보면,

① 호출하는 함수로 하여금 자신이 원하는 함수를 실행하도록 만든다.

② 따라서 호출되는 함수가 실행하는 일을, 호출하는 측에서 원하는 방향으로 진행 되도록 만들 수 있다.

이러한 형태의 함수를 OS에서는 CallBack 함수라 부른다.

CallBack 함수의 대표적인 사용 예는 Sort 프로그램이다.

Sort 프로그램에서 CallBack 함수를 자주 사용하는 이유는, Sort 프로그램은

① 2개의 데이터를 비교한 다음,
② 순서를 정하는 프로그램이다.

따라서 2개의 데이터를 비교하는 방법을 변경하면 Sort의 결과도 변경된다. 간단한 예를 들면 내림차순으로 Sort되는 프로그램에서, 변수를 비교하는 부분에서 부등호를 변경하면, 올림차순 Sort 프로그램으로 변경된다. 다음과 같은 Sort 프로그램을 작성하자.

① random data 10개를 만든다.
② Key_1을 누르면 데이터를 내림차순으로 Sort하고
③ Key_2를 누르면 데이터를 올림차순으로 Sort한다.
④ Sort된 결과값은 컴퓨터의 "시리얼 모니터"로 전송한다.

Sort 프로그램의 실험은 [그림 3.1.1] 회로를 사용하였다.
다음은 작성된 프로그램이다.

```
#define Key_1 2
#define Key_2 3
byte Dta[10] ;
void sort(bool (*pFun)(byte,byte)) ;                       // ..................... ❶
void setup() {
  Serial.begin(9600) ;
  pinMode(Key_1,INPUT) ;
  pinMode(Key_2,INPUT) ;
  for(int i=0;i<10;++i) Dta[i]=random(256) ;               // ..................... ❷
  Serial.println("=====Random으로 만들어진 데이터=====") ;
  for(int i=0;i<10;++i) Serial.println(Dta[i]) ;
}
void loop() {
  if(digitalRead(Key_1)==LOW){                             // ..................... ❸
    sort(Descend) ;                                        // ..................... ❹
    Serial.println("=====내림 차순으로 Sort한 결과=====") ;
    for(int i=0;i<10;++i) Serial.println(Dta[i]) ;
    delay(200) ;
  }
  if(digitalRead(Key_2)==LOW){                             // ..................... ❺
    sort(Ascend) ;                                         // ..................... ❻
    Serial.println("=====올림 차순으로 Sort한 결과=====") ;
    for(int i=0;i<10;++i) Serial.println(Dta[i]) ;
```

```
    delay(200) ;
  }
}
void sort(bool (*pFun)(byte,byte)){              // ··················· ❼
  byte ref ;
  for(int i=0;i<9;++i){
    for(int k=i+1; k<10;++k){
      if(pFun(Dta[i],Dta[k])){                   // ··················· ❽
        ref = Dta[i] ;
        Dta[i]=Dta[k] ;
        Dta[k]=ref ;
      }
    }
  }
}
bool Ascend(byte d1,byte d2){                    // ··················· ❾
  return (d1 >= d2) ;
}
bool Descend(byte d1,byte d2){                   // ··················· ❿
  return (d1 < d2) ;
}
```

❶ sort() 프로그램을 선언한다. 원칙적으로는 프로그램에서 사용되는 모든 함수는 Header 부분에 선언 되어야 한다. 아두이노에서는 대부분의 경우 선언 없이 사용하지만, 원칙은 아니다.
Sort() 함수는 함수의 특성 때문인지 아두이노에서도 선언을 하지 않으면 Compile이 되지 않는다.

❷ random 데이터를 생성한다.

❸ Key_1을 Check한다.

❹ Descend 함수를 인수로 사용하여, sort() 함수를 호출한다.

❺ Key_2를 Check한다.

❻ Ascend 함수를 인수로 사용하여, sort() 함수를 호출한다.

❼ sort() 함수는 Pointer to Function을 인수로 사용되고 있다.

❽ Pointer to Function pFun을 실행하고, return 값으로, 결과를 판단한다.

❾ d1〉=d2이면 true를 return하는 함수

❿ d1〈d2이면 true를 return하는 함수

3.4 Interrupt

interrupt은 Key 입력과 같은 하드웨어에서 발생하는 어떤 사건(event), 혹은 예외적인 상황이 발생하면, 그것을 프로세서에게 통보하는 하는 기능을 말한다. interrupt을 이용하면, 하드웨어의 입력 Port, 혹은 통신 신호등을 계속적으로 감시(Polling) 하지 않고 있어도, 하드웨어적인 변화에 대응할 수 있기 때문에, interrupt는 대단히 중요한 기능이다. 하지만 interrupt의 발생은 프로세서의 작업을 일시적으로 중단시키기 때문에, interrupt의 발생이 프로세서의 작업에 방해가 되기도 한다. 그렇기 때문에, interrupt으로 인하여 프로세서의 작업이 방해되는 것을 막기 위하여, 대부분의 CPU에서는 Hardware에서 interrupt의 발생이 필요한 부분에서만 interrupt이 발생할 수 있도록 선택적으로 허용하며, 프로세서가 중요한 작업을 할 때는, 허용되어 있는 interrupt도, 그 기능이 발휘되지 못하도록 억제하는 방법을 사용하고 있다.

아두이노의 Hardware는 2번과 3번 Port에서만 interrupt 발생이 가능하며, interrupt을 사용하려면 interrupt기능이 허용된 상태라야 한다.

다음은 interrupt의 기능의 허용 여부를 결정하는 함수이다.

1) interrupts() ;

interrupt의 발생을 허용하는 함수이다.

- return : none

2) noInterrupts();

interrupt의 발생을 허용하지 않는 함수이다.

- return : none

3.5 Hardware interrupt

아두이노에서 Hardware interrupt이 가능한 Port는 2번 Port와 3번 Port이다. Port에서 Hardware interrupt이 발생 하려면, CPU에서 Port를 관리하는 내부 레지스터의 값과 interrupt Mask 레지스터의 값을 interrupt Enable 상태로 변경해 주는 함수가 필요하다. Hardware interrupt 관련 함수의 Syntax는 다음과 같다.

1) attachInterrupt(**digitalPinToInterrupt**(pin 번호), ISR 함수, mode);

attachInterrupt() 함수는 입력 Port를 interrupt source로 지정할 때 사용하는 함수이다.

- pin 번호 : 아두이노 UNO Board에서는 Port 2번과 3번을 interrupt source로 사용할 수 있다
- ISR 함수 : interrupt이 발생하였을 때 호출되는 함수, 인수가 없고 return type은 void인 함수라야 한다.
- mode : 다음 중 하나의 값이다.
  - LOW : 입력이 LOW이면 interrupt 발생
  - CHANGE : 입력이 LOW↔HIGH 변경되면 interrupt 발생
  - RISING : 입력이 LOW→HIGH로 변환하면 interrupt 발생
  - FALLING : 입력이 HIGH→LOW로 변환하면 interrupt 발생
  - HIGH : 입력이 HIGH이면 interrupt 발생

2) detachInterrupt(pin 번호) ;

Hardware interrupt이 발생하지 않도록 만드는 함수이다.

- pin 번호 : interrupt이 발생하지 못하도록 만드는 Pin 번호

다음은 2번과 3번 Port에서 발생하는 interrupt의 처리 방법을 보여주기 위하여 작성한 프로그램이다. 실험에 사용하는 회로는 [그림 3.1.1]의 회로를 사용하였다. 실험 결과는 "시리얼 모니터"로 확인할 수 있다.

```
#define Key_1 2
#define Key_2 3
void setup() {
  pinMode(Key_1,INPUT) ;                          // ..................... ❶
  pinMode(Key_2,INPUT) ;
  Serial.begin(9600) ;
  interrupts() ;                                  // ..................... ❷
  attachInterrupt(digitalPinToInterrupt(Key_1), K1, FALLING);
                                                  // ..................... ❸
  attachInterrupt(digitalPinToInterrupt(Key_2), K2, FALLING);
                                                  // ..................... ❹
  Serial.println("Start") ;
}
```

```
void loop() {
}

void K1(){                                    // ······················ ❺
  Serial.println("Key_1 Hit") ;
}

void K2(){                                    // ······················ ❻
  Serial.println("Key_2 Hit") ;
}
```

❶ 2번과 3번 Port를 입력 Port로 설정하였다.

❷ interrupt이 허용되어야 interrupt이 발생한다.

❸ Key_1이 High에서 Low로 변환(Falling)하면 interrupt이 발생하고 K_1 함수가 실행된다.

❹ Key_2가 High에서 Low로 변환(Falling)하면 interrupt이 발생하고 K_2 함수가 실행된다.

❺ Key_1에 의한 interrupt이 발생되었을 때 실행되는 함수이다.

❻ Key_2에 의한 interrupt이 발생되었을 때 실행되는 함수이다.

☑ Chattering을 보완하지 않은 프로그램이므로 Key 입력횟수보다 많은 interrupt이 발생된다. 이러한 현상을 Chattering이라 한다.

3.6 Chattering

Hardware에서 스위치의 접점을 ON하거나 OFF할 때 정전 현상 혹은 기계적 진동에 의해, 매우 짧은 시간 동안 ON-OFF가 반복 되는 현상이 발생하는데 이러한 현상을 Chattering 이라 부른다.

Key를 입력할 때 Chattering이 발생하기 때문에, 사용자가 Key를 한번만 입력하여도, Hardware로는 많게는 수십 회의 Key 입력신호가 발생하므로, Software에서 Chattering에 대응할 수 있는 방법이 있어야 한다.

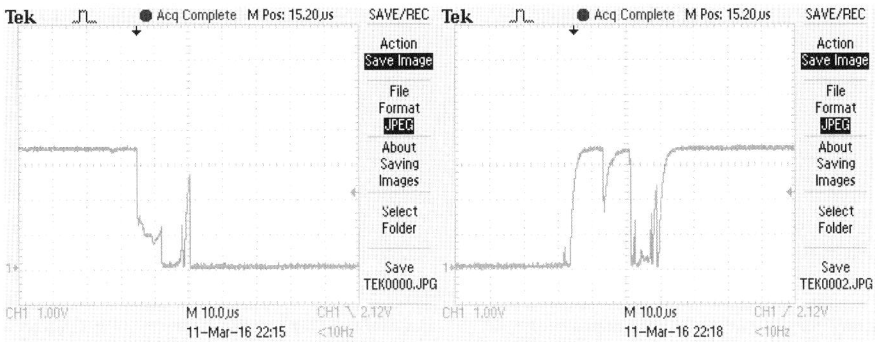

| 그림 3.6.1 | Chattering 파형

[그림 3.6.1]은 간단한 Chattering 방지회로가 추가된 Key에서 발생한 Chattering 파형이기 때문에, Chattering time이 50 usec 이하이다. 하지만 일반적으로 사용되는 Key에서 발생하는 Chattering time은 간헐적으로 발생하기 때문에 값을 특정할 수는 없지만, 50 usec 보다 훨씬 큰 값인 경우가 많다.

앞에서 Chattering을 방지하기 위하여 사용한 방법은 Key를 감지한 다음 Chattering이 발생하는 시간 보다 조금 더 긴 특정 시간만큼 대기하는 방법을 사용하였는데, 문제는 대기 시간이 짧으면 안정성이 낮으며, 안정성을 높게 하면 Key에 대한 반응 속도가 늦어진다는 단점이 발생한다. Chattering 방지 프로그램을 작성해 보자.

[그림 3.6.1]에서 Key 입력이 HIGH에서 LOW로 변경되었을 때 Chattering이 종료된 다음에는 LOW가 계속 입력되는 것을 알 수 있다. 따라서 LOW가 계속 유지되는 시간이 특정시간(저자의 경험으로는 최소 50 msec~100 msec 정도라 본다)을 지나야 LOW로 인정하기로 하자. LOW에서 HIGH로 변경되는 과정도 마찬가지 방법으로 처리하기로 하자.

참고로 -저자의 경험으로는- 일반적인 상황이라면 사람이 대단히 빠르게 짧은 순간 동안만 Key를 ON-OFF하여도 소요되는 시간은 100~200 msec 혹은 그 이상이라 생각하고 있다.

다음은 Chattering 방지 기능가지고 있는 프로그램이다. Key_1과 Key_2를 사용하기로 하며, Key가 ON-OFF할 때마다 Key가 입력되었음을 Serial 통신으로 전송하는 프로그램이다. 프로그램의 실험은 [그림 3.1.1]의 회로를 사용하였다.

```
#define Key_1 2
#define Key_2 3
void setup() {
  Serial.begin(9600) ;
```

```
  pinMode(Key_1,INPUT) ;
  pinMode(Key_2,INPUT) ;
}
void loop() {
  if(digitalRead(Key_1)==LOW) KeyChk(Key_1) ;          // ..................... ❶
  if(digitalRead(Key_2)==LOW) KeyChk(Key_2) ;          // ..................... ❷
}
void KeyChk(int Port){
  char cstr[20] ;
  long PreTime,NowTime ;
    PreTime = millis() ;                               // ..................... ❸
    while(true){
      if(digitalRead(Port)==HIGH) PreTime=millis() ;   // ..................... ❹
      NowTime = millis() ;                             // ..................... ❺
      NowTime -= PreTime ;
      if(NowTime>50) break ;                           // ..................... ❻
    }
    sprintf(cstr,"Key_%d이 ON 되었습니다",Port-1) ;
    Serial.println(cstr) ;
    PreTime = millis() ;                               // ..................... ❼
    while(true){
      if(digitalRead(Port)==LOW) PreTime=millis() ;    // ..................... ❽
      NowTime = millis() ;
      NowTime -= PreTime ;
      if(NowTime>50) break ;                           // ..................... ❾
    }
    sprintf(cstr,"Key_%d이 OFF 되었습니다",Port-1) ;
    Serial.println(cstr) ;
}
```

❶ Key_1이 LOW이면 Key가 ON 상태이므로 KeyChk() 함수를 호출한다.

❷ Key_2가 LOW이면 Key가 ON 상태이므로 KeyChk() 함수를 호출한다.

❸ Key의 상태를 검사하기 전에 PreTime으로 검사 시작 시간을 읽는다.

❹ Key 입력이 HIGH이면 Key가 LOW를 유지하고 있는 상태가 아니므로 PreTime 값을 갱신한다.

❺ LOW 상태이므로 현재시간을 NowTime으로 읽는다.

❻ LOW가 계속 유지된 시간이 50 msec보다 크면 While 명령에서 탈출한다.

❼ Key의 상태가 HIGH로 변환되는 것을 감지하기 위하여 PreTime으로 시작 시간을

읽어서 보관한다.

❽ Key 상태가 LOW이면 preTime을 갱신한다.

❾ HIGH 상태가 50 msec 이상이면 while 명령에서 탈출한다.

3.7 Class

Class는 C++에서 유래된 개념이며, 현대 프로그래밍 기법의 근간을 이루고 있는 객체 지향 프로그램(OOP)은 객체를 기반으로 하며, 객체의 표현 방법으로 가장 많이 사용되는 것이 Class이다.

간단히 사람이라는 객체를 생각해 보자.

사람은 이름, 몸무게, 키, 피부색 … 과 같은 Value와, 먹고, 걷고, 달리고, 자고, 앉고 … 와 같은 행동으로 특정한 사람을 분별할 수 있다.

사람이라는 객체를 Class로 표현하려면 개인을 특정하기 위한 Value (Property)가 필요하고, 행동 양식을 특정하기 위한 Member function이 필요함을 알 수 있다. 그래서 Class는 Property(변수)와 Member(함수)를 이용하여 객체를 표현하는 방법을 사용하고 있다. Class는 조금 복잡한 개념이지만, 아두이노에서는 Class를 프로그램에 필요한 변수와 함수를 모아놓은 집합체라는 정도로 생각도 좋을 것 같다. 아두이노는 C++을 기반으로 하고 있기 때문에, 다음과 같은 구조로 Class를 작성한다.

```
class 클래스명{
private:
        변수_Type 변수 ;
        ..............................
        Ret_Type 함수이름(...);
        ..............................
public:
        변수_Type 변수 ;
        ..............................
        Ret_Type 함수이름(...);
        ..............................
}

Ret_Type 클래스명::함수이름_1(...){ ...}
Ret_Type 클래스명::함수이름_2(...){ ...}
..................................................
```

Class의 정의에서 "Private:" 밑에 정의하는 변수와 함수는 외부에서 Access를 하지 못하며, Class 내부에서만 사용할 수 있는 함수와 변수이다. Class에서는 이러한 함수와 변수를 은닉(Hidden)되었다고 한다.

반면에 "public:" 밑에 정의한 함수는 Class 외부에서 Access할 수 있으며, 변수 값은 Class 외부에서 변경하는 것도 허용된다.

수치 연산을 할 때 사용할 수 있는 "intMath"라는 Class를 작성하자. 일반적으로 Class는 작성할 때 헤더 파일(.h)과 함수 File(.cpp)로 구분하여 작성하는 경향이 많으며, 그런 방법이 Class의 관리가 쉽다. Class의 이름이 "intMath"이므로, 헤더 file "intMath.h"와 함수 file "intMath.cpp"를 Text Editor를 사용하여 다음과 같이 작성하자.

```
============intMath.h File의 내용 =======================
class intMath{                                   // ………………… ❶
public :
    intMath(int no) ;                            // ………………… ❷
    int Sum ;                                    // ………………… ❸
    int Add(int no1, int no2) ;                  // ………………… ❹
    int Sub(int no1, int no2) ;
    void AddSum(int no) ;
};
```

❶ Class의 이름은 "intMath"이다. 따라서 헤더 파일의 이름은 "intMath.h"이고, 함수 파일의 이름은 "intMath.cpp"이다.

❷ Main 프로그램에서 Class를 사용하려면 Class의 Object를 생성하고 생성된 Class Object를 이용하여 프로그램을 작성한다. Class Object를 생성할 때 Class의 내부 값을 초기화하기 위한 목적으로 사용되는 함수이며, 함수의 이름은 Class의 이름과 같고, return type이 없다.

❸ 외부에서 Access할 수 있는 변수 Sum을 정의하였다.

❹ 외부에서 Access할 수 있는 함수를 정의하였다.

```
============intMath.cpp File의 내용 ======================
#include "intMath.h"                              // ..................... ❶
intMath::intMath(int no)                          // ..................... ❷
{
        Sum = no ;
}
int intMath::Add(int no1, int no2){               // ..................... ❸
        return no1+no2 ;
}
int intMath::Sub(int no1, int no2){
        return no1-no2 ;
}
void intMath::AddSum(int no){
        Sum += no ;
}
```

❶ 헤더파일 "intMath.h"를 include하여야 한다.
❷ Class를 초기화 하는 함수이다.
❸ Class의 내부함수의 내용이다.

"intMath" Class를 사용하려면, 다음과 같이 main 프로그램과 동일한 directory에 "int.Math.h"과 "intMath.cpp" File이 있어야 한다.

다음은 "intMath" Class를 사용하여 프로그램을 작성한 예이다.

```
#include "intMath.h"                              // ..................... ❶
void setup() {
  Serial.begin(9600) ;
  intMath Mth(0) ;                                // ..................... ❷
  int Val = Mth.Add(3,4) ;                        // ..................... ❸
  Serial.print("Add value = ") ;
  Serial.println(Val) ;
  Mth.Sum = 0 ;                                   // ..................... ❹
```

```
    for(int i=0;i<10;++i) Mth.AddSum(i) ;                // ..................... ❺
    Serial.print("Total value = ") ;
    Serial.println(Mth.Sum) ;
}
void loop() {
}
```

❶ intMath Class를 사용하려면 "intMath.h"를 include하여야 한다.

❷ intMath Class의 object Mth를 생성하는 방법이다.
일반적인 Language에서는 Class는 다음 명령으로 생성된다.
intMath Mth = new intMath(3) ;
하지만 아두이노에서는 new를 허용하지 않는다는 것이, 아두이노 프로그램이, 다른 Language의 프로그램과 다른 점이다.

❸ intMath Class의 Add() 함수를 사용한 예이다.

❹ intMath Class의 변수 Sum 값을 사용한 예이다.

❺ intMath Class의 AddSum() 함수를 사용하고 있다.

☑ 초기화 함수가 필요 없는 경우에는 intMath() 함수를 정의하지 않으면 된다. 대신 초기화 함수가 없을 때는 다음과 같이 하여야 한다.

```
intMath Mth ;
intMath Mth() ;                                  // 허용되지 않는다.
```

intMath Class에서 초기화가 필요 없으면 intMath.h File에서 ❷번 함수 정의 "intMath(int no) ;"을 제거하고, intMath.cpp File에서 ❷번 함수

```
intMath::intMath(int no)                         // ..................... ❷
{
        Sum = no ;
}
```

를 제거하면 Main 함수는

```
intMath Mth ;
```

와 같이하여 Mth Object를 생성해야 한다. 주의할 점은, 이러한 경우는 Main 프로그램에서 ❹번과 같이 intMath.Sum 값을 초기화해 주는 것이 옳은 방법이다.

3.8 Library

아두이노는 공통으로 사용할 수 있는 특정한 기능을 모듈화 하여 Library를 만들어 사용할 수 있다. 아두이노의 Library는 -Library로 사용하려는 모듈을- Class로 제작한 다음, Class의 Source를 아두이노의 IDE를 사용하여 Library에 등록하는 방식으로 운영된다. Class는 대단히 유용한 기능이다. 아두이노 Library를 만들기 전에 먼저 아두이노 Class를 다시 한 번 제작해 보고, Library를 제작하기로 하자.

3.8.1 아두이노 Class

아두이노 Class는 C++ Class의 Syntax를 기반으로 하고 있으며, 헤더 파일(.h)과 프로그램 파일(.cpp), 2개의 파일을 만들어서 사용하자. 헤더 파일과 프로그램 파일의 이름은 Class 이름과 같아야 한다.

다음은 Class의 예제로 만든 Smpl.h 파일의 내용이다.

```
class Smpl                                  // ..................... ❶
{
public:                                     // ..................... ❷
        String  str ;                       // ..................... ❸
        Smpl(String sval) ;                 // ..................... ❹
        void AddtoSum(int v1) ;             // ..................... ❺
        int Add(int v1,int v2) ;
        long GetSum() ;
private:                                    // ..................... ❻
        long Sum ;                          // ..................... ❼
};                                          // ..................... ❽
```

❶ Smpl Class를 정의한다.
❷ public:으로 정의된 변수(property)와 함수(member)는 Class의 외부에서 호출하여 사용할 수 있다.
❸ Class 외부에서 사용할 수 있는 변수이다.
❹ 함수 이름이 Class 이름과 같으며, return type이 없다.
Main 프로그램에서 Class Object를 생성할 때, Object 내부 값을 초기화한다.
❺ AddtoSum(),Add(),GetSum()도 Class 외부에서 호출하여 사용할 수 있다.
❻ private로 정의된 변수와 함수는 Class 외부에서 호출할 수 없다.
❼ Sum은 Class 내부 함수에서만 global로 사용된다.
❽ ';'이 있어야 한다.

다음은 **Smpl.cpp** 프로그램 파일의 내용이다.

```
#include    "arduino.h"                          // ………………… ❶
#include    "Smpl.h"                             // ………………… ❷
Smpl::Smpl(String sval){                         // ………………… ❸
    Sum = 10 ;
    str = "Initial => "+sval ;
}
void Smpl::AddtoSum(int v1){                     // ………………… ❹
    Sum += v1 ;
}
int Smpl::Add(int v1,int v2){                    // ………………… ❺
    return v1+v2 ;
}
long Smpl::GetSum(){                             // ………………… ❻
    return Sum ;
}
```

❶ arduino.h를 include하여야 아두이노 함수를 사용할 수 있다.
❷ Class 헤더 파일을 include하여야 한다.
❸ Class를 초기화하는 함수이다.
Class 헤더에 정의되어 있는 함수는 'Smpl::'를 붙여 사용해야 한다.
❹ Sum은 private로 정의되어 있기 때문에, 외부에서 access할 수 없으므로 public 함수를 이용하여 Sum의 값을 변경한다.

❺ 수신한 변수 2개의 더한 값을 return 하는 Class 함수이다.
❻ Sum은 private로 정의되어 있기 때문에, 외부에서 access할 수 없으므로 public으로 정의된 함수를 이용하여야 값을 알 수 있다.

Sum과 같이 외부에서 access할 수 없도록 만든 변수 혹은 함수들을 "은닉" (hidden) 이라하며, Class 설계자가 의도하는 방법으로만 접근할 수 있도록 하기 위한 방법이다. 데이터 접근을 막으려면 Access 함수를 제공하지 않으면 된다. 물론 hidden 함수를 만들어서 사용하기도 한다.OOP에서는 중요한 개념이다.

다음은 Main 프로그램에서 Smpl Class를 사용한 예이다.

Smpl Class 파일(Smpl.h와 Smpl.cpp)은 main 프로그램과 동일한 디렉터리 안에 있어야 한다.

```
#include "Smpl.h"                           // ………………… ❶
void setup() {
  Serial.begin(9600) ;
  Smpl Smp("Smpl Class") ;                  // ………………… ❷
  Serial.println(Smp.str) ;                 // ………………… ❸
  Smp.AddtoSum(5) ;                         // ………………… ❹
  long Val = Smp.GetSum() ;                 // ………………… ❺
  Serial.println(Val) ;
  Val = Smp.Add(15,5) ;                     // ………………… ❻
  Serial.println(Val) ;
}
void loop() {
  // put your main code here, to run repeatedly:
}
```

❶ Smpl Class의 헤더파일을 include하여야 한다.
❷ Smpl Class의 objcct "Smp"를 생성하였다.
❸ str은 Smpl Class에서 public으로 정의되어 있기 때문에, main 프로그램에서 직접 Access하여 사용할 수 있다.
❹ Smpl Class 내부함수는 Object 이름 "Smp."를 붙여서 사용해야 한다.
❺ Smpl Class 내부함수 GetSum()을 호출하여, private로 정의되어 있는 Sum의 값을 확인한다.
❻ Smpl Class 내부함수 Add()를 호출하여 사용한다.

3.8.2 사용자 정의 Library

아두이노 library는 Class 파일로 만든다. Smpl Class를 Library로 만드는 방법은 다음과 같다.

① Class 이름과 동일한 이름을 갖는 디렉터리를 만들고 Class 헤더파일(.h)과 프로그램 파일(.cpp)을 복사한다. 다음은 Smpl 디렉터리와 디렉터리 내의 파일이다.

② 여러 개의 모듈을 조합하여 만들어지는 프로그램에서는, Library가 여러 번 등록될 수 있으므로, Library가 한번만 등록되도록 하는 조치가 필요하다.
#ifndef 문장을 사용하여 헤더파일이 중복으로 등록되지 못하도록 하여야 한다.

```
#ifndef Smpl_h
    #define Smpl_h
        .........Smpl.h 파일의 내용
    #endif
```

③ #include 문장을 사용할 때 " "를 사용하는 것과 ◇을 사용하는 것은 include 파일을 찾는 방법이 다르기 때문에 ◇를 사용하는 것이 좋다.
.cpp 파일에서 Smpl.h include 문장을 수정한다.

```
#include     "arduino.h"
#include     <Smpl.h>
```

④ 아두이노 IDE에 "ZIP 라이브러리 추가"를 사용하여 Library를 등록하여야 한다. 아두이노 IDE 메뉴에서 "스케치" → "라이브러리 포함하기" → "Zip 라이브러리 추가"를 Click하고 Library 파일이 있는 디렉터리 "Smpl"을 선택하면 Smpl이 라이브러리로 등록된다.

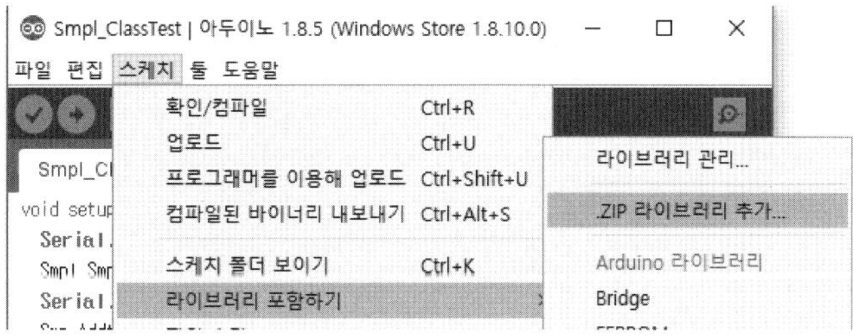

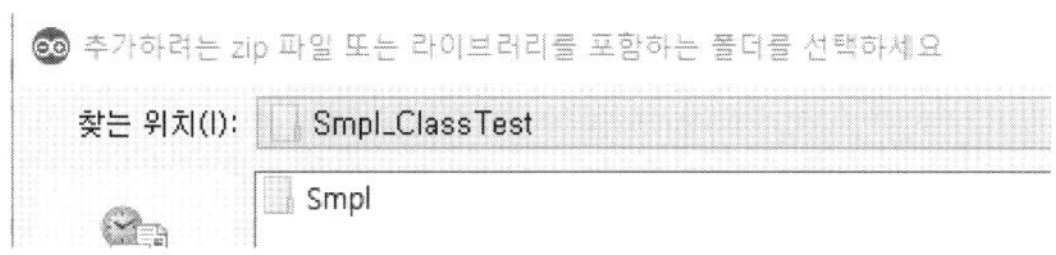

⑤ Smpl Library를 사용하려면, 응용프로그램에서 아두이노 IDE 프로그램을 실행하고 "스케치" → "라이브러리 포함하기" → "Smpl"을 선택하면, 응용 프로그램에 "#include 〈Smpl.h〉"가 추가되므로 Smpl Object를 다음과 같이 만들어서 사용한다.

```
#include <Smpl.h>
....................
Smpl Smp("Smpl Class") ;
```

☑ Smpl 라이브러리를 수정할 때는
"내 PC ₩문서 ₩Arduino₩Libraies"
디렉터리에서 "smpl" 디렉터리를 삭제하고 다시 등록하여야 한다.

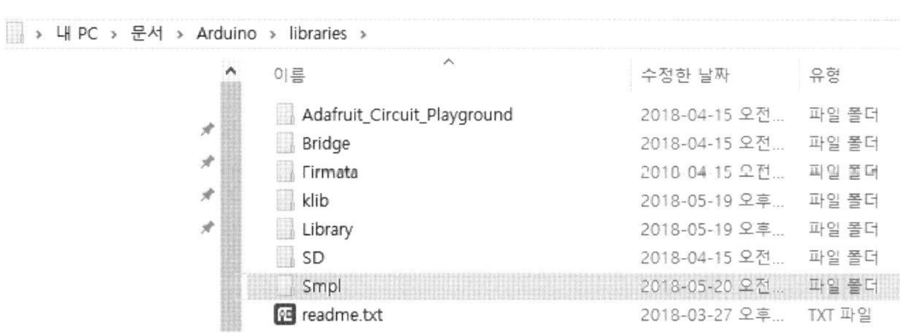

다음은 Smpl Class를 수정하여 만든 헤더 파일이다.

```
#ifndef Smpl_h                                          // ………………… ❶
#define Smpl_h
class Smpl
{
public:
        String  str ;
        Smpl(String sval) ;
        void AddtoSum(int v1) ;
        int Add(int v1,int v2) ;
        long GetSum() ;
private:
        long Sum ;
};
#endif                                                  // ………………… ❷
```

❶ 동일한 프로그램 내에서 Smpl.h가 한번 등록되면 더 이상 등록되지 않는다.
❷ ❶과 ❷사이에 헤더파일이 정의되어 있어야 한다.

다음은 Smpl Class를 수정하여 만든 .CPP 파일이다.

```
#include     "arduino.h"
#include     <Smpl.h>                                   // ………………… ❶
Smpl::Smpl(String sval){
    Sum = 10 ;
    str = "Initial => "+sval ;
}
void Smpl::AddtoSum(int v1){
    Sum += v1 ;
}
int Smpl::Add(int v1,int v2){
    return v1+v2 ;
}
long Smpl::GetSum(){
    return Sum ;
}
```

❶ Smpl.h의 include 문장은 <>을 사용하여야 한다.

다음은 Smpl Library를 사용한 응용 프로그램이다.

```
#include <Smpl.h>                                        // ..................... ❶
void setup() {
  Serial.begin(9600) ;
  Smpl Smp("Smpl Class") ;
  Serial.println(Smp.str) ;
  Smp.AddtoSum(5) ;
  long Val = Smp.GetSum() ;
  Serial.println(Val) ;
  Val = Smp.Add(15,5) ;
  Serial.println(Val) ;
}
void loop() {
  // put your main code here, to run repeatedly:
}
```

❶ "스케치" → "라이브러리 포함하기" → "Smpl"를 Click하면 추가된다.

3.9 미등록 Library 사용하기

아두이노 홈페이지에 공개하고 있거나, 인터넷에 공개되어 있는 Library 중에는 IDE에 등록되어 있지 않은 Library가 대단히 많다. 그러한 Library들은 사용자의 아두이노 IDE에 Library를 등록하고 사용하여야 한다. 아두이노 IDE에 Library를 등록하는 방법은 앞에서 설명한 사용자 정의 Library를 등록하고 사용하는 방법과 같다.

3.9.1 TM1637 Library 사용

TM1637 4 digits display는 FND에 숫자를 display하는 모듈이다. 아두이노에서 제공하는 TM1637 4 digits display 라이브러리를 사용하려면 다음과 같이 하여 Library 파일을 먼저 만들어야 한다.

① 아두이노 홈페이지에서 Community → Playground → Output를 찾아가면 "TM1637 based display module"을 찾을 수 있다(구글에서 "아두이노 TM1637"을 찾아도 된다.).
② Download에서TM1637 display module Library file "TM1637Display.h"와 "TM1637Display.cpp" 파일을 down 받는다.
③ 자신의 컴퓨터 하드디스크에 TM1637Display 디렉터리를 만든다. 어느 곳에 만들든 위치는 상관없다.
④ Library를 제작하는데 필요한 소스 파일 "TM1637Display.h"와 TM1637Display 디렉터리에 복사한다.
⑤ 아두이노 IDE 메뉴에서 "스케치"→"라이브러리 포함하기"→"Zip 라이브러리 추가"를 Click하고 "TM1637Display" 디렉터리를 선택하면 TM1637Display 라이브러리가 생성된다.

다음은 TM1637Display 라이브러리에서 제공하는 함수의 Syntax이다.

1) TM1637Display Object이름(CLK Port, DIO Port) ;

TM1637 모듈의 Object를 생성하는 함수이다.

- Object이름 : 사용자가 정의하는 Object이름이다. TM1637 Library는 "Object이름."을 함수 이름 앞에 붙여서 사용해야 한다.
- CLK Port : TM1637 모듈의 CLK와 연결하는 Port이다.(Clock Port)
- DIO Port : TM1637 모듈의 DIO와 연결하는 Port이다.(데이터 Port)

2) setBrightness(n) ;

FND의 밝기를 조정하는 함수

- n : 0~7 사이의 숫자 0일 때가 가장 어둡다.
- return : none

3) showNumberDec(Val, show) ;
showNumberDec(Val, show, no) ;
showNumberDec(Val, show, no, pos) ;

Val 값을 FND에 display한다. Val=123이면 FND에 "123"이 표시 된다

- Val : FND에 표시할 숫자
- show : FND는 4자리 수를 표시하므로 남는 자리에 0 표시 여부

- true : Val=12를 표시할 때 0012로 표현한다.
- false : Val=12를 표시할 때 12만 표시한다.

▸ no : 숫자를 표시할 자리수, 1~4

no=1이라면 Val=12는 자리수가 1개 이므로 2만 표현된다.

▸ pos ; 가장 높은 자리수의 숫자를 표시할 위치 (0~3)

0 → leftmost, 3 → rightmost

▸ return : none

4) setSegments(byte Dta[4]) ;

4-byte binary 데이터를 순서대로 FND에 display한다. FND의 LED 위치와 Binary 데이터 Bit의 관계는 [그림 3.9.1 (a)]와 같다. 한 예로 데이터 값이 0b11100110이면 [그림 3.9.1 (b)]와 같고, 데이터의 값이 0b01001111이면 [그림 3.9.1 (c)]와 같다.

▸ Dta : Dta[0]의 값이 좌측 FND 값이고, Dta[3]은 마지막 FND 값

▸ return : none

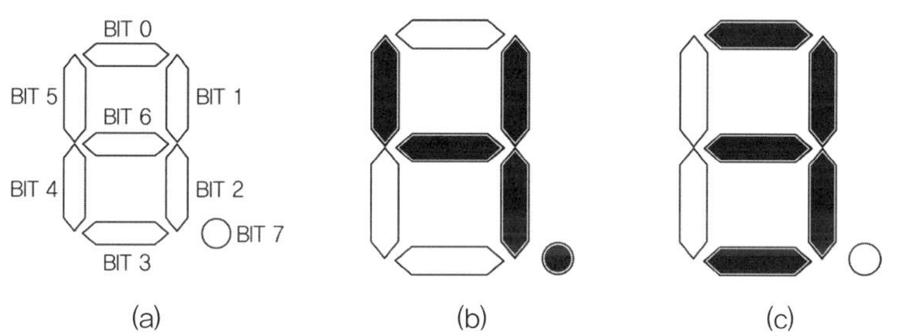

| 그림 3.9.1 | FND Bit의 위치

[그림 3.9.2]는 TM1637 모듈을 사용한 회로도이다.

다음의 1번이 종료되면 2, 3번이 연속적으로 실행되는 프로그램을 작성하자.

① 'A.bCd'를 5 sec동안 Ddisplay하고

② 다음은 좌측 2자리는 0부터 20까지 숫자를 증가하고, 우측 2자리는 20부터 0까지 숫자가 감소하도록 한 다음

③ 0부터 9999까지 숫자가 증가하도록 작성한다.

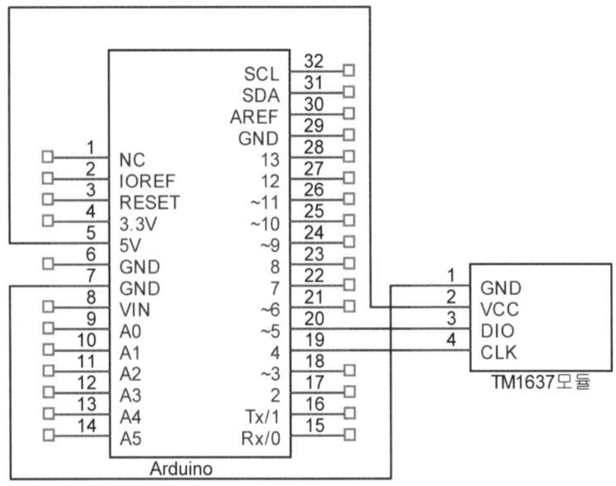

(a) TM1637 회로도

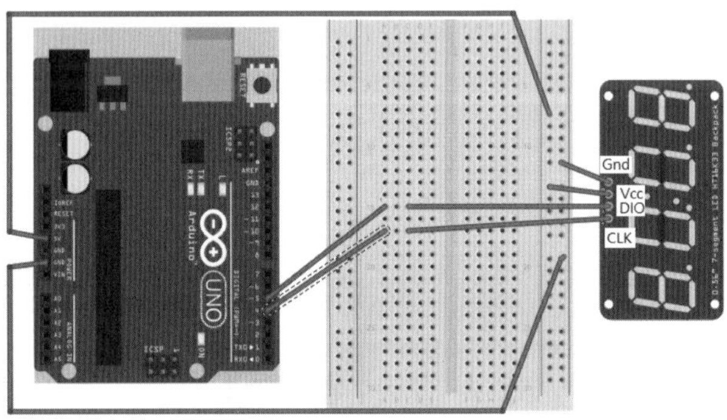

(b) TM1637 결선도

| 그림 3.9.2 | TM1637 시험회로

다음은 작성된 프로그램이다.

```
#include <TM1637Display.h>                    // ................... ❶
#define CLK 4                                 // ................... ❷
#define DIO 5
TM1637Display FND(CLK,DIO) ;                  // ................... ❸
void setup()
{
}
void loop()
{
  int No1 = 0 ;
```

```
  int No2 = 20 ;
  byte Dta[]={ 0b11110111, 0b01111100,
                        0b00111001, 0b01011110};          // ·················· ❹
  FND.setBrightness(7) ;                                  // ·················· ❺
  FND.setSegments(Dta) ;                                  // ·················· ❻
  delay(5000) ;
  for(int i=0;i<20;++i){
    FND.showNumberDec(No1, false,2,0) ;                   // ·················· ❼
    FND.showNumberDec(No2, false,2,2) ;                   // ·················· ❽
    No1++ ;
    No2-- ;
    delay(1000) ;
  }
  for(int i=0;i<10000;++i){
    FND.showNumberDec(i,true) ;                           // ·················· ❾
  }
}
```

❶ TM1637Display 헤더, "스케치" → "라이브러리 포함하기" → "TM1637"을 선택하면 자동으로 include된다.

❷ TM1637과 연결할 Port 선택

❸ TM1637Display의 Object를 생성한다.(FND)

❹ A, b, C, d의 글자모양을 Binary로 생성하여 4-byte의 array Dta를 생성하였다.

❺ display 밝기 조정(최댓값)

❻ 4-byte array Dta를 display한다.

❼ TM1637의 상위 2자리에는 No1을 display한다.

❽ TM1637의 하위 2자리에는 No2를 display한다.

❾ 숫자를 TM1637에 display한다(4자리 모두 사용함).

3.10 Stream

Stream이란 모든 형식의 데이터를 동일한 방법으로 관리함으로서, String의 끝을 나타내는 문자, file의 끝을 나타내는 문자, Whitespace character 등을 구분하지 않고, 일정한 흐름이 되도록 만들어서, 모든 I/O 데이터가 연속성을 가지고, 통일된 방식으로 처리될 수 있도록 하는 방식을 말한다. 따라서, 음성신호, 영상신호, 메시지 등, 데이터의 I/O 처리가 필요한, 거의 모든 저장 장치와 I/O 장비는 Stream을 기반으로 관리함으로서, 장비간 호환성을 보장하고 있다.

Stream Library는 SD, Wire, Serial, Ethernet library의 parent class로 사용되는 library이다. 쉽게 이야기 하면 Stream Library에 정의되어 있는 모든 함수는, Stream을 parent로 하고 있는 SD, Wire 등의 Library에 정의되어 있지 않았어도, library 자신이 가지고 있는 함수처럼 사용할 수 있다는 뜻이다.

Stream Library에서 제공하고 있는 함수의 Syntax는 다음과 같다.

Stream Library의 함수를 사용하려면 생성된 "Object의 이름."을 앞에 붙여서 사용하여야 한다.

1) read() ;

Stream으로부터 1-byte의 데이터를 읽을 때 사용한다. 데이터를 읽으면 Stream Pointer는 증가하여 다음 데이터 가리킨다.

- return : 수신 데이터, 데이터가 없으면 -1을 return한다.

2) peek()

Stream으로부터 1-byte의 데이터를 읽는 점은 동일하지만 stream pointer가 변경되지 않으므로 계속 동일한 데이터를 가리킨다. Serial 통신 등에서 프로토콜을 감시하려는 목적으로 자주 사용된다.

- return : 수신 데이터, 데이터가 없으면 -1을 return한다.

3) readBytes(buffer, length) ;

데이터 Buffer를 이용하여 Stream의 대이터를 수신할 때 사용한다.

- buffer : 데이터를 수신할 Buffer
- length : 수신할 데이터의 수
- return : Stream에서 실질적으로 수신한 데이터의 수

4) readBytesUntil(character, buffer, length) ;

데이터 Buffer를 이용하여 Stream의 데이트를 수신하면서, 특정 데이터를 발견하면 특정 데이터 까지만 수신한다.

- character : 주어진 character가 발견되면 수신을 종료한다.
- length : 수신할 데이터의 수
- return : Stream에서 실질적으로 수신한 데이터의 수

5) readString() ;

Stream으로부터 String 단위로 데이터를 수신한다.

- retuen : 수신한 데이터 String

6) readString(terminator) ;

Stream으로부터 데이터를 String으로 수신하지만, terminator char와 동일한 데이터가 입력될 때 까지 수신한다. Serial 통신 등에서 프로토콜 단위로 수신하려는 목적으로 사용된다.

- retuen : 수신한 데이터 String

7) available() ;

Stream으로부터 수신할 수 있는 데이터의 수

- return : 수신 가능한 데이터의 수(byte 단위)

8) flush() ;

입출력 Buffer에 잔류되어 있는 모든 데이터에 대한 입출력 작업을 완료하여 Buffer를 Clear한다.

- return : true(성공) 혹은 false(실패)

9) find(target) ;

Stream에 target string과 같은 String이 있는지 여부를 검사하는 함수이다.

- return : true(발견 하였음) 혹은 false(발견하지 못했음)

10) findUntil(target, terminal) ;

Stream에 target string과 같은 String이 수신 될 때까지 대기하는 함수이다.

- return : true(수신하였을 때)
- false(time over 등의 이유로 종료한 경우)

11) setTimeout(time)

Stream으로부터 데이터를 수신할 때, 수신 조건이 성립하지 않으면, 조건이 성립할 때까지 기다려야 하는데, 무작정 기다리기만 하면 프로그램이 Lock된다. 이러한 현상을 막으려면 수신하기 위하여 기다릴 수 있는 최대 시간을 정해 주어야 한다(time out).

- time : chleo 수신 대기 시간(msec 단위 값이다)
- return : 없음

Chapter

04

통신과 비휘발성 메모리

4장은 아두이노 프로젝트를 수행할 때 필요한 제반 지식들을 정리하기 위한 목적으로 마련하였다. 아두이노를 사용하여 프로젝트를 수행하려면, 컴퓨터 혹은 외부기기와의 통신이 필요하며, IP 혹은 ID와 같이 외부 장비에 부여되는 고유의 주소를 보관하기 위한 수단뿐 아니라, 대용량의 데이터 통신을 수행해야 하는 경우에는 아두이노가 가지고 있는 메모리의 한계를 극복하기 위한 방법도 필요하다고 생각하기 때문에, 4장의 내용에 비휘발성 메모리를 관리하는 방법도 추가하였다.

4장은 여러 가지 통신 방식의 Spec.과 통신 방법 및 비휘발성 메모리의 관리 방법 등을 설명하는 것이 목적이므로, 비휘발성 메모리와 통신 Port의 초기화 및 입출력 명령의 처리 등을 쉽게 이해할 수 있도록 하기 위하여, 사용하는 하드웨어와 프로그램은, 관련된 장비와 부품의 Interface 방법에 주력할 수 있도록 서술하였으며, 통신을 이용하고, 비휘발성 메모리를 활용하는 실질적인 방법들은 7장에 배치하였다.

4장의 주요 내용은 다음과 같다.

1. RS232 통신
2. I2C/TWI 통신
3. SPI 통신
4. 1-Wire 통신
5. 적외선 통신
6. Bluetooth 통신
7. Ethernet 통신
8. WiFi 통신
9. EEPROM
10. SD Memory

4.1 SoftSerial

아두이노에 내장되어 있는 Serial은, 사용할 수 있는 통신 line이 1개이고, 송수신 Port(0번, 1번)도 고정되어 있으므로, Computer 이외의 다른 장비와의 RS232 통신은 어려운 상태이고. 데이터 수신 버퍼가 없다는 등의 여러 가지 단점을 가지고 있다. 이러한 단점들을 극복하기 위하여 만들어진 Library가 SoftwareSerial Library이다.

SoftwareSerial Library는 다수의 통신 Line을 운영할 수 있으므로 Computer와의 통신뿐 아니라, 외부 장비와도 통신을 할 수 있으며, 송수신 Port도 사용자가 지정할 수 있고, 데이터 수신 Buffer도 가지고 있다.

SoftwareSerial에서 통신 데이터를 수신하는 방법은, 64-byte의 수신 buffer를 이용하여, 통신 라인으로 수신한 데이터를 먼저 수신 buffer에 기록하고, 프로그램에서는 수신 buffer의 내용을 read하는 방식을 사용하고 있다는 점이 내장되어 있는 Serial 명령과 다른 점이다.

SoftwareSerial Library를 사용하려면,

① 소스 프로그램에 〈SoftwareSerial.h〉를 include 하고,

② SoftwareSerial의 Object를 생성한 다음,

③ Object 내부 함수를 호출하는 방식으로 사용 한다.

SoftwareSerial Library에 내장되어 있는 함수를 사용하려면 함수의 앞에 사용자가 지정한 “Object 이름”을 붙여서 사용해야 한다.

SoftwareSerial Library에서 제공하는 함수의 Syntax는 다음과 같다.

1) SoftwareSerial Object이름(수신 Port, 송신 Port) ;

이 명령은 SoftwareSerial의 Object를 생성하기 위하여 사용된다.

- Object이름 : 생성되는 Object의 이름
- 수신 Port : 사용자가 통신 데이터를 수신할 Port 번호를 지정한다.
- 송신 Port : 사용자가 통신 데이터를 송신할 Port 번호를 지정한다.

☑ 이하의 함수는 함수명 앞에 “Object이름.”을 추가하고 사용해야 한다.

2) begin(speed) ;

통신 속도를 지정하기 위한 명령이다.

- speed : 통신 속도

3) read() ;

수신버퍼로부터 수신 데이터를 읽어온다.

▸ return : 수신 데이터(수신 데이터가 없으면 -1을 return한다.)

4) overflow() ;

수신 buffer의 크기가 64-byte이므로, read() 명령을 실행하지 않았을 때, 통신라인으로 수신한 데이터가 64-byte 이상이면, 수신 buffer에 overflow가 발생한다. 이러한 overflow가 발생했는지 여부를 검사하는 함수이다. 이 함수를 호출하면 overflow flag가 clear된다.

▸ return : true이면 overflow가 발생하였음을 의미하고, false이면 overflow가 발생하지 않았음을 나타낸다.

5) peek() ;

수신 데이터가 있는지 여부를 검사하기 위한 함수이다. read() 함수와 다른 점은 수신 buffer에 영향을 주지 않는다는 점이다.

▸ return : 수신 데이터(수신 데이터가 없으면 -1을 return한다.)

6) write(data) ;

data를 byte 단위로 전송하는 명령이다. data의 크기가 1-byte이면 1-byte를 전송하지만, data가 100 byte의 array라면 100 byte를 전송한다.

▸ return : 통신 라인으로 전송한 데이터의 수

write(buf,len) ;

buf는 byte array를 나타내며, len은 전송할 data의 양을 의미한다.

▸ return : 통신 라인으로 전송한 데이터의 수(len과 같은 값이다.)

7) print(val) ;
print(val, format) ;
print("문자열") ;

Serial 통신 라인으로 "문자열"을 전송할 때 사용하는 명령

▸ val : byte, int, lon, float 등으로 정의되어 있는 변수값이다. print() 함수는 val의 값을 문자열로 바꾸어 통신 라인으로 전송한다. val=123이라면 "123"을 전송하고, val=1.23이면 "1.23"을 전송한다.

- format : 숫자를 문자열로 표현할 때 Hexa, Binary,Octal 등 여러 가지 방법으로 표현할 수 있다. 예를 들면 65는 Hexa로 표현하면 "41"이고 Binary로 표현하면 "01000001"이다.
  Format에 허용되는 값은 다음과 같다.
  - BIN : print(78,BIN) → "1001110"이 전송된다(Binary).
  - OCT : print(78,OCT) → "116"이 전송된다(Octal).
  - DEC : print(78,DEC) → "78"이 전송된다(Dcimal).
  - HEX : print(78,HEX) → "4E"가 전송된다(HEXA).
  - 숫자 : float 변수인 경우 적용되며, 자리수를 나타낸다.
    print(1.23456,0) → "1"이 전송된다.
    print(1.23456,2) → "1.23"이 전송된다.
    print(1.23456,4) → "1.2346"이 전송된다.
- "문자열" : 전송할 문자열."안녕하세요..."와 같은 문자열이다.
- return : 실질적으로 전송한 데이터의 수

8) println(val) ;
println(val, format) ;
println("문자열") ;

기능 자체는 print() 함수와 동일하다. 하지만 print() 대신 Serial.println() 함수로 통신을 하면 "ASCII 문자열" 뒤에, editor 등에서 줄 바꿈을 할 때 사용하는 2개의 문자("₩r₩n")가 추가하여 전송한다.

- return : 실질적으로 전송한 데이터의 수

9) available() ;

수신 buffer에 수신되어 있는 데이터의 수를 알기 위한 명령이다.

- return : 수신된 데이터의 수

10) listen() ;

SoftwareSerial은 여러 개의 RS232 통신 라인을 관리할 수 있지만, 수신 데이터의 Buffer는 1개만 운영되고 있기 때문에, 통신 데이터를 수신할 수 있는 통신 Line은 언제나 하나뿐이다. 따라서 데이터를 수신할 수 있는 통신 Line은 프로그램에서 지정해 주어야 한다. listen()은 통신 Line이 데이터를 수신할 수 있도록 허용하는 함수이므로, Listen()이 실행된 통신 Line만 수신이 가능하며, 나머지 통신 Line은 수신 불가 상태가 된다.

11) isListening() ;

여러 개의 통신 Line을 관리할 때, 수신이 허용되고 있는 통신 Line은 하나뿐이므로, 특정 Line이 수신 허용 상태인지를 검사하기 위한 함수이다.

▸ return : true이면 수신 허용 상태이다.

다음은 2개의 통신 라인을 운영하는 예이다. ComLine_1과 ComLine_2가 각각 5 sec씩 통신 Line을 교대로 운영하는 예이다. 실질적으로 운영하려면 하드웨어와 프로그램이 복잡해지기 때문에, 운영하는 방법만을 보이기 위한 것이므로 통신 명령어는 추가하지 않았다.

```
#include <SoftwareSerial.h>
SoftwareSerial ComLine_1(8,9);                                   // ...................... ❶
SoftwareSerial ComLine_2(10,11);                                 // ...................... ❷
void setup() {
  ComLine_1.begin(9600) ;                                        // ...................... ❸
  ComLine_2.begin(9600) ;
  ComLine_1.listen() ;                                           // ...................... ❹
}
void loop() {
  if(ComLine_1.isListening()==false)  ComLine_1.listen() ;       // ...................... ❺
  delay(5000) ;
  ComLine_2.listen() ;                                           // ...................... ❻
  delay(5000) ;
}
```

❶ "ComLine_1" Object를 생성하였다.
수신 Port는 Port 8이며, 송신 Port는 Port 9이다.

❷ "ComLine_2" Object를 생성하였다.
수신 Port는 Port 10이며, 송신 Port는 Port 11이다.

❸ ComLine_1과 ComLine_2의 Speed는 9600 BPS로 설정하였다.

❹ ComLine_1을 수신 허용 상태로 하였다.
ComLine_2는 통신 데이터를 수신할 수 없는 상태가 된다.

❺ ComLine_1이 수신 허용상태가 아니면 수신 허용 상태로 만든다.
ComLine_2는 통신 데이터를 수신할 수 없는 상태가 된다.

❻ ComLine_2를 수신 허용 상태로 하였다.

ComLine_1은 통신 데이터를 수신할 수 없는 상태가 된다.

다음은 SoftwareSerial Library를 이용하여 송수신하는 프로그램이다. Computer의 "시리얼 모니터"를 이용하기 위하여, Port 0을 수신, Port 1을 송신 Port로 하였다.

> ☑ 독자들이 컴퓨터에 Serial 통신 Port 혹은 USB_to_RS232를 가지고 있으며, Max232와 같은 Level 변환 IC를 하드웨어적으로 설치할 수 있다면, 다른 Port로 실험해 보아도 좋다. 하지만 여기서는 그러한 장비와 연결 방법을 가지고 있지 않은 독자들을 위하여 Port 0와 Port 1을 사용하였다. 참고로 4.6절 Blooth 통신에서는 7,8번 Port를 사용한다.

통신 Line을 1개만 운영하므로, listen() 명령은 사용하지 않아도 된다.

다음은 작성된 프로그램이다.

```
#include <SoftwareSerial.h>                                  // ………………… ❶
SoftwareSerial mySerial(0, 1);                               // ………………… ❷
void setup() {
  mySerial.begin(9600) ;                                     // ………………… ❸
}
void loop() {
  mySerial.println("시리얼 모니터에서 데이터를 전송하시오!!!") ; // ………………… ❹
  delay(5000) ;
  int no = mySerial.available() ;                            // ………………… ❺
  if(no>0){
    byte Rcv[no] ;                                           // ………………… ❻
    for(int i=0;i<no;++i) Rcv[i] = mySerial.read() ;         // ………………… ❼
    mySerial.print("수신한 데이터 입니다 : ") ;
    for(int i=0;i<no-1;++i)   mySerial.print((char)Rcv[i]) ;  // ………………… ❽
    mySerial.println((char)Rcv[no-1]) ;                      // ………………… ❾
  }
  else mySerial.println("수신 데이터가 없습니다. ") ;
}
```

❶ SoftwareSerial Library를 사용하기 위하여, 헤더파일 〈SoftwareSerial.h〉를 include 하였다.

❷ "mySerial" Object를 생성하였다(수신 : Port 0, 송신 : Port 1).

❸ 통신 속도는 9600BPS로 하였다.

❹ String 전송 명령
❺ 수신 buffer 내에 수신되어 있는 데이터의 수를 확인한다.
❻ Rcv Array의 크기는 수신한 데이터의 크기와 같도록 하였다.
❼ Rcv Array로 수신 데이터를 가져온다.
❽ 마지막 데이터만 남겨놓고 모두 전송한다.
❾ 마지막 데이터를 전송하면서 줄바꿈이 추가되도록 한다.

4.2 I2C/TWI 통신(D/A Converter)

I2C 통신은 [그림 4.2.1]과 같이 다수의 주변기기들을 제어하기 위한 목적으로 사용할 수 있다. I2C 통신은 Slave에 7-Bit(0~127)의 주소를 부여하고, Master는 Slave의 주소를 이용하여 Slave와 통신을 하는, Master-Slave 통신방식을 기반으로 하고 있다.

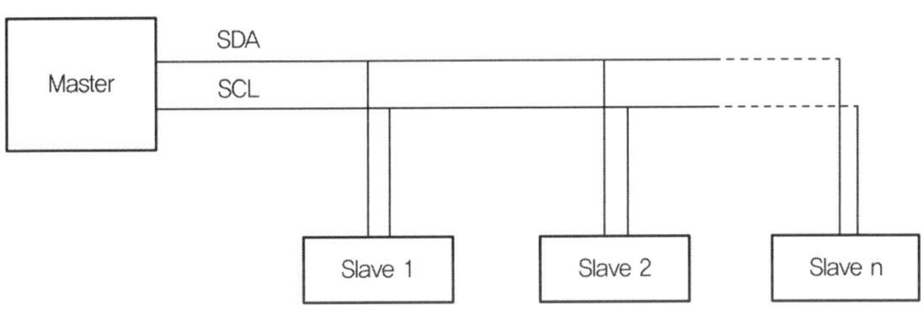

| 그림 4.2.1 | I2C 통신 망

I2C를 사용하여 제어하는 프로그램을 작성하려면, 파형에 대한 약간의 지식이 필요하다. [그림 4.2.2]는 I2C 장비가 통신을 할 때, SDA와 SCL에서 출력하는 신호의 파형을 표현한 그림이다. SDA와 SCL에서 출력되는 파형은 I2C 장비에서 하드웨어적으로 만들어 출력하는 파형이다.

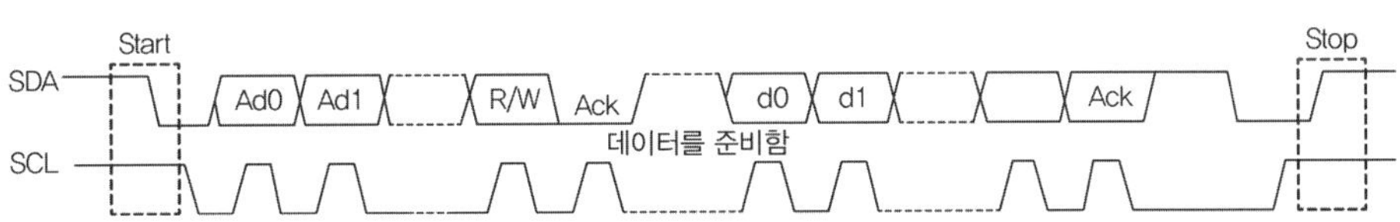

| 그림 4.2.2 | I2C 입출력 파형

[그림 4.2.2]에서 Ad0,Ad1,...은 7-Bit의 Slave의 Address를 나타내며, do,d1,...은 데이터 Bit를 의미한다. 7-번째 Address Bit, 뒤에 추가되어 있는 R/W Bit는 Read/Write를 의미한다. 따라서 Slave address의 상위 7-Bit는 Address로 사용되고, LSB Bit는 R/W Bit로 사용된다. 데이터 Bit do,d1,...는 R/W Bit에 의해 송신과 수신이 달라진다.

R/W Bit가 0이면, Write를 의미하고, Master가 데이터를 송신하며, Slave가 데이터를 수신하므로, 데이터 Bit는 Master의 출력 파형이다.

R/W가 1이면 Read를 의미 하므로, 데이터 Bit는 Slave가 출력하는 파형이고, Master는 데이터 Bit를 수신한다.

아두이노에서 I2C 통신을 위하여 제공하는 Library는 Wire Library이다. [그림 4.2.2]의 파형을 고려해보면, Wire Library에서 제공하는 함수들의 역할을 이해할 수 있다. I2C 함수의 역할을 이해하기 쉽게 정리하면 다음과 같다.

① I2C 통신은 Bit 단위로 이루어진다.

② I2C 통신은 "Start"와 "Stop"이 필요하다.

③ 통신의 시작은 Master가 Slave의 address를 출력하면서 이루어진다. 따라서 데이터 송수신 명령 모두 Slave의 Address가 필요하다.

④ Master가 데이터를 전송할 때는 R/W Bit를 0으로 하고, 데이터를 요구할 때는 R/W Bit를 1로하며, R/W Bit가 0일 때는 Master가 데이터를 송출하고, R/W Bit가 1일 때는 Slave가 데이터를 송출하므로, 데이터 전송 명령과 데이터 수신 명령은 서로 다른 명령이라야 한다.

- 데이터 송신 : beginTransmission(), write()... , endTransmission()
- 데이터 수신 : requestFrom() , 이 함수는 Start와 Stop을 스스로 방출한다.

⑤ I2C 제어 모듈은 I2C Line에서 Bit 단위로 수신한 데이터를 Byte 단위의 데이터로 만들고, Byte 단위의 데이터를 수신 Buffer에 저장한다.

따라서 수신 데이터 읽으려면 데이터 수신을 완료한 다음, read() 명령을 사용하여, 수신 Buffer의 내용을 읽어야 한다.

⑥ CLS로 출력되는 동기 Clock은 항상 Master가 출력한다. 따라서 아두이노가 Master가 되어 I2C 통신을 할 때와 Slave가 되어 I2C 통신을 할 때는 역할이 달라지므로, Master의 역할을 할 때와 Slave로서 역할 할 때의 명령은 서로 다른 명령이어야 한다.

- Slave 명령 : onReceive(), onRequest()

Wire Library를 사용하려면, 헤더〈Wire.h〉를 include 하여야 하며, Wire Library에서 제공하는 함수를 사용하려면, 사용하는 함수의 이름 앞에 Class 이름 "Wire."를 붙여서 사용해야 한다. Wire Library에서 제공하고 있는 함수의 Syntax는 다음과 같다.

1) begin() ;

begin(address) ;

I2C 통신이 가능한 상태가 되도록 준비한다.

- address : 이 값이 없으면 아두이노는 Master가 되고, 주변 기기를 Slave로 하여 통신을 한다는 뜻이 된다. address 값이 주어지면 아두이노는 address를 주소로 하는 Slave가 되어 Master로 동작하는 장비의 제어를 받겠다는 뜻이 된다.
- return : none

2) beginTransmission(address)

address로 지정된 Slave와 통신을 시작하기 위한 함수이다.

- address : 통신을 하려는 Slave의 주소(0~127)
- return : none
  - Start 신호를 출력한 다음, address 데이터를 출력하기 때문에, Slave는 address를 수신한 다음, 자신의 address와 같으면 통신 준비를 한다.

3) write(value) ;

write(string) ;

write(data, length) ;

I2C 통신 Line으로 데이터를 출력한다.

- value : 1-byte의 Byte 데이터
- string : String Data
- data : Byte array를 말한다.
- length : Byte array에서 출력하려는 데이터의 수
- return : I2C Line으로 출력한 데이터의 수

4) endTransmission() ;

Stop 신호를 출력하고 Slave와 통신을 종료한다.

- return : none

endTransmission(stop) ;

stop의 값이 true이면 Stop 신호를 출력하고 Slave와 통신을 종료한다. stop의 값이 false이면 다음 데이터를 준비하기 위한 대기 명령이며, Slave와의 연결 상태는 유지된다.

- stop : true or false
- return : none

☑ Stop Option을 사용할 때 고려할 사항은 Slave와 연결을 시작할 때는 Slave의 address를 전송해 주어야 하지만, 연결이 유지가 된 상태이면 address를 다시 전송할 필요가 없으므로 시간이 절약된다.

5) requestFrom(address, quantity) ;

Master가 Slave로부터 데이터를 수신하고 싶을 때 사용하는 명령, 수신을 완료하면 I2C가 종료되고 Slave와의 연결도 끊어진다.

- address : Slave의 address
- quantity : Slave로부터 수신하려는 데이터의 수
- return : 수신한 데이터의 수

requestFrom(address, quantity, stop) ;

이 명령은 수신후의 연결 상태를 변경할 수 있다. stop 값이 true이면 I2C가 종료되고 Slave와의 연결도 끊어진다. stop 값이 false이면 다음 통신을 위하여 대기 상태가 된다.

- stop : true 혹은 false
- return : 수신한 데이터의 수

6) available() ;

requestFrom() 함수를 실행하면 I2C로 수신한 데이터는 수신 Buffer에 저장된다. 수신 Buffer에 저장되어 있는 수신 데이터의 수를 알기 위한 명령이다.

- return : Buffer에 저장되어 있는 데이터의 수

7) read() ;

requestFrom() 함수의 실행으로 수신한 데이터를, 수신 Buffer로부터 읽어오기 위한 명령이다.

- return : 1-Byte의 데이터

8) onReceive(함수이름) ;

아두이노가 Slave로 동작할 때 사용하는 함수이다. Slave는 Master가 어느 시점에, 자신을 호출할지 알 수 없기 때문에, Slave에 있는 I2C 모듈은 Master로부터 전송해 오는 데이터를 먼저 읽어 들인 후, 데이터가 수신되었음을 알리기 위하여 event를 발생시키면서, "함수 이름"에 정해진 함수를 호출한다.

- 함수이름 : 데이터를 수신하였을 때 실행되는 함수의 이름
- return : none

9) onRequest(함수이름) ;

아두이노가 Slave로 동작할 때 사용하는 함수이다. Slave의 출력은 Master가 SCL Line으로 출력하는 Pulse와 동기가 되어야 한다. 따라서 Slave는 Master 쪽으로 전송해야할 데이터를 출력할 수 있는 함수를 미리 준비해 두고, Master가 데이터를 요구할 때(Request), 즉시 준비된 함수를 실행시켜야 한다.

- 함수 이름 : Master가 Request할 때 실행되는 함수.
- return : none

10) setClock(clockFrequency) ;

통신 속도를 변경할 수 있는 함수이다. 처리속도가 늦은 장비이거나, 데이터의 양이 너무 큰 경우는 통신 속도를 변경할 필요가 있다. 최고 속도는 아두이노 Board에 사용된 CPU에 따라 달라지는데, 아두이노 Board 중에는 1MHz, 혹은 3.4MHz까지의 높은 속도가 허용되는 것도 있지만, 대부분의 경우 100kHz~400kHz 정도의 속도는 허용하고 있다.

- clockFrequency : I2C 통신에 사용되는 신호의 주파수
- return : none

I2C 통신 실험을 위하여 MCP4725 IC를 사용해 보자. MCP4725는 12-Bit D/A Converter IC이므로, 하드웨어를 제어할 때 프로그램에서 아날로그 출력 전압을 변경하는 것이 가능해진다. [그림 4.2.3]은 Microchip사에서 제공하는, MCP4725의 통신 명령어이다.

하드웨어에서 A0 Pin을 Ground로 연결하면 MCP4725의 Address는 0x60이 된다. 따라서 [그림 4.2.3]에서 A2,A1,A0의 값은 모두 0이며, PD11~PD0는 MCP4725로 전송하는 데이터의 값이다.

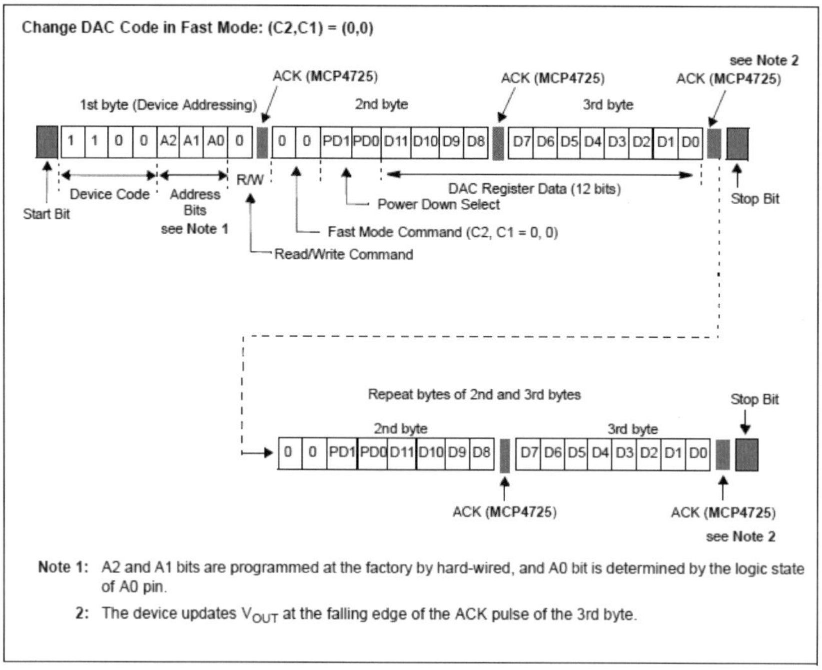

| 그림 4.2.3 | MCP4725의 Write Command

MCP4725를 사용하여 LED에 인가하는 직류전압을 0V부터 서서히 증가하면서 출력하고, 5V가 되면 다시 전압을 0V까지 서서히 감소하여 출력하는 프로그램을 작성해 보자.

실험 회로는 [그림 4.2.4]와 같다.

UNO Board에서 I2C 통신 Port는 A4, A5 Port이다. 아날로그 입력 Port로 지정되어 있는 A4 pin은 SDA line, A5 pin은 SCL line으로 사용되고 있다.

MCP4725의 Output Current Drive 능력(Max 25mA)이 작기 때문에 LED 앞의 저항값을 220Ω으로 하였다.

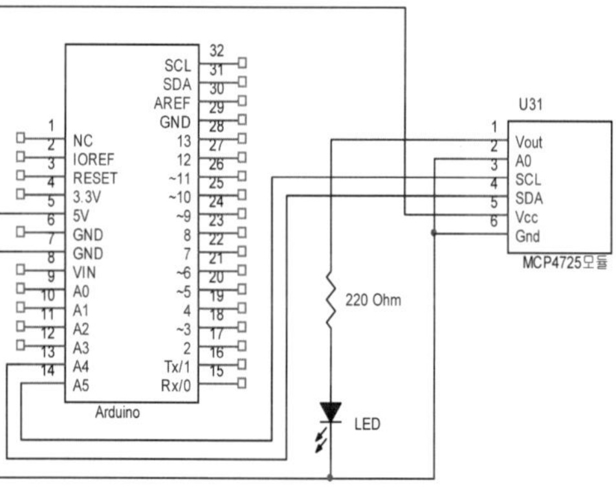

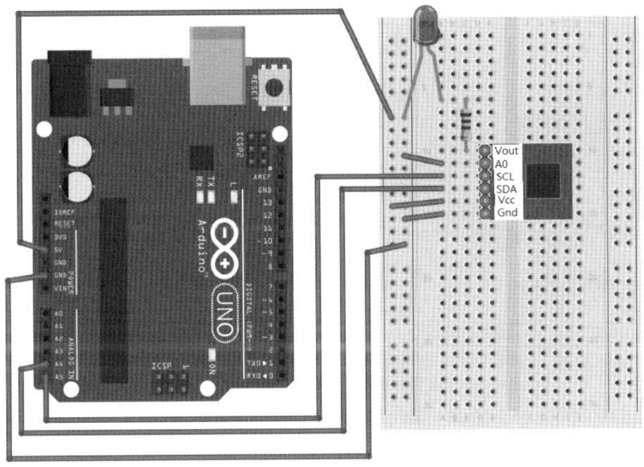

| 그림 4.2.4 | I2C 실험회로

☑ MCP4725 모듈은 Pin의 순서가 다른 제품도 있다.
Pin의 위치를 확인하고 사용하기 바란다.

다음은 작성된 프로그램이다.

```
#include <Wire.h>
void setup() {
  Wire.setClock(100000) ;                                  // ..................... ❶
  Wire.begin() ;                                           // ..................... ❷
}

void loop() {
  for(int i=0;i<4096;i++){
    delay(2) ;
    I2CWrite(i) ;                                          // ..................... ❸
  }
  for(int i=4095;i>=0;i--){
    I2CWrite(i) ;
    delay(2) ;
  }
}

void I2CWrite(int Vl){                                     // ..................... ❹
```

```
    byte bDta ;
    int Val = Vl % 0x1000 ;                      // ..................... ❺
      Wire.beginTransmission(0x60) ;             // ..................... ❻
      bDta = Val/0x100 ;
      Wire.write(bDta) ;                         // ..................... ❼
      bDta = Val%0x100 ;
      Wire.write(bDta) ;                         // ..................... ❽
      bDta = Val/0x100 ;                         // ..................... ❾
      Wire.write(bDta) ;
      bDta = Val%0x100 ;
      Wire.write(bDta) ;
      Wire.endTransmission() ;                   // ..................... ❿
}
```

❶ I2C Clock 주파수를 100kHz으로 한다.

❷ 아두이노 Board가 Master로서 I2C 통신이 가능한 상태가 되도록 준비한다.

❸ I2C로 데이터를 전송한다.

❹ MCP4725로 데이터를 전송하는 함수이다.

❺ MCP4725는 12-Bit이므로 전송 데이터는 0x1000 보다 작아야 한다.

❻ MCP4725의 Address는 0x60이다.

1) Start 신호를 전송하고

2) Write 모드로 하며

3) Slave Address 0x60을 전송한다.

❼ 데이터의 상위 Byte를 전송한다.

❽ 데이터의 하위 Byte를 전송한다.

❾ 데이터를 재전송한다.

❿ I2C 통신 Port로 Stop 신호를 전송한다.

☑

- PWM 방식으로 제어하는 것이 아니기 때문에, LED의 변화가 훨씬 부드럽다는 것을 느낄 수 있으리라 생각된다.
- 3V용 모듈을 사용하면 Hangup 현상이 발생하는 경우가 있다.

4.3 SPI 통신(A/D Converter)

SPI는 부품 혹은 근거리에 있는 장비와, 데이터를 송수신 하는 목적으로 사용되는 통신 수단이며, 동기 통신 방식이기 때문에, Clock 주파수를 변경하여 속도가 빠르거나 늦은 장비와 통신을 할 때도 유용하게 사용할 수 있는 방식이다.

SPI는 Master와 Slave가 데이터를 Bit단위로 동시에 주고받기 때문에, [그림 4.3.1 (a)]와 같이 Master와 Slave가 1-Byte의 데이터를 서로 교환하는 방식으로 통신이 이루어진다. 따라서 데이터의 송수신의 관점에서는 Master와 Slave가 동일하지만, 동기 신호를 Master가 출력한다는 것이 다른 점이다.

[그림 4.3.1 (b)]는 pulse 신호에 동기하여 Bit 데이터를 전송하는 파형이다.

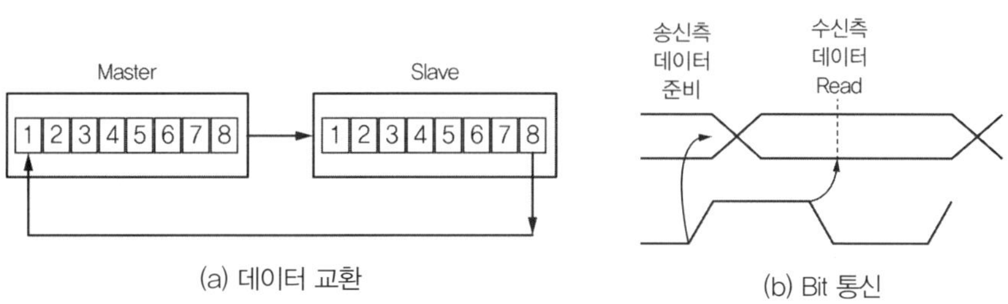

| 그림 4.3.1 | SPI 통신 개념

SPI에서 사용하는 통신 Port는 다음과 같다.

① MOSI : Master Out Slave In :
MOSI Line은 Master에서 데이터를 출력하는 Line이다.

② MISO : Master In Slave Out
MISO Line은 Master가 데이터를 수신하는 Line이다.

③ SCLK : Master가 동기 Pulse를 출력하는 Line

④ SS : Slave Select : Slave를 선택하는 신호
SS Line은 다수의 주변기기를 제어하기 위한 수단이며, 단순히 Slave를 선택하기 위한 것 이므로, I/O Port 중 하나를 임으로 선택하여 사용해도 된다.

[그림 4.3.2]는 Master가 2개의 장비를 제어하는 예이다. SS Line에 의해서 Device가 선택되기 때문에, 제어하는 Device의 수만큼 SS Line을 선택한다.

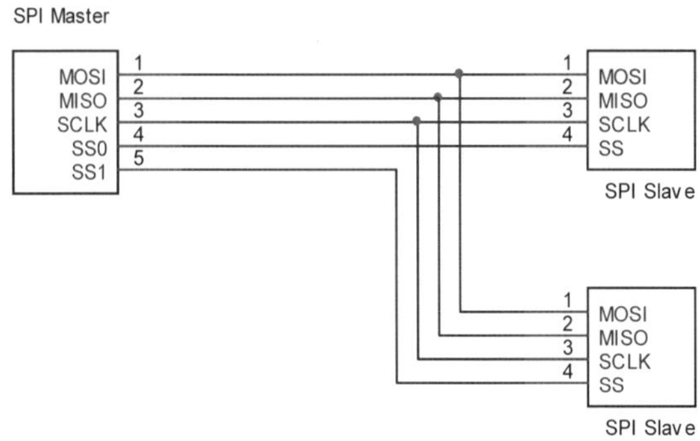

| 그림 4.3.2 | Slave가 2개인 SPI 통신 회로

SPI는 다양한 장비와 통신을 할 수 있도록 만들어진 통신 방식이며, 상대측 장비의 통신 특성에 적응할 수 있도록 하기 위하여, Pulse와 데이터의 입출력 방법을 여러 가지 방법으로 변경할 수 있도록 하고 있다. [그림 4.3.3]은 SPI 통신 파형을 종합해 놓은 그림이다.

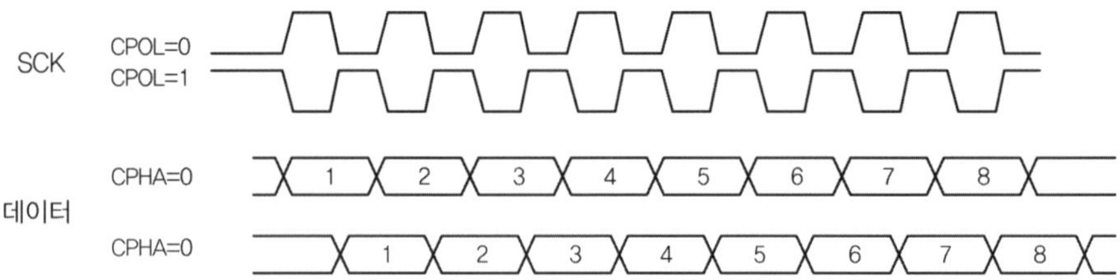

| 그림 4.3.3 | Pulse와 데이터의 입출력

[그림 4.3.3]에서 보는 바와 같이 SCK에서 출력하는 Pulse는 평상시 Low 상태를 유지하다가 High Pulse를 생성하는 방법(CPOL=0)과 High 상태를 유지하다가 Low Pulse를 생성하는 방법(CPOL=1), 2가지가 있으며, 데이터를 입출력하는 방법도 [그림 4.3.1 (b)]와 같이 rising edge일 때 송신측이 데이터를 준비하고, falling edge일 때 수신측에서 데이터를 수신하는 방법(CPHA=1)과, Falling edge에서 데이터를 준비하고 Rising Edge일 때 데이터를 수신하는 방법(CPHA=0), 2가지가 있다. 따라서 선택할 수 있는 방법은 $2 \times 2 = 4$이므로, SPI는 4가지 모드 중 하나를 선택하여 통신을 하도록 되어 있다. 아두이노에서는 4가지 모드를 [table 4.3.1]과 같이 정의하고 있다.

Mode	Clock Polarity (CPOL)	Clock Phase (CPHA)	Output Edge	Data Capture
SPI_MODE0	0	0	Falling	Rising
SPI_MODE1	0	1	Rising	Falling
SPI_MODE2	1	0	Rising	Falling
SPI_MODE3	1	1	Falling	Rising

| Table 4.3.1 | SPI 통신모드

SPI 통신은 데이터의 Bit를 출력하는 순서도 선택할 수 있다. 예를 들기 위하여 정수 55를 생각해보자. 정수 55는 Hexa로 표현하면 0x37이고 binary로 표현하면 "00110111"이다. SPI로 데이터를 전송할 때는 Binary 데이터를 Bit 단위로 출력한다.

Bit 단위로 출력할 때, weight(값의 크기)가 큰 순서로 Bit를 출력하면 0,0,1,1,0,1,1,1과 같은 순서로 출력하는데, 이와 같은 출력 방법(High Edian)을 아두이노에서는 "MSBFIRST"으로 정의하며, weight가 낮은 순서로 출력하여, 1,1,1,0,1,1,0,0의 순으로 데이터를 출력하는 방법(Low Edian)을 아두이노에서는 "LSBFIRST"라 정의하고 있다.

아두이노의 SPI Library를 사용하려면, 〈SPI.h〉를 include하여야 하며, 사용하려는 함수의 앞에 "SPI."을 붙여서 사용해야 한다.(SPI를 초기화하는 선언문 "SPISettings"은 예외이다, SPI.을 붙이지 않는다.)

다음은 SPI Library에서 제공하는 함수의 Syntax이다.

1) SPISettings mySetting(통신속도, Bit 출력 순서, Mode) ;

SPI는 주변기기와의 interface를 목적으로 하는 통신 방법이기 때문에 다양한 조건을 수용할 수 있어야 한다. 장비 중에는 속도가 빨라야 하는 경우(4.11절의 SD Memory)도 있지만, 장비 자체의 속도가 매우 느린 경우도 있으며, 장비가 지원하는 통신 모드가 서로 다른 경우도 고려해야 한다. 그렇기 때문에, SPI Library는, 사용하는 장비의 특성에 적합한 Object를 미리 만들어 두고, 장비와 통신을 할 때, 그 장비의 Object를 사용하여, SPI 통신 Mode를 변경한 다음, 통신을 할 수 있도록 설계 되어 있다. SPISettings은 SPI 통신 특성을 결정할 수 있는 Object를 만드는 함수이다. SPISettings으로 만들어진 Object를, beginTransaction() 함수의 인수로 사용하면 SPI의 통신 Mode가 결정된다.

- 통신속도 : 20000000(20 MHz)까지 허용 된다
- Bit 출력 순서 : MSBFIRST 혹은 LSBFIRST 이다.

- Mode : SPI_MODE0, SPI_MODE1, SPI_MODE2, SPI_MODE3
  [Table 3.13.1] SPI 통신모드 참조
- return : none

SPISettings(최대속도, Bit 출력 순서, Mode) ;

- return : SPISettings Object

2) beginTransaction(mySettings);

beginTransaction(SPISettings(최대속도, Bit 출력 순서, Mode)) ;

SPISettings으로 만든, Object를 사용하여, SPI 통신 Mode를 결정한다.

- mySetting : SPISettings의 Object
- return : none

3) endTransaction() ;

SPI 통신을 종료하고, SPI 통신 Mode를 Clear한다.

- return : none

4) begin() ;

SPI 통신을 시작하기 위하여 통신 Port를 초기화한다.

- return : none

5) end() ;

SPI 통신을 종료한다. 통신 Mode는 변경되지 않는다.

- return : none

6) Transfer 함수

byte bVal = SPI.transfer(val) ;
word wVal = SPI.transfer16(val16) ;
int Count = SPI.transfer(buffer, size) ;

SPI Port로 데이터를 출력하는 함수이다. Transfer() 함수는 인수별로 return type이 다르기 때문에 함수별로 return 값을 각기 표현하였다.
SPI는 데이터를 교환하는 통신 방식이기 때문에 전송한 데이터의 크기와 수신한 데이터의 크기는 같다. 그렇기 때문에, 데이터를 수신할 때는, 수신하려는 데이터의 크기와 같은 수의 dummy data(0xFF)를 전송해야 하며, 데이터를 송신할 때도 동일한 크기의 데이터가 수신되므로, 수신된 데이터가 필요 없으면, 수신 데이터를 무시해도 된다. 물론 송수신을 병행하여 수신 데이터에서 필요한 부분을 발췌하여 사용하는 경우도 있다.

- val : 1-byte 데이티
- val16 : 2-Byte 데이터
- Buffer : Byte array
- size : Byte array에서 전송하려는 데이터의 개수
- bVal : 1-Byte Data
- wVal : 2-Byte의 데이터
- Count : 수신한 데이터의 수

7) setBitOrder(Bit 출력 순서) ;

MSB부터 출력하고 마지막으로 LSB를 출력하는 방법(High Edian)과, LSB부터 출력하고 마지막에 MSB를 출력하는 방법(Low Endian) 중 하나를 선택할 수 있다.

- Bit 출력 순서 : MSBFIRST 혹은 LSBFIRST 이다.
- return : none

8) setDataMode(Mode) ; // Table 4.3.1) SPI 통신모드 참조

mode의 값에 따라 Bit 데이터의 입출력 방법을 다르게 할 수 있다.

- Mode : SPI_MODE0, SPI_MODE1, SPI_MODE2, SPI_MODE3
- return : none

9) setClockDivider(divider) ;

AVR CPU는 Main Clock을 divider 값으로 나누어서 SPI 통신 Clock으로 사용한다.

- divider : 다음 값 중 하나를 사용할 수 있다.

  SPI_CLOCK_DIV2
  SPI_CLOCK_DIV4
  SPI_CLOCK_DIV8
  SPI_CLOCK_DIV16
  SPI_CLOCK_DIV32
  SPI_CLOCK_DIV64
  SPI_CLOCK_DIV128

UNO Board에서 SPI 통신 Port는, MOSI는 11번, MISO는 12번, SCK는 13번 pin을 사용하고 있다. SPI 통신 실험을 위하여 A/D Converter IC MCP3008을 사용하자. MCP3008은 10-Bit A/D Converter이며, 5V 전원을 사용하였을 때, 최대 속도는 200 KSPS(1 sec 동안 200 K의 속도로 A/D 변환)이다. [그림 4.3.4]는 MCP3008 Manual에서 제공하는 Time Chart이며, MOSI 데이터와 MISO 데이터의 내용을 표시하고 있다.

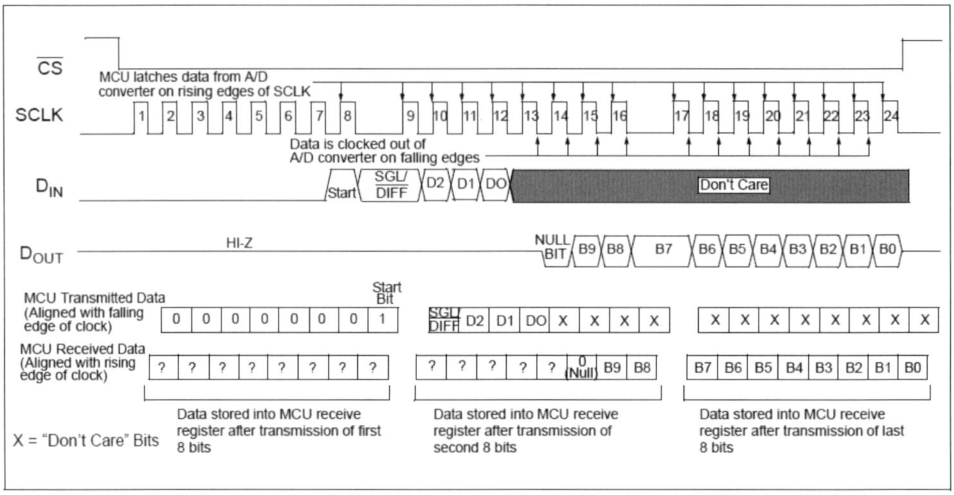

| 그림 4.3.4 | MCP3008의 Time Chart

아두이노에서 MOSI로 전송하는 데이터는 start Bit(1)와 (SGL/DIFF), d2,d1,d0 Bit이므로, 출력 데이터의 개수가 5-Bit이고, MCP3008의 데이터 Bit수는 10-Bit이고 추가적인 2-Bit가 필요하므로, 통신에 필요한 데이터는 모두 17-Bit이다. 하지만 SPI 통신은 Byte 단위로 처리되어야 한다. 따라서 Byte 단위로 통신하기 위하여, 17Bit + 7 Bit = 24Bit가 되어 3-Byte가 되므로, 통신을 시작하면서 7-Bit의 Dummy Data를 출력하고 있다.

MCP3008 Manual에서 (SGL/DIFF), D2,d1,d0 Bit에 대한 정의는 [Table 4.3.2]와 같다.

Control Bit Selections				Input Configuration	Channel Selection
Single/$\overline{Diff}$	D2	D1	D0		
1	0	0	0	single-ended	CH0
1	0	0	1	single-ended	CH1
1	0	1	0	single-ended	CH2
1	0	1	1	single-ended	CH3
1	1	0	0	single-ended	CH4
1	1	0	1	single-ended	CH5
1	1	1	0	single-ended	CH6
1	1	1	1	single-ended	CH7
0	0	0	0	differential	CH0=IN+ CH1=IN-
0	0	0	1	differential	CH0=IN- CH1=IN+
0	0	1	0	differential	CH2=IN+ CH3=IN-
0	0	1	1	differential	CH2=IN- CH3=IN+
0	1	0	0	differential	CH4=IN+ CH5=IN-
0	1	0	1	differential	CH4=IN- CH5=IN+
0	1	1	0	differential	CH6=IN+ CH7=IN-
0	1	1	1	differential	CH6=IN- CH7=IN+

| Table 4.3.2 | (SGL/DIFF), D2, D1, D0 Bit에 대한 정의

MCP3008 CH0를 이용하여 Analog 전압을 읽고, 입력전압에 따라, LED의 밝기를 조정하는 프로그램을 작성해 보자. [그림 4.3.5]는 실험을 위한 회로이다. 회로에서 MCP3008의 Do Pin은 아두이노의 MISO와 연결해야 하고, Din pin은 아두이노의 MOSI와 연결해야 한다.

SS 신호는, 나중에 설명할 SD Memory에서 10번 Pin을 SS pin으로 사용하기 때문에, SD Memory와의 확장성을 위하여, 9번 pin을 SS신호로 사용하기로 하고, $\overline{CS}$/SHDN pin은 9번 pin과 연결하였다. 회로에서 가변저항 10 KOhm은 A/D Port의 입력전압을 변경하기 위해서 사용하였다.

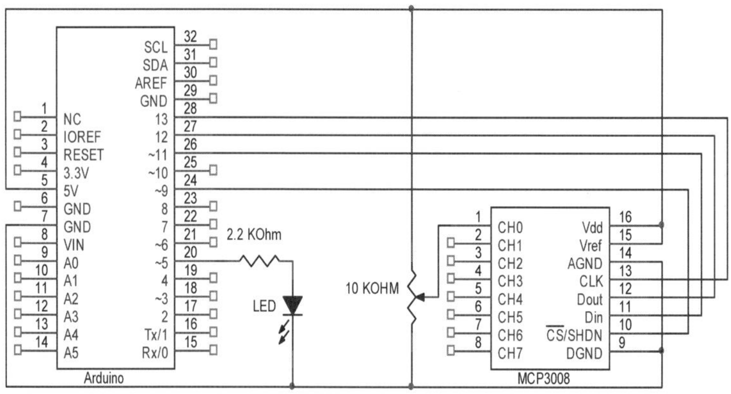

(a) 회로도

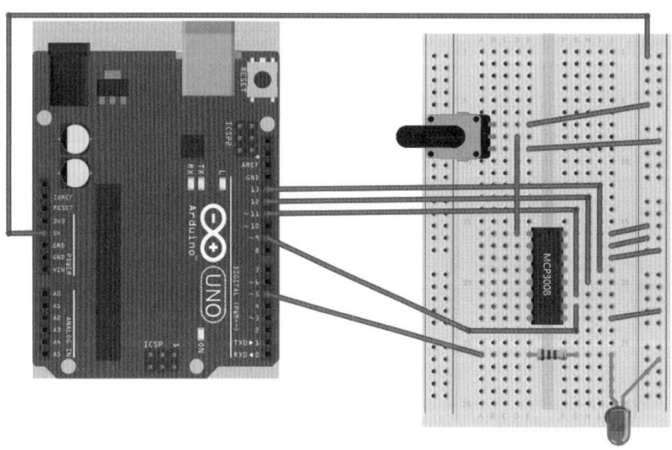

(b) 결선도

| 그림 4.3.5 | MCP3008을 사용한 회로

다음은 아두이노에 입력되는 전압에 따라 LED의 밝기를 조정하는 프로그램이다. 가변 저항을 사용하면 아두이노의 입력 전압을 변경할 수 있다. MCP3008의 CH0가 입력이고, Single-Ended Mode이므로, Start Bit만 1이고 (SGL/DIFF), D2,d1,d0 Bit는 모두 0이다. 따라서 전송할 데이터의 값은 0x01, 0x0, 0xff(dummy) 3-byte이다.

```
#include <SPI.h>
#define LED_1    5
#define SS       9                                       // ..................... ❶
void setup() {
  pinMode(SS,OUTPUT) ;
  SPISettings MCP3008(50000, MSBFIRST, SPI_MODE0) ;      // ..................... ❷
  SPI.beginTransaction(MCP3008);                         // ..................... ❸
}
void loop() {
  digitalWrite(SS,LOW) ;                                 // ..................... ❹
  delay(10) ;                                            // ..................... ❺
  SPI.begin() ;                                          // ..................... ❻
  byte Rcv = SPI.transfer(0x01) ;                        // ..................... ❼
  Rcv = SPI.transfer(0x00) ;                             // ..................... ❽
  int Dta = (Rcv & 0x03) << 8 ;                          // ..................... ❾
  Rcv = SPI.transfer(0xff) ;                             // ..................... ❿
  SPI.end() ;                                            // ..................... ⓫
  delay(10) ;
  digitalWrite(SS,HIGH) ;                                // ..................... ⓬
  Dta += Rcv ;                                           // ..................... ⓭
  Dta /= 4 ;                                             // ..................... ⓮
  analogWrite(LED_1,Dta) ;                               // ..................... ⓯
}
```

❶ 9번 Port를 SS Line으로 사용한다.

❷ SPI 통신 특성은 50kHz, MSB First, Mode 0로 한다.

❸ SPI 특성을 설정한다.

❹ SS 출력을 0V로 한다.

❺ SS 출력을 0V로 한 다음 안정될 때 까지 잠시 대기한다.

❻ SPI 통신 Line을 초기화한다.

❼ MOSI로 0x01을 출력한다(Dummy로 출력되는 데이터는 모두 0으로 처리하였다). 0x01을 출력할 때 MISO Linc으로 입력되는 값은 Dummy이므로 무시한다.

❽ MOSI로 0x0을 출력한다. 0x0을 출력할 때 MISO Line으로 입력되는 값(Rcv)에서 하위 2-Bit는, 입력 전압을 A/D 변환한 값에서 8,9번 Bit이다.

❾ Rcv로 입력된 값의 하위 2Bit를 integer 변수 Dta의 상위 8,9번 Bit로 복사한다. (Rcv & 0x03)은 3(00000011)를 Rcv와 AND하는 연산이므로 Rcv의 하위 2 Bit만

남고 나머지 Bit는 모두 0가 된다."<< 8"는 데이터 Bit를 8번 좌측으로 shift하라는 연산자이다.

⑩ A/D 변환값의 하위 8-Bit를 수신하기 위하여 Dummy(0xFF)를 출력한다.

⑪ SPI 통신을 종료한다.

⑫ SS Line의 출력을 5V로 하여 SPI 통신을 종료한다.

⑬ 수신값(Rcv)을 Dta에 더하면, Dta 값은 A/D 변환 값과 같은 값이 된다. ❾번 연산 결과에서 Dta의 하위 8-Bit는 0이다.

⑭ PWM 출력은 8-Bit이고 A/D 값은 10-Bit이므로, Dta 값을 PWM으로 출력할 수 있도록 값을 조정한다.

⑮ LED_1으로 PWM 신호를 출력한다.

4.4 1-Wire 통신(온 습도 측정)

1-Wire 통신은 1개의 통신선을 사용하여 I/O 통신을 하도록 고안된 통신 방식이다. 1-Wire 통신은 통신선이 1개뿐이므로, 동일한 line으로 데이터를 송신도 하지만, 수신도 해야 한다.

Hardware의 관점으로 보면, 1-Wire 통신 Port는 Wired OR로 결합되었기 때문에, Master와 Slave가 동시에 데이터를 출력을 하여도, Hardware적인 문제는 생기지 않는다.

1-Wire 통신을 할 때 통신선의 상태는, Master의 출력 값과 Slave의 출력값이 AND 연산된 값으로 결정된다. 다시 말하면 Master와 Slave가 모두 HIGH를 출력하고 있는 상태일 때만 통신선의 상태는 HIGH이고, Master 혹은 Slave 중 어느 한쪽이라도 LOW를 출력하면 통신선의 상태는 LOW가 된다. 따라서 데이터를 수신하는 쪽은 통신선을 HIGH(혹은 무부하 상태)를 유지하면서 데이터를 수신을 하고, 송신하는 쪽이 데이터를 출력하는 방식이다. DHT11은 1-Wire 통신으로 측정값을 출력하는 온습도 센서이다.

[그림 4.4.1]은 DHT11이 온습도 측정값을 출력하는 1-Wire 통신파형이다.

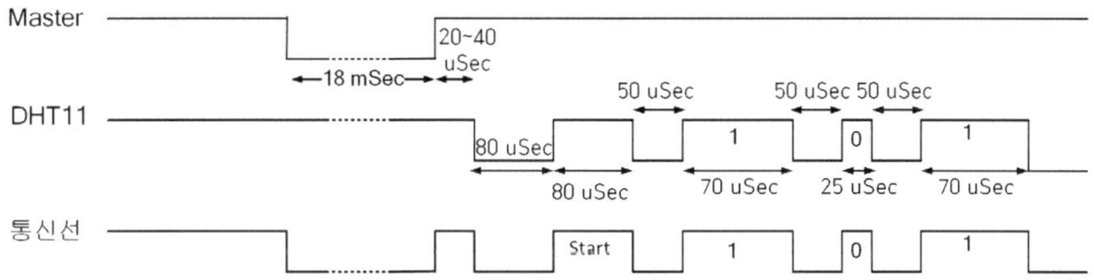

| 그림 4.4.1 | DHT11 통신 파형

DHT11의 측정값을 출력하는 과정은 다음과 같다.

① Master에서 18 msec동안 LOW를 출력한 다음 HIGH를 출력한다.

② 20~40 usec 동안 대기한다.

③ DHT11에서 80 usec동안 LOW를 출력한 다음

④ 80 usec 동안 HIGH 상태를 유지한다.

⑤ 다시 50 usec 동안 LOW를 출력하고

⑥ 첫 번째 데이터 Bit를 출력하기 위하여 HIGH를 출력한다.
데이터 1을 출력하려면 HIGH의 지속시간을 70 usec로 한다.
데이터 0을 출력하려면 HIGH의 지속시간을 26~28 usec로 한다.

⑦ 두 번째 데이터 Bit를 출력하기 전에 50 usec동안 LOW를 출력한다.

⑧ 두 번째 데이터 Bit를 출력하기 위하여 HIGH를 출력한다.
전송 데이터 Bit의 값에 따라 High의 길이를 다르게 출력한다.

⑨ 세 번째 Bit부터 40번째 Bit까지 7,8번 과정을 반복하면서 40-Bit의 데이터를 출력한다.

DHT11는 5-Byte(5 × 8 = 40Bit)의 데이터를 출력하며, 출력 데이터의 구조는 다음과 같다.

① 습도 정수 값 8-Bit

② 습도 소수자리 이하값 8-Bit

③ 온도 정수 값 8-Bit

④ 온도 소수자리 이하값 8-Bit

⑤ 1~4번까지의 4 Byte값을 모두 더한 값(Checksum)

1-Wire 통신으로 측정한 값을 시리얼 모니터로 출력하는 프로그램을 작성하자. 프로그램에서 사용할 회로는 [그림 4.4.2]와 같다.

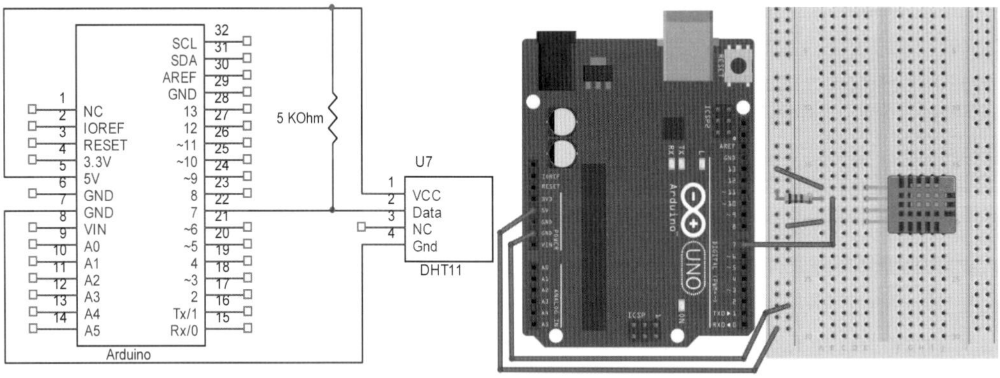

| 그림 4.4.2 | 온습도 측정 회로

아두이노 함수 pulseIn()은 펄스의 폭을 usec 단위로 측정할 수 있다. 따라서 pulseIn() 함수를 사용하면, 펄스가 High를 유지하는 시간을 측정할 수 있으므로 출력 데이터의 Bit의 값을 알 수 있다. 다음은 DHT11을 사용하여 온도와 습도 값을 측정하는 프로그램이다.

```
#define Wire_1  7
void setup()
{
        Serial.begin(9600) ;
}
void loop()
{
  byte Dta[5] ;
  int Rcv[50] ;
  for(int i=0;i<50;++i) Rcv[i]=0 ;
  pinMode(Wire_1,OUTPUT) ;                              // ..................... ❶
  digitalWrite(Wire_1,HIGH) ;                           // ..................... ❷
  delay(50) ;
  digitalWrite(Wire_1,LOW) ;                            // ..................... ❸
  delay(18) ;
  digitalWrite(Wire_1,HIGH) ;
  pinMode(Wire_1,INPUT_PULLUP) ;                        // ..................... ❹
  int i, Bit ;
  for(i=0;i<50;++i){
    Rcv[i]=pulseIn(Wire_1,HIGH) ;                       // ..................... ❺
    if(Rcv[i]==0) break ;                               // ..................... ❻
```

```
  }
  for(Bit=0;Bit<50;++Bit){
      if(Rcv[Bit]>70) break ;                    // ………………… ❼
  }
  if((i-Bit)>=40)  {                             // ………………… ❽
    Bit++ ;
    for(int k=0;k<5;++k){                        // ………………… ❾
      Dta[k]=0 ;                                 // ………………… ❿
      for(int i=0;i<8;++i){                      // ………………… ⓫
        Dta[k] = Dta[k] << 1 ;                   // ………………… ⓬
        if(Rcv[Bit] > 50) Dta[k] += 1 ;          // ………………… ⓭
        Bit++ ;
      }
    }
    byte Sum = 0 ;
    for(int i=0;i<4;++i) Sum += Dta[i] ;         // ………………… ⓮
    if(Sum==Dta[4]){                             // ………………… ⓯
      Serial.print("현재 온도 : ") ;
      Serial.print(Dta[2]) ;                     // ………………… ⓰
      Serial.print(", 현재 습도 : ") ;
      Serial.println(Dta[0]) ;                   // ………………… ⓱
    }
    delay(5000) ;                                // ………………… ⓲
  }
}
```

❶ 통신 Port를 출력 Port로 설정한다.

❷ 통신을 준비 위하여 초기값 HIGH을 출력한다.

❸ 18 msec 동안 LOW를 출력한다.

❹ 통신 Port를 입력 Port로 변경한다.(INPUT_PULLUP을 사용하였다.)

❺ pulseIn() 함수를 사용하여 입력 Port로 수신되는, 펄스의 High-time을 측정한다.

❻ pulseIn() 함수는 time over가 발생하면 0를 return한다. i는 수신한 bit 데이터의 개수이다.

❼ Start pulse(80 usec)를 찾는다.

❽ DHT11의 데이터길이는 40-Bit이므로 (i-Bit)의 값은 40보다 커야 한다.

❾ 5-Byte의 데이터를 생성한다.

❿ 데이터를 만들기 위하여 데이터 값을 초기화한다.

⑪ 8-bit 데이터를 Byte 데이터로 만든다.
⑫ 다음에 입력되는 데이터 Bit를 추가하기 위하여 Byte 데이터를 좌측으로 1-Bit shift 한다.
⑬ Bit 값이 1이면 70 usec, 0이면 27 usec이므로, 50으로 비교하여 Bit 값을 판별한다. 결과 값이 1이면 byte 데이터에 1을 추가한다. 0이면 ⑫번 과정에서 이미 0이 추가되었으므로 Skip한다.
⑭ Dta[0]~Dta[3]의 값을 더하여 Checksum 값을 만든다.
⑮ Checksum 값이 Dta[4]와 같은지 확인한다.
⑯ 온도값을 출력한다.
⑰ 습도값을 출력한다.
⑱ 5 sec마다 1번씩 측정한다.

4.5 적외선 통신(리모컨)

적외선(IR) 통신은 햇빛 등에서 방출되는 빛의 영향을 받기 쉬우며, 거리상의 제한도 있지만, 실내에서 사용하면 간섭의 문제에서 자유롭고, 벽을 투과할 위험도 없으므로 보안성이 높으며, 운영비용이 작기 때문에, 실내에서 사용하는 AV 장치 등을 제어하는 수단으로 많이 사용되고 있다.

우리 주변에서 적외선 통신을 하는 대표적인 기기는 리모컨이다. 적외선 통신은 유용성은 높지만, 통신을 구현해 보면 부품 등의 문제로 인한 물리적인 한계를 가지고 있다. 먼저 적외선 통신의 대명사라 할 수 있는 리모컨이 어떤 방식으로 통신을 하는지 검토해 보기로 하자.

리모컨 데이터를 분석해 보려고 별도의 리모컨을 구입하여 사용하는 것도 좋은 방법이지만, 비용을 생각하여 손 가까이에 있는 리모컨을 사용하는 것도 나쁜 방법은 아니다. 삼성과 LG 리모컨의 통신 데이터를 분석해보고 적외선 통신 데이터의 일반적인 구조를 검토해 보는 것이 좋을 것 같다. 그것은 우리가 구사하려는 적외선 통신이, 가정용 전자제품과 간섭을 일으키지 않도록 하기 위하여, 필요한 과정이기도 하지만, 가정용 리모컨 데이터의 구조는, 적외선 송수신 부품들의 기술적인 한계를 고려한 데이터 구조이기 때문이다.(하지만 너무 전문적으로 파고들 필요는 없을 것 같다)

일반적인 데이터의 구조를 분석한 다음, 비슷한 형태지만 기존의 리모컨 장비와 상호 간섭을 하지 않는 구조의 데이터 format을 만들고, 기기 간 통신을 구현해 보자.

4.5.1 적외선 통신 개요

가정용 AV 장치에서 사용하고 있는 리모컨에 적용하는 적외선 통신 방식은 외부 빛의 영향을 줄이기 위하여, Bit Data를 대략 30kHz~60kHz의 주파수로 변조하여 송출하는 방식을 사용하고 있으며, 가전제품에서는 38kHz의 변조 신호가 많이 사용되고 있다.

적외선 리모컨의 프로토콜은 제조회사마다 조금씩 다르기 때문에, 혼란스럽기는 하지만 일반적으로 다음 3 가지 방식이 많이 사용되고 있다.

① Bi-Phase 방식 : 신호의 [그림 4.5.1 (a)]에서 보는 것처럼 1주기 내에서 High → Low로 변환하면 0, Low → High로 변환하면 1로 정의하는 방식이다. 쉽게 생각하면 신호의 1주기가 Low로 시작되고 High로 끝나면 1, High로 시작하여 Low로 끝나면 0로 생각하는 방식이다

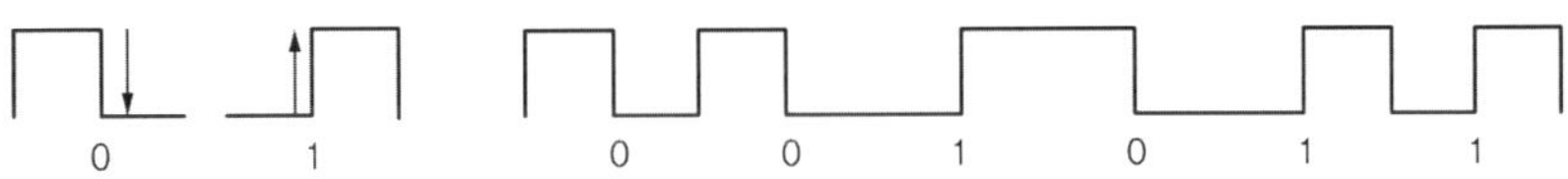

(a) Bi_Phase 방식

② On-Off King 방식 : 일정한 폭을 갖는 High 신호 다음에 Low 신호의 길이로 0과 1을 구분하는 방법이다. Low 신호가 짧으면 0, Low 신호가 길면 1을 나타낸다.

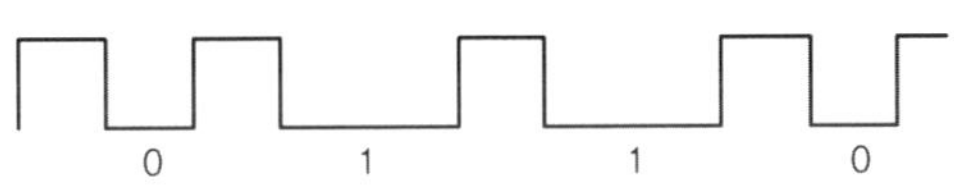

(b) On-Off King 방식

③ PWM 방식 : On-Off King 방식과 달리 High와 Low의 시간으로 0과 1을 구분하는 방식이다.

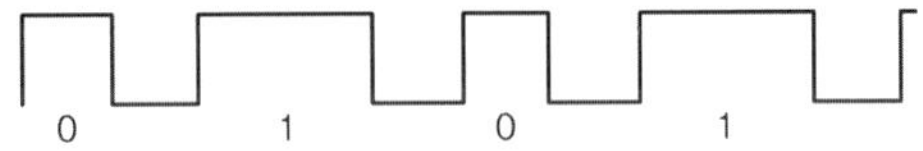

(c) PWM 방식

| 그림 4.5.1 | 적외선 통신 파형

적외선 리모컨은 오디오나 비데오 장치용으로만 사용되는 것이 아니다. 적외선 리모컨의 비용이 다른 무선 통신기에 비하여 대단히 저렴하기 때문에 자동화 장비 등에서도 무

선통신이 필요할 때 많이 사용하고 있다. 여기서 문제는 일반 리모컨과 동일한 신호를 사용하면 보안상의 문제도 있고 간섭을 받을 수도 있기 때문에, 통신 방식은 동일하지만 Time을 다르게 설정하는 경우가 많다. On-Off King 방식만 하더라도 리모컨 통신 프로토콜은 제조회사에 따라 Leadcode와 High-Time 및 Low-Time(0,1 모두)이 조금씩 다르다. 한 예로 Denon Code의 경우는 High-time이 275 usec로 정의하고 있다. NEC나 삼성 Code의 1/2밖에 되지 않는다.

Ir 통신 관련 자료를 보면 변조 주파수와 Pulse의 폭 등이 다르고, 어떤 경우는 통신하는 Bit의 수까지 다르게 지정하기 때문에, 사용하려는 리모컨의 특성을 먼저 분석하고, 분석된 자료에 의해 리모컨 데이터 통신 데이터를 추출하여 사용하는 방법을 강구하는 것이 좋을 것으로 보인다.

4.5.2 삼성과 LG 리모컨 데이터 분석

LG와 삼성 가전제품의 리모컨은 On-Off King 방식을 사용하며 프로토콜은 [그림 4.5.2]와 같다.

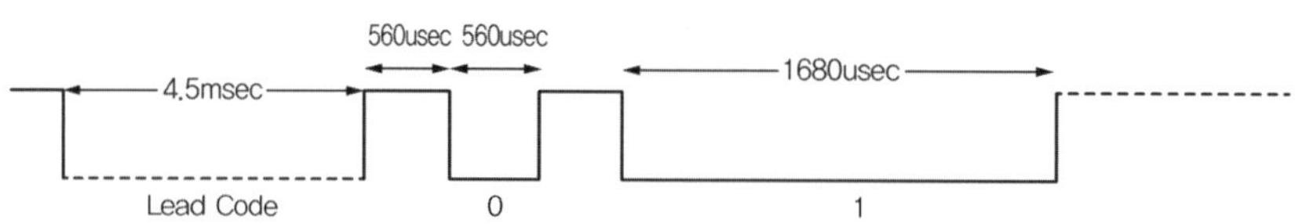

| 그림 4.5.2 | LG와 삼성의 리모컨 파형

리모컨으로 전송하는 데이터는 신뢰도가 대단히 중요하기 때문에, 데이터의 신뢰도를 확보하기 위하여 주로 사용되는 방법은 byte 단위로 데이터를 전송하며, 1-byte의 데이터(bDta)를 전송한 다음, 전송데이터를 확인하기 위하여 전송한 데이터의 보수가 되는 데이터 ($\overline{bDta}$=255-bDta)를 연속하여 전송하는 방법을 많이 사용하고 있다.

다시 말하면 리모컨에서 (12, 17) 2-Byte 명령어를 전송할 때, 리모컨에서 출력하는 데이터는 (12, 243, 17, 238)이 출력 된다.

LG와 삼성의 리모컨 데이터를 수신하는 프로그램을 작성해 보자.

[그림 4.5.3]은 LG 혹은 삼성 리모컨 데이터를 수신하기 위한 회로이다.

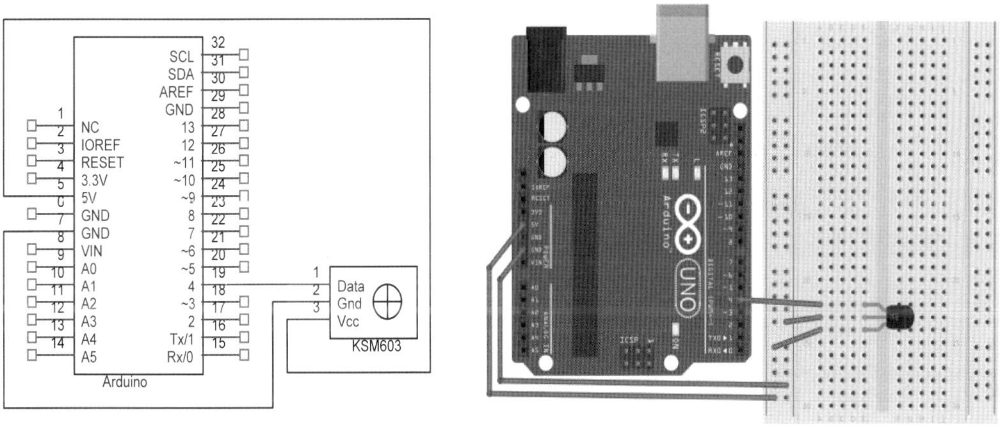

| 그림 4.5.3 | 리모컨 수신 회로도

LG와 삼성의 리모컨은 Little Endian(LSB Bit부터 출력하는 방식)을 채택하고 있으며, [그림 4.5.2]의 파형을 분석해 보면,

① Lead Code(Start를 알리는 Low 신호 4500 usec)가 입력된 다음

② High Pulse가 T_H(560 usec)동안 유지된다.

③ 데이터 비트가 0이면 T_H 동안 Low(560 usec)를 유지한다.

④ 데이터 비트가 1이면 $2 \times T_H$ 이상의 시간(1680 usec) 동안 Low 상태를 유지한다.

따라서 프로그램을 작성할 때, 다음 사항을 고려하였다.

① KMS603은 반전 신호를 출력하기 때문에, LOW일 때가 데이터 Bit이다.

② Bit의 길이가 2000 usec 이상이면, 통신 종료를 의미한다.

③ Bit의 길이가 1000보다 작으면 데이터 값은 0이다.

④ Bit의 길이가 1000보다 크면 데이터 값은 1이다.

다음은 리모컨 데이터를 수신하는 프로그램이다. 수신한 데이터는 PC의 시리얼 모니터로 전송하도록 작성하였다. KSM603은 내부적으로 38kHz의 변조신호가 입력되면 LOW를 출력하고, 변조신호가 없으면 HIGH를 출력하도록 설계되어 있으므로, KSM603은 HIGH와 LOW가 반전된 신호를 출력한다.

다음은 리모컨 데이터의 값을 분석하기 위하여 작성한 프로그램이다.

```
#define IrPort    4
#define BitOver 2000
#define BitHigh 1000
void setup() {
  Serial.begin(9600) ;
  pinMode(IrPort,INPUT) ;
}
void loop() {
  int no,Pos,bt ;
  long Rcv[100],Pre,Now ;
  byte Dta[10] ;
  while(true){                                          // ..................... ❶
    Rcv[0] = pulseIn(IrPort,HIGH) ;
    if(Rcv[0]>BitOver) break ;
  }
  for(no=1;no<100;++no){
    Pre = micros() ;                                    // ..................... ❷
    Rcv[no] = pulseIn(IrPort,HIGH) ;                    // ..................... ❸
    Now = micros() ;                                    // ..................... ❹
    Now -= Pre ;
    if(Now>4*BitOver) break ;
  }
  Dta[0]=Pos=bt=0 ;                                     // ..................... ❺
  for(int i=1;i<no;++i){
    if(Rcv[i]>BitOver){                                 // ..................... ❻
      Dta[Pos]=bt=0 ;
      continue ;
    }
    if(Rcv[i]>BitHigh) bitSet(Dta[Pos],bt) ;            // ..................... ❼
    bt++ ;
    if(bt>=8){                                          // ..................... ❽
      Pos++ ;
      Dta[Pos]=bt=0 ;
      continue ;
    }
  }
  if(Pos>=1){                                           // ..................... ❾
    String str = "Receive Code : " ;                    // ..................... ❿
    for(int i=0;i<Pos;++i){
      str += String(Dta[i])+"," ;
```

```
        }
        Serial.println(str) ;
    }
}
```

❶ Start HIGH 펄스를 기다린다. BitOver(2000 usec)
❷ pulseIn() 함수가 time out로 종료 되었는지를 확인하기 위하여 pulseIn() 함수의 시작 시간을 측정한다.
❸ HIGH 펄스의 길이를 읽는다.
❹ pulseIn() 함수의 실행시간이 4*BitOver 보다 크면 Time out로 종료된 경우이다
❺ Little Endian이므로 Bit는 0부터 시작한다.
❻ 펄스가 BitOver(2000 usec) 보다 길면 Error 데이터 Bit이다.
❼ 펄스가 BitHigh(1000 usec)보다 길면 High Bit이므로 1을 set한다.
❽ 8-Bit를 수신하면 Byte 데이터로 만든다.
❾ 수신 데이터가 2개 이상이면 데이터 수신이다.
❿ 수신한 Byte 데이터를 시리얼 모니터로 전송한다.

☑ 저자가 실험한 LG 리모컨은 LG TV를 제어하는 리모컨이다. 저자는 리모컨의 숫자 키를 측정하였는데 실험 결과는 다음과 같다.

'1' : 4. 251, 17, 238
'2' : 4, 251, 18, 237
'3' : 4, 251, 19, 236
....

4.5.3 적외선 송수신

적외선 통신을 이용하여 기기간 통신을 구현해 보자. 적외선 통신을 구현하려면 송신하는 기기와 수신하는 기기 2개가 필요하므로, 여기서는 아두이노 2대를 사용하자.

먼저 [그림 4.5.5]와 [그림 4.5.6] 2개의 회로를 만들어야 한다. 만들어진 2대의 Board를 구분하기 위하여 Board의 이름을 A-Board와 B-Board라 하자. A-Board와 B-Board를 컴퓨터의 USB Port에 연결하면, 아두이노 IDE는 2대의 아두이노 Board를 모두 수용하지만, A-Board와 B-Board를 서로 다른 통신 Port와 연결되도록 하여,

A-Board와 B-Board를 구분할 수 있도록 한다. [그림 4.5.4]는 2대의 아두이노 Board가 연결되어 있는 경우이다.

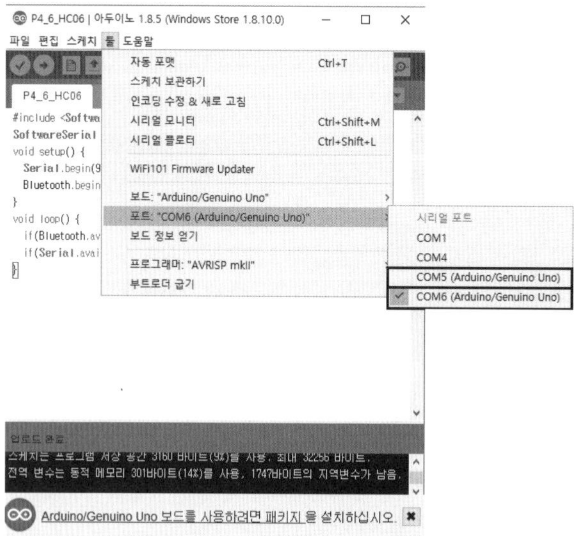

| 그림 4.5.4 | 아두이노 통신 Port

따라서 아두이노 프로그램을 upload할 때는 A-Board에 인스톨해야 하는 프로그램은 "툴"→"포트" 메뉴에서 A-Board가 연결된 통신 Port를 선택하고, B-Board는 B-Board가 연결되어 있는 통신 Port를 선택하고 프로그램을 다운로드하여야 한다.

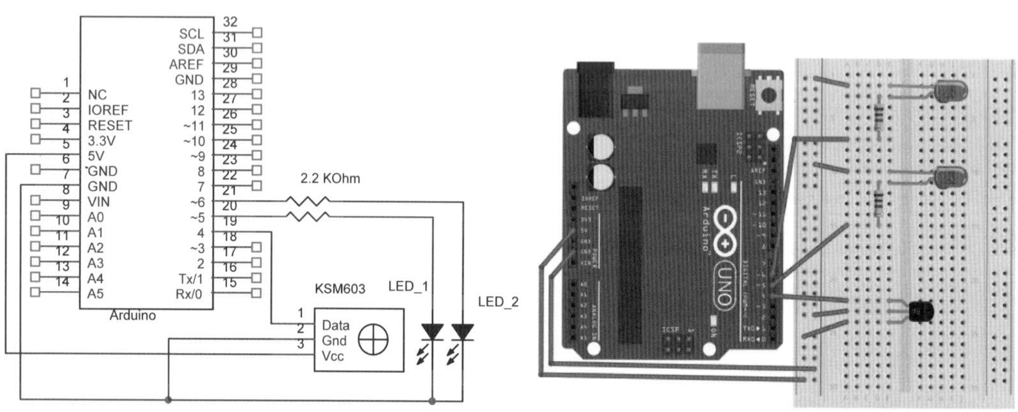

| 그림 4.5.5 | 적외선 데이터 수신회로

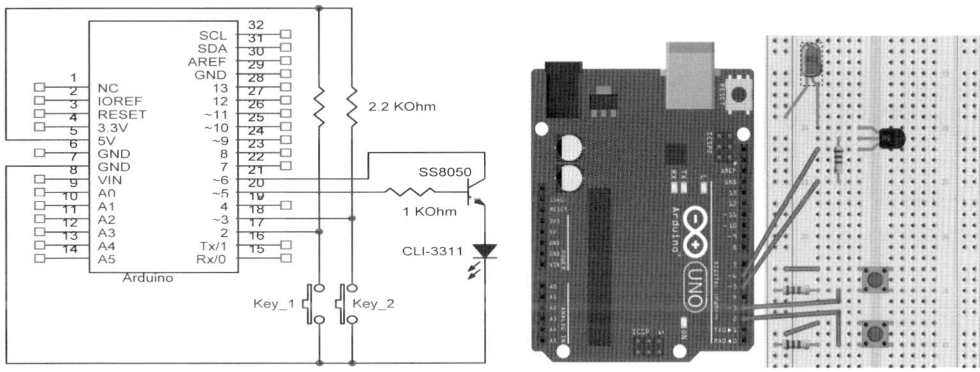

| 그림 4.5.6 | 적외선 데이터 송신회로

[그림 4.5.6] 회로의 동작을 간단히 설명하면, Port 6번으로 38kHz의 신호를 출력하며, 5번 Port는 Tr. SS8050을 On 또는 OFF, 하도록 되어 있다. 따라서 5번 Port가 SS8050을 ON하면 38kHz로 변조된 신호가 적외선 Led를 구동하여 38kHz의 적외선 신호가 방출되고, SS8050을 OFF하면 SS8050이 차단되기 때문에, 변조 신호의 방출이 중단되므로, 5번 Port로 적외선 통신 명령을 출력하면 SS8050이 ON-OFF하면서 적외선 통신 신호가 송출 되도록 설계된 회로이다.

두 개의 기기가 통신을 하려면 통신 명령어가 필요하다. 편의상의 문제를 고려하여 통신 데이터의 Timming 관련된 프로토콜과 데이터의 구조는 리모컨과 호환성을 갖도록 하며, 리모컨과의 간섭을 피하기 위하여, 기기간 통신 데이터 명령을 다음과 같이 정의하자.

① "A1"(0x41,0x31) : LED_1을 ON하라는 명령

② "A2"(0x41,0x32) : LED_2를 ON하라는 명령

☑ 동일한 데이터 구조를 따르기로 하였으므로 명령 "A1" 2-Byte를 전송하려면 적외선 통신 선로에서는 " A$\overline{A}$1$\overline{1}$" 4-Byte 를 전송하여야 한다.(위에서 bar는 보수를 의미한다.)

송신측 프로그램은 송신측 Board에서 Key_1을 누르면 "A1"을 전송하고, Key_2를 누르면 "A2" 전송하도록 작성하고, 수신측 프로그램은, 송신측으로부터 "A1"를 수신하면, 수신측 Board의 LED_1을 ON하고, "A2"를 수신하면 수신측 Board의 LED_2를 ON하도록 프로그램을 작성하자.

다음은 송신 프로그램이다.

```
#define Key_1    2
#define Key_2    3
#define IrOut    5
#define Clock    6
#define VChat    300

void setup() {
  Serial.begin(9600) ;
  pinMode(Key_1,INPUT) ;
  pinMode(Key_2,INPUT) ;
  pinMode(IrOut,OUTPUT) ;
  tone(Clock,38000) ;                              // ..................... ❶
}

void loop() {
  byte A1[] = {0x41,0xBE,0x31,0xCE} ;              // ..................... ❷
  byte A2[] = {0x41,0xBE,0x32,0xCD} ;
  if(digitalRead(Key_1)==LOW){                     // ..................... ❸
    while(true){                                   // ..................... ❹
      if(digitalRead(Key_1)==HIGH) break ;
    }
    delay(VChat) ;
    SendCommand(A1) ;                              // ..................... ❺
  }
  if(digitalRead(Key_2)==LOW){                     // ..................... ❻
    while(true){
      if(digitalRead(Key_2)==HIGH) break ;
    }
    delay(VChat) ;
    SendCommand(A2) ;
  }
}

void SendCommand(byte rdta[]){                     // ..................... ❼
    digitalWrite(IrOut,HIGH) ;                     // ..................... ❽
    delay(10) ;
    digitalWrite(IrOut,LOW) ;                      // ..................... ❾
    delayMicroseconds(4500) ;
    digitalWrite(IrOut,HIGH) ;                     // ..................... ❿
```

```
        delayMicroseconds(560) ;
        for(int i=0;i<4;++i) SendByte(rdta[i]) ;                    // ................... ⓫
        digitalWrite(IrOut,LOW) ;                                   // ................... ⓬
}

void SendByte(byte Dta){                                            // ................... ⓭
    for(int i=0;i<8;++i){
        if(bitRead(Dta,i)==0) BitOut(560) ;                         // ................... ⓮
        else BitOut(1680) ;
        delayMicroseconds(560) ;                                    // ................... ⓯
    }
}

void BitOut(long Dif){                                              // ................... ⓰
    long Now = micros() ;
    long Tme = Now + Dif ;
    digitalWrite(IrOut,LOW) ;
//  delayMicroseconds(Dif) ;                                        // ................... ⓱
    while(true){
        Now = micros() ;
        if(Now >= Tme) break ;
    }
    digitalWrite(IrOut,HIGH) ;
}
```

❶ Clock (6번 Port)로 38kHz의 신호를 출력한다.

❷ "A1", "A2" 명령이다.

❸ Key_1을 검사한다.

❹ Key_1의 채터링을 방지하기 위한 루틴이다.

❺ "A1" 명령을 송출한다.

❻ Key_2를 검사한다.

❼ 적외선 통신 명령어 송출하는 함수이다.

❽ 통신을 시작하기 전에 대기 상태로 만든다.

❾ 4500 usec의 시작 신호를 전송한다.

❿ 첫 번째 Bit를 송출하기 전의 560 usec의 휴지 신호이다.

⓫ 4-Byte의 데이터를 송출한다.

⓬ 적외선 통신 데이터 전송 종료한다.

⑬ 1-Byte의 데이터를 적외선 통신으로 송출하는 함수이다.
⑭ Bit 값이 0이면 560 usec, 1이면 1680 usec이다.
⑮ 휴지기간 560 usec이다.
⑯ Bit 데이터를 송출하는 함수이다.
⑰ delayMicroseconds() 함수를 너무 자주호출하면 Timming에 Error가 발생하기 때문에 micros() 명령으로 시간을 조절하였다.

다음은 수신측 Board의 프로그램이다. 4.5.2절의 프로그램에서 명령어 처리 부분(Parsing() 함수)만 다르다.

```
#define   IrPort   4
#define   LED_1   5
#define   LED_2   6

#define BitOver 2000
#define BitHigh 1000
byte Dta[10] ;
void setup() {
  Serial.begin(9600) ;
  pinMode(IrPort,INPUT) ;
  pinMode(LED_1,OUTPUT) ;
  pinMode(LED_2,OUTPUT) ;
}

void loop(){
  int Pos = IrReceive() ;
  Parsing(Pos) ;
}

int IrReceive() {
  int no,Pos,bt ;
  long Rcv[100],Pre,Now ;
  while(true){
    Rcv[0] = pulseIn(IrPort,HIGH) ;
    if(Rcv[0]>BitOver) break ;
  }
  for(no=1;no<100;++no){
```

```
      Pre = micros() ;
      Rcv[no] = pulseIn(IrPort,HIGH) ;
      Now = micros() ;
      Now -= Pre ;
      if(Now>4*BitOver) break ;
    }
    Dta[0]=Pos=bt=0 ;
    for(int i=1;i<no;++i){
      if(Rcv[i]>BitOver){
        Dta[Pos]=bt=0 ;
        continue ;
      }
      if(Rcv[i]>BitHigh) bitSet(Dta[Pos],bt) ;
      bt++ ;
      if(bt>=8){
        Pos++ ;
        Dta[Pos]=bt=0 ;
        continue ;
      }
    }
    return Pos ;
}

void Parsing(int Pos){
      if(Pos<4) return ;
      if(Dta[0] != 0x41) return ;
      if(Dta[1] != 0xBE) return ;
      int Val = Dta[2]+Dta[3] ;
      if(Val != 255) return ;
      switch(Dta[2]){
        case 49: digitalWrite(LED_1,HIGH) ;
                 digitalWrite(LED_2,LOW) ;
                 break ;
        case 50: digitalWrite(LED_1,LOW) ;
                 digitalWrite(LED_2,HIGH) ;
                 break ;
      }
}
```

4.6 Bluetooth

Bluetooth는 근거리 무선 통신을 위한 표준 규격이다. Bluetooth는 1개의 Master에 여러 개의 Slave를 연결하여, 통신하는 방식을 채택하고 있으며, 이를 Piconet이라 한다. 따라서 Bluetooth 통신을 하려면 Piconet을 관장하는 Master가 필요하며, Slave는 Master에 등록되어야 하는데, Slave를 Master에 등록하는 과정을 페어링이라 한다.

일반적으로 아두이노의 Bluetooth 통신은 HC06 모듈을 많이 사용한다. [그림 4.6.1]은 Bluetooth 실험을 위한 회로이다.

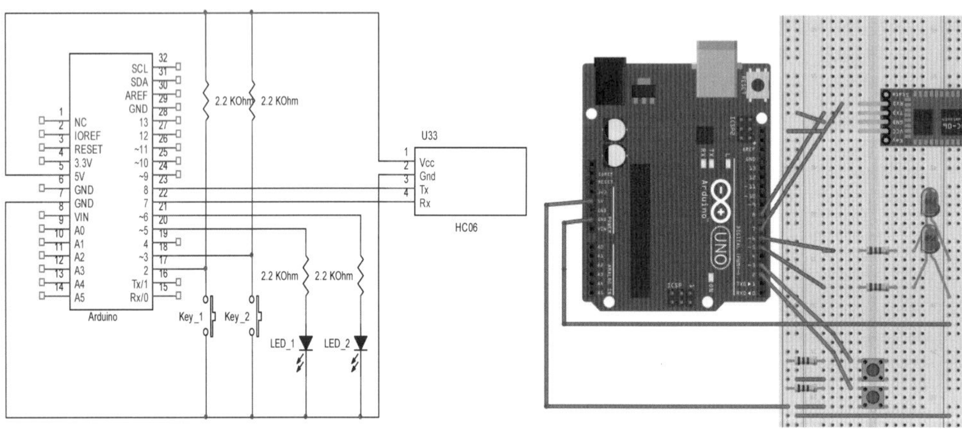

| 그림 4.6.1 | Bluetooth 통신 회로

4.6.1 HC06 모듈

HC06은 Bluetooth 통신을 하기 위한 모듈이며, RS232 통신 Line에 삽입하면, 하드웨어 변경은 필요하지만, 소프트웨어를 변경하지 않고, 무선 통신을 할 수 있도록 만들어진 제품이다. 따라서 HC06을 사용하면, 프로그래머는 RS232 통신과 동일한 방법으로 상대측 장비와 무선통신을 할 수 있다. Bluetooth 통신을 하려면 Master와 Slave가 필요하므로, 최소한 2개의 HC06이 필요하다.

☑ 안드로이드 폰과 통신을 하려면 HC06을 슬레이브로 설정하고, 안드로이드 폰에서 페어링을 해주면 통신이 가능하다. 물론 이 경우는 Slave로 사용되는 HC06 1개만 사용해도 된다.

HC06을 Master 혹은 Slave로 설정하거나, 모듈의 이름, Pin 번호, 통신 속도 등을 변경하려면 AT Command를 사용해야 한다. HC06이 통신하는 방법은,

① Bluetooth 데이터를 수신하면, 수신한 데이터를 Rs232 format으로 변경하여 Tx Port로 출력하고,

② Rx Port로 수신한 Rs232 데이터는 Bluetooth 데이터로 변경하여 Bluetooth 통신 Line으로 전송한다. 하지만, Rx로 수신한 Rs232 데이터가 AT Command인 경우는 데이터를 전송하지 않고, AT Command가 설정 명령이면 명령에 따라 HC06의 상태를 변경하고, At Command가 상태 수신 명령이면 HC06의 설정 상태를 Tx Line으로 전송한다.

4.6.1.1 AT Command

HC06을 블루투스 통신 모듈로 사용하려면, AT Command를 사용하여 HC06을 통신하려는 조건에 맞도록 설정해 주어야 한다. 다음은 자주 사용되는 AT Command 이다.

1. 통신 실험 명령

HC06이 통신이 가능한 상태인지를 확인하기 위한 명령이다.

- ▸Send : “AT”
- ▸return : “OK”

2. Bluetooth 모듈의 이름 설정

- ▸Send : “AT+NAME이름” (예 : AT+NAMEkkh)
- ▸return : “OKsetname”

3. Bluetooth 모듈의 pin 번호 설정

- ▸Send : “AT+PIN번호” (예 : AT+PIN2345)
- ▸return : “OKsetPIN”

4. 통신 속도 설정

- ▸Send: AT+BAUD번호 (예 : AT+BAUD4)

다음은 번호와 통신 속도의 관계이다.

번호	통신 속도	번호	통신 속도
1	1200	7	57600
2	2400	8	115200
3	4800	9	230400
4	9600(default)	A	460800
5	19200	B	921600
6	38400	C	1382400

- return : "OK통신 속도"

5. Master 혹은 Slave로 지정하는 명령

- Send : "AT+ROLE=M" : 블루투스 모듈을 Master로 지정
  "AT+ROLE=S" : 블루투스 모듈을 Slave로 지정
- return : OK+ROLE:M(혹은 S)

6. AT version을 검사하는 명령

- Send: AT+VERSION
- Back: OKLinvorV1.n

4.6.1.2 HC06 설정

AT Command를 실험해보고, HC06을 설정하려면 [그림 4.6.1] 회로를 사용하면 된다. AT Command를 아두이노 프로그램에서 만들어서 HC06으로 전송하는 방법도 있지만, 아두이노 IDE의 시리얼 모니터로 AT Command를 만들어서 전송하는 방법이 좀 더 편리하다. 시리얼 모니터에서 아두이노로 전송하는 명령을 HC06으로 bypass하고, HC06으로부터 아두이노로 전송되는 명령은 시리얼 보니터로 bypass하는 프로그램을 작성하자. 다음은 작성된 프로그램이다.

```
#include <SoftwareSerial.h>
SoftwareSerial Bluetooth(8,7);                    // ..................... ❶
void setup() {
  Serial.begin(9600) ;                            // ..................... ❷
  Bluetooth.begin(9600) ;
}
```

```
void loop() {
    if(Bluetooth.available()) Serial.write(Bluetooth.read()) ;     // ···················· ❸
    if(Serial.available())   Bluetooth.write(Serial.read()) ;      // ···················· ❹
}
```

❶ Port 8을 수신 Port로 지정하고, Port 7을 송신 Port로 지정한다.
Port 8은 HC06의 Tx와 연결하고, Port 7은 Rx와 연결하여야 한다.
❷ HC06과 시리얼 모니터의 통신 속도를 9600으로 설정하였다.
❸ HC06으로부터 수신한 데이터는 시리얼 모니터로 bypass한다.
❹ 시리얼 모니터로부터 수신한 데이터는 HC06으로 전송한다.

이 프로그램을 사용하면, Bluetooth로 수신한 데이터는 시리얼 모니터로 전송되고, 시리얼 모니터로 부터 수신한 데이터는 Bluetooth로 전송된다. 하지만 시리얼 모니터에서 AT Command가 수신되면 HC06의 AT Command로 사용된다. 따라서 위의 프로그램을 사용하여 HC06을 설정할 수 있을 뿐 아니라, 시리얼 모니터를 사용하면 안드로이드 폰의 채팅 앱과 채팅도 가능하며, Bluetooth 통신 기능을 가진 다른 장비와도 통신을 할 수 있다.

☑ 4.6.1.1절의 명령어를 실험해 보기 바란다. 시리얼 모니터에서 4.6.1.1절의 예로 주어진 값을 입력하고, 전송을 하면 결과를 알 수 있다.

4.6.2 Bluetooth를 사용한 데이터 통신

Bluetooth를 사용하여 아두이노와 컴퓨터 주변 장치 혹은 다른 장비와 데이터 통신을 하려면, 상대 장비의 통신 프로토콜을 알아야 하기 때문에, 여기서는 아두이노 2대를 사용하여 Bluetooth 통신 실험을 하자. 먼저 [그림 4.6.1]의 회로 2대를 만들어야 한다. 아두이노 IDE에서 Board 2대를 운영하는 방법은 4.5.3절에 설명하였다. HC06을 이용하여 블루투스 통신을 하려면, HC06 하나는 Master로 설정하고 또 다른 하나는 Slave로 설정해야 통신이 가능하다.

HC06을 Mastere로 설정하려면, 4.6.1절의 회로에 4.6.1.2절의 Bypass 프로그램을 업데이트하고, 시리얼 모니터로 다음과 같은 AT Command를 만들어서 전송해야 한다.

```
"AT+ROLE=M"
```

Slave Board에는 다음과 같은 AT Command를 만들어서 전송해야 한다.

```
"AT+ROLE=S"
```

return되는 값을 보면 정상적으로 설치되었는지 여부를 알 수 있다. Master Board와 Slave Board의 전원을 제거하고, 잠시 기다린 다음, Master Board와 Slave Board에 전원을 인가하면, 2개의 Board에 설치된 HC06은 자동으로 패어링이 되기 때문에, HC06에 설치되어 있는 LED가 깜빡이지 않고 ON 상태를 유지하면서 블루투스 통신이 가능함을 나타낸다. HC06의 Led가 계속 깜빡이면, 패어링이 되지 않았음을 나타낸다.

HC06의 Master 혹은 Slave 설정이 잘못되었거나, HC06의 AT Command Version이 1.7보다 낮은 경우이다. AT Command Version은 "AT+VERSION" 명령으로 알 수 있다.

페어링을 확인하였으면, Master Board와 Slave Board가 Bluetooth 통신을 이용하여 서로 상대측을 제어하는 프로그램을 작성해 보자.

① Key_1을 누르면 '1'(0x31)을 Bluetooth 통신으로 전송한다.
② Key_2를 누르면 '2'(0x32)를 Bluetooth 통신으로 전송한다.
③ Bluetooth 통신으로 '1'을 수신하면 LED_1을 ON한다.
④ Bluetooth 통신으로 '2'를 수신하면 LED_1을 ON한다.

위의 작업을 수행하는 프로그램은 Master와 Slave 모두 동일한 프로그램으로 처리할 수 있다. 다음은 작성된 프로그램이다.

```
#include <SoftwareSerial.h>                    // ..................... ❶
#define   Key_1 2
#define   Key_2 3
#define   LED_1 5
#define   LED_2 6
SoftwareSerial Bluetooth(8,7);                 // ..................... ❷
void setup() {
  Bluetooth.begin(9600) ;                      // ..................... ❸
```

```
}

void loop() {
  if(Bluetooth.available()){                              // ………………… ❹
    byte Dta = Bluetooth.read() ;
    if(Dta==0x31) LedOn(LED_1) ;                          // ………………… ❺
    if(Dta==0x32) LedOn(LED_2) ;                          // ………………… ❻
  }
  if(digitalRead(Key_1)==LOW) Bluetooth.write(0x31) ;     // ………………… ❼
  if(digitalRead(Key_2)==LOW) Bluetooth.write(0x32) ;     // ………………… ❽
}

void LedOn(int Led){                                      // ………………… ❾
  digitalWrite(LED_1,LOW) ;
  digitalWrite(LED_2,LOW) ;
  digitalWrite(Led,HIGH) ;
}
```

❶ SoftwareSerial 라이브러리를 사용한다.

❷ 송신 Port는 7번, 수신 Port는 8번으로 설정한다.

❸ 통신 속도는 9600으로 한다. HC06도 9600으로 설정되어 있어야 한다(default).

❹ Bluetooth 수신 데이터가 있는지 검사한다.

❺ 수신한 데이터가 '1'이면 LED_1을 ON한다.

❻ 수신한 데이터가 '2'면 LED_2를 ON한다.

❼ Key_1을 누르면 '1'을 Bluetooth로 전송한다.

❽ Key_2를 누르면 '2'를 Bluetooth로 전송한다.

❾ Led 제어 함수

4.7 TCP/IP

TCP/IP는 컴퓨터를 포함한 호스트가 통신을 할 수 있도록 만든 Internet 통신 프로토콜을 말한다. TCP/IP 프로토콜은 Application, Transport, Network, Physical, Data link layer로 구성되어 있으며, IP는 Network Layer에 포함된 프로토콜을 말하며 TCP는 Transport Layer에 포함되어 있는 프로토콜이다.

TCP/IP 통신은 IP 값에 의해 호스트가 선택되며, 포트 번호에 의해 Application이 선택되므로, 하나의 호스트(컴퓨터)에서 여러 개의 통신 프로그램이 동시에 실행되어도, Application에서 사용하는 포트 번호가 다르면 통신상의 문제는 발생하지 않는다.

TCP/IP 기반의 Internet 통신은 대부분의 경우 물리적으로는 Ethernet 통신기술을 사용하며, Ethernet은 IEEE 802.3 규약으로 표준화된 컴퓨터 네트워크 기술이다.

아두이노에서 Ethernet 통신 수단으로 Arduino Ethernet Shield를 사용하는 것을 권하고 있지만, Ethernet 통신 모듈을 이용하여 TCP/IP 통신을 구현하는 방법이 유리한 점이 많다. SZH-ENBQ-003(ENC28j60 모듈)을 사용하여 TCP/IP 통신을 구현하자.

ENC28j60 모듈은 EtherCard Library와 UIPEthernet Library가 제공되고 있다. EtherCard Library는 Web과 관련된 통신할 때 유용하게 사용할 수 있으며, UIPEthernet Library는 아두이노 API의 Ethernet 통신 부분과 유사하게 만들어진 Library이다.

EtherCard Library는 https://github.com/njh/EtherCard에서 구할 수 있고 UIPEthernet Library는 https://github.com/UIPEthernet/UIPEthernet에서 구할 수 있다.

이 책은 아두이노를 이용한 기기간 통신이 목적이므로 UIPEthernet Library를 사용하자(라이브러리 등록 방법은 3장 "미등록 Library 사용하기"에 자세히 설명되어 있다.).

UIPEthernet Library를 사용하려면 다음과 같이 한다.

① zip File을 down 받은 다음

② 임의의 Directory에 압축을 풀고,

③ Directory의 이름을 "UIPEthernet"으로 변경한 다음

④ 아두이노 IDE에서 "스케치" → "라이브러리 포함하기" → "zip라이브러리 추가"를 하고 UIPEthernet Library를 등록한다.

다음은 UIPEthernet Library에서 제공하는 함수 중에서 자주 사용되는 함수들의

Syntax이다. UIPEthernet Library 내부에 정의되어 있는 Ethernet Class와 Server Class, Client Class에서 제공하고 있는 함수를 위주로 발췌하였다.

★ 같은 명령이라도 Class가 다르면 다른 명령임을 유의할 것

1) begin(mac);
begin(mac, ip);
begin(mac, ip, dns);
begin(mac, ip, dns, gateway);
begin(mac, ip, dns, gateway, subnet);

Ethernet Class의 함수이며, Ethernet 통신을 준비하는 함수이다.
mac : mac address를 가지고 있는 byte Array의 Pointer
ip : ip address를 가지고 있는 byte Array의 Pointer
dns : dns address를 가지고 있는 byte Array의 Pointer
gateway : gateway address를 가지고 있는 byte Array의 Pointer
subnet : subnet address를 가지고 있는 byte Array의 Pointer
return : none

2) begin() ;

Server의 함수이며 Server로서의 역할을 시작하도록 만든다.

- return : none

3) EthernetClient Client_Object_이름;

Client Object를 생성하는 생성자이다.

4) EthernetServer(Port 번호) ;

Server Object를 생성하며 다음과 같은 형식으로 사용한다.

EthernetServer server_Object_이름 = EthernetServer(Port 번호);

Port 번호는 TCPIP Port 번호를 의미한다.

- return : EthernetServer

5) read();

1-byte의 데이터를 수신하는 함수

- return : 수신한 데이터

6) read(buf, size);

buffer를 사용하여 데이터를 수신하는 함수

- buf : byte 배열
- size : 수신할 데이터의 수
- return : 실질적으로 수신한 데이터의 수

7) peek() ;

Client 함수이다. 수신 데이터에서 첫 번째 데이터를 읽는다.

- return : 수신 데이터에서 첫 번째 데이터(byte)

8) write(data);

write(buffer, size);

데이터를 전송하는 함수이다.

- data : byte 데이터
- buffer : byte 데이터 배열
- size : 전송할 데이터의 수
- return : 전송한 데이터의 개수

9) print(val) ;

print(val, format) ;

print("문자열") ;

Serial 통신 라인으로 "문자열"을 전송할 때 사용하는 명령

- val : byte, int, long, float 등으로 정의되어 있는 변수값
  print() 함수는 val의 값을 문자열로 바꾸어 통신 라인으로 전송한다.
  val=123이라면 "123"을 전송하고, val=1.23이면 "1.23"을 전송한다.
- format : 숫자를 문자열로 표현할 때 Hexa, Binary,Octal 등 여러 가지 방법으로 표현할 수 있다. 예를 들면 65는 Hexa로 표현하면 "41"이고 Binary로 표현하면 "01000001"이다. Format에 허용되는 값은 다음과 같다.
  - BIN : print(78,BIN) → "1001110"이 전송된다(Binary).
  - OCT : print(78,OCT) → "116"이 전송된다(Octal).
  - DEC : print(78,DEC) → "78"이 전송된다(Dcimal).
  - HEX : print(78,HEX) → "4E"가 전송된다(HEXA).
  - 숫자 : float 변수인 경우 적용되며, 자리수를 나타낸다.
    print(1.23456,0) → "1"이 전송된다.

print(1.23456,2) → "1.23"이 전송된다.

print(1.23456,4) → "1.2346"이 전송된다.

- "문자열" : 전송할 문자열."안녕하세요..."와 같은 문자열이다.
- return : 실질적으로 전송한 데이터의 수

10) println(val) ;

println(val, format) ;

println("문자열") ;

기능 자체는 print() 함수와 동일하다. 하지만 print() 대신 Serial.println() 함수로 통신을 하면 "ASCII 문자열" 뒤에, editor 등에서 줄 바꿈을 할 때 사용하는 2개의 문자("₩r₩n")가 추가하여 전송한다.

- return : 실질적으로 전송한 데이터의 수

11) available() ;

Server Class에서 정의되어 있는 available() 함수와 Client Class에서 정의되어 있는 available() 함수는 완전히 다른 함수이다.

① Server.available() ;

Ethernet 통신은 외부의 Client가 서버에 접속을 요구하고, 서버가 접속을 허가하면 통신이 시작된다. Client와 접속이 되면 Server 프로그램에서는 Client와 통신을 하기 위한 Client Object가 필요하다. 서버에 접속한 Client의 Object를 생성하기 위한 함수이다.

- return : EthernetClient

② Client.available() ;

Client에서 수신한 데이터의 수

- return : 수신한 데이터의 개수

12) connect(ip,port);

connect(host,port);

Client가 Server에 접속할 때 사용하는 함수이다.

- ip : Server의 ip값을 가지고 있는 byte array에 대한 Pointer(예 : byte myIP[4] = {192,168,0,6})
- host : Server의 이름 (예 : "arduino-tweet.appspot.com")
- return : 접속을 실패하였으면 0(false), 성공이면 1(true)을 리턴한다.

13) connected() ;

Client Class의 함수이다. Server에 접속되었는지 여부를 알 수 있다.

- return : Server에 접속 되었으면 1, Server에 접속되지 않았으면 0

14) stop() ;

Client Class의 함수이다. Ethernet 접속을 종료한다.

- return : none

15) IPAddress(ip) ;

IPAddress Class에 정의되어 있는 함수이다. byte array로 만들어진 ip address 값을 다양한 프로그램의 인수로 사용하기 위하여 ip 값을 dword와 byte[4]로 구성된 union 구조체로 변형한다.

- ip : 인터넷 주소값을 가지고 있는 4-byte의 byte array
- return : IPAddress

16) localIP();

Ethernet IP 값을 return한다.

- return : IPAddress

17) gatewayIP();

Gateway IP 값을 return한다.

- return : IPAddress

18) dnsServerIP();

DNS IP 값을 return한다.

- return : IPAddress

19) subnetMask();

Subnet Mask 값을 return한다.

- return : Subnet Mask

[그림 4.7.1] 회로는 Ethernet Server와 Client에서 사용할 회로이다.

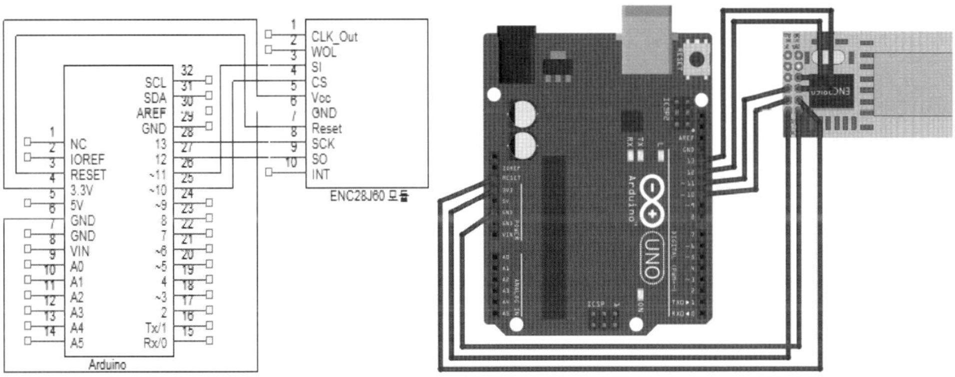

| 그림 4.7.1 | Ethernet 회로

4.7.1 Ethernet Server Program

다음은 Server 프로그램이다. 프로그램은 접속된 Client로부터 수신한 데이터를 시리얼 모니터와 Client 프로그램에서 확인할 수 있도록 작성하였다.

```
#include <UIPEthernet.h>                                   // ···················· ❶
#include "utility/logging.h"

EthernetServer server = EthernetServer(1004);              // ···················· ❷
void setup() {
  Serial.begin(9600) ;
  uint8_t mac[6] = { 0x00,0x01,0x02,0x03,0x04,0x05};       // ···················· ❸
  uint8_t myIP[4] = {192,168,0,6};
  uint8_t myMASK[4] = {255,255,255,0};
  uint8_t myDNS[4] = {192,168,0,1};
  uint8_t myGW[4] = {192,168,0,1};
  Ethernet.begin(mac,myIP,myDNS,myGW,myMASK);              // ···················· ❹
  server.begin();                                          // ···················· ❺
}

void loop() {
  int size;
  char Rcv[100] ;
```

```
  if (EthernetClient client = server.available())          // ..................... ❻
   {
     while((size = client.available()) > 0)                // ..................... ❼
      {
        size = client.read(Rcv,size);                      // ..................... ❽
        Rcv[size]=0 ;                                      // ..................... ❾
        Serial.println(Rcv) ;                              // ..................... ❿
        client.write("Received : ",11) ;                   // ..................... ⓫
        client.write(Rcv,size) ;
      }
   }
}
```

❶ UIPEthernet Library를 사용하기 위하여 헤더 파일을 include한다.

❷ Server Object를 생성한다. Tcpip Port는 1004로 하였다.

❸ Mac, IP, Subnet, 운, gateway address를 정의 하였다.

❹ Ethernet를 시작한다.

❺ Server로서의 역할을 시작한다.

❻ Client와 접속되지 않았으면 client 값은 0이므로 if 명령을 만족하지 않는다. 접속되었으면 client는 외부 Client와 통신을 할 수 있는 Object가 된다.

❼ Client로부터 수신한 데이터의 크기를 검출한다. 0이면 while 문장을 만족하지 않는다.

❽ Rcv Buffer로 수신한 데이터를 읽는다.

❾ Rcv로 수신한 데이터의 마지막에 0을 대입하여 수신 데이터의 마지막 위치를 표시한다.

❿ 시리얼 모니터로 수신값을 전송한다.

⓫ 수신 데이터의 앞에 “Received : ”를 붙이고 Client로 전송한다.

4.7.2 Ethernet Client Program

다음은 Client 프로그램이다. Client 프로그램은 접속한 Server로 부터 수신한 데이터를 시리얼 모니터와 Server 프로그램에서 확인할 수 있도록 작성하였다.

```
#include <UIPEthernet.h>                                    // ················· ❶
#include "utility/logging.h"
#define  ServerAdr  192,168,0,153                           // ················· ❷
#define  EtherPort   1004
byte mac[6] = {0x00,0x01,0x02,0x03,0x04,0x05};              // ················· ❸
EthernetClient client;                                      // ················· ❹
void setup() {
  Serial.begin(9600) ;
  Ethernet.begin(mac);                                      // ················· ❺
}

void loop() {
  char Rcv[100] ;
  if (client.connect(IPAddress(ServerAdr),EtherPort))       // ················· ❻
  {
          int size;
          while (true){
            if((size = client.available()) > 0)             // ················· ❼
            {
              size = client.read(Rcv,size);                 // ················· ❽
              Rcv[size]=0 ;                                 // ················· ❾
              Serial.println(Rcv) ;                         // ················· ❿
              client.print("Received : ") ;                 // ················· ⓫
              client.println(Rcv) ;
            }
          }
  }
}
```

❶ UIPEthernet Library를 사용하기 위하여 헤더 파일을 include한다.

❷ 접속할 Server IP 값과 Port 값을 정의하였다.

❸ Mac address를 정의 하였다.

❹ Client Object를 생성하였다.

❺ Ethernet를 시작한다.

❻ Server와 접속을 시도한다. Server와 접속되지 않았으면 client의 값은 0이므로 if 명령을 만족하지 않는다. 접속 되었으면 client는 외부 Client와 통신할 수 있는 Object가 된다.

❼ Server로부터 수신한 데이터의 크기를 검출한다. 0이면 if 문장을 만족하지 않는다.

❽ Rcv Buffer로 수신한 데이터를 읽는다.

❾ Rcv로 수신한 데이터의 마지막에 0을 대입하여 수신 데이터의 마지막 위치를 표시한다.

❿ 시리얼 모니터로 수신값을 전송한다.

⓫ 수신 데이터의 앞에 "Received : "를 붙이고 Client로 전송한다.

4.7.3 Ethernet 기기간 통신

아두이노 보드를 사용하여, Ethernet 기기간 통신을 구현해 보자. 2개의 아두이노 보드를 A, B라 할 때, A 보드에 있는 Key를 누르면, B 보드의 Led가 반응하고, B 보드의 Key를 누르면 A 보드에 있는 Led가 반응하는 프로그램을 작성해 보자.

Ethernet을 사용하여 기기간 통신을 구현하려면, Server와 Client 통신 개념을 이용하는 것이 적합하다. 따라서 아두이노 보드 중 하나는 Server로 구동하고, 다른 보드는 Client 로 구동하도록 하자.

Server와 Client의 구분은 software 적인 구분에 불과 하므로, 물리적으로는 Server 회로와 Client 회로를 구분할 필요는 없다.

[그림 4.7.2]의 회로는 기기간 통신을 구현하기 위한 회로이다.

[그림 4.7.1]의 회로에 Led와 Key를 각각 2개씩 추가한 회로이다.

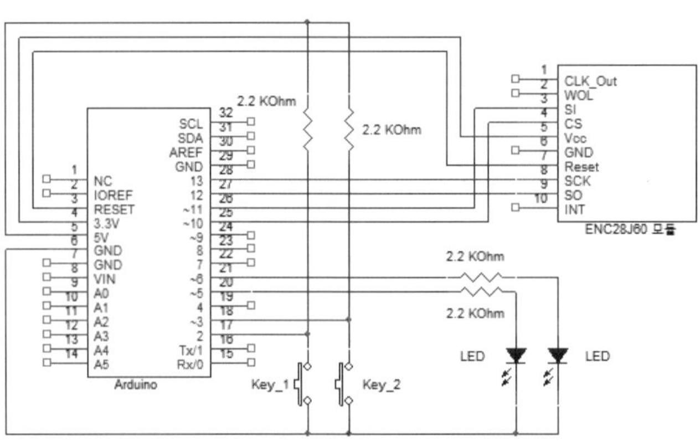

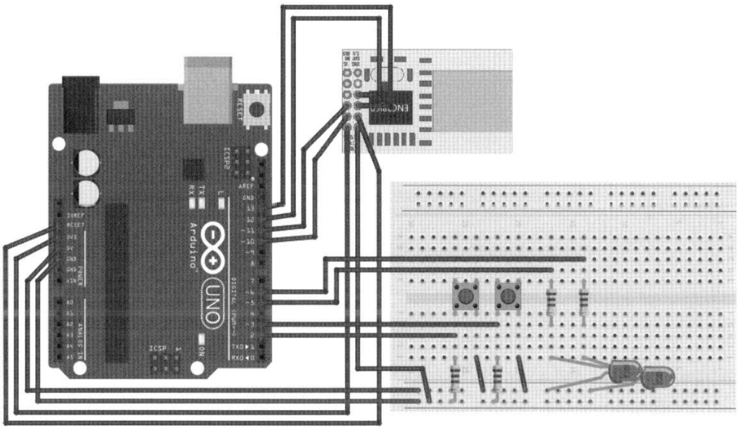

| 그림 4.7.2 | Ethernet 기기간 통신을 구현하기 위한 회로

Server와 Client 모두 [그림 4.7.2]의 회로로 구현하여야 하므로 [그림 4.7.2]의 회로가 2대 필요하다. 2대의 아두이노 보드를 1대의 컴퓨터로 관리하는 방법은 적외선 통신에서 이미 설명하였다. 프로그램을 작성할 때 고려해야 할 사항은

① Server와 Client의 Mac Address와 IP 값은 다르게 설정되어야 한다.

② Client에서 connect() 명령을 실행하여 Server와 연결을 한다.

③ 1-Byte 이상의 데이터를 Server로 전송해야, UIPEthernet library에서 지원하는 Server.available() 함수가 Active 상태로 된다는 것이다. 보편적으로 사용되고 있는 Ethernet Library에서 지원하고 있는 Accept() 함수를 지원하고 있지 않기 때문인 것으로 보인다.

Server와 Client 프로그램은 다음과 같이 동작하도록 프로그램을 작성하였다.

① 초기 상태에서는 LED_1, LED_2는 OFF 상태이다

② Client 보드의 Key_1을 누르면 Server와 접속을 시도한다.

③ Server와 접속이 되면 String "Init"를 Server로 전송한다.

④ Server와 Client가 연결되면 LED_1, LED_2 모두 ON 상태가 된다.

⑤ 상대측에서 Key_1을 누르면 LED_1만 ON 상태로 되고, Key_2를 누르면 LED_2만 ON되도록 한다.

다음은 Server 프로그램이다.

```
#include <UIPEthernet.h>
#include "utility/logging.h"
#define  Key_1  2
#define  Key_2  3
#define  Led_1  5
#define  Led_2  6

byte mac[6] = { 0x00,0x01,0x02,0x03,0x04,0x05};          // ..................... ❶
byte myIP[4] = {192,168,0,6};
byte myMASK[4] = {255,255,255,0};
byte myDNS[4] = {192,168,0,1};
byte myGW[4] = {192,168,0,1};
EthernetServer server = EthernetServer(1004);            // ..................... ❷
void setup() {
  pinMode(Key_1,INPUT) ;                                  // ..................... ❸
  pinMode(Key_2,INPUT) ;
  pinMode(Led_1,OUTPUT) ;
  pinMode(Led_2,OUTPUT) ;
  Ethernet.begin(mac,myIP,myDNS,myGW,myMASK);             // ..................... ❹
  server.begin();                                         // ..................... ❺
}
void loop() {
  int size;
  char Rcv[100] ;
  digitalWrite(Led_1,LOW) ;
  digitalWrite(Led_2,LOW) ;
  if (EthernetClient client = server.available())         // ..................... ❻
  {
      digitalWrite(Led_1,HIGH) ;
      digitalWrite(Led_2,HIGH) ;
      while(true){                                        // ..................... ❼
        if(KeyCheck(Key_1)==1){                           // ..................... ❽
          sprintf(Rcv,"Key_1") ;
          client.print(Rcv) ;
        }
        if(KeyCheck(Key_2)==1){                           // ..................... ❾
          sprintf(Rcv,"Key_2") ;
```

```
                client.print(Rcv) ;
            }
            while((size = client.available()) > 0)          // ………………… ⑩
            {
                size = client.read(Rcv,size);
                Rcv[size]=0 ;
                Parse(Rcv) ;                                 // ………………… ⑪
            }
        }
    }
}
void Parse(char* str){                                       // ………………… ⑫
  if(str[0] != 'K') return ;
  if(str[1] != 'e') return ;
  if(str[2] != 'y') return ;
  if(str[3] != '_') return ;
  if(str[4] == '1'){
    digitalWrite(Led_1,HIGH) ;
    digitalWrite(Led_2,LOW) ;
    return ;
  }
  if(str[4] == '2'){
    digitalWrite(Led_1,LOW) ;
    digitalWrite(Led_2,HIGH) ;
    return ;
  }
 }

int KeyCheck(int Key){                                       // ………………… ⑬
  long Pre, Now ;
  if(digitalRead(Key)==HIGH) return 0 ;
  Pre = millis() ;
  Now = 0 ;
  while(Now<100){                                            // ………………… ⑭
    if(digitalRead(Key)==LOW){
      Pre=millis() ;
      continue ;
    }
    Now = millis() ;
    Now -= Pre ;
```

```
    }
    return 1 ;
}
```

❶ Mac, IP, DNS, gateway, submask의 IP값을 설정한다.
❷ Server Object를 생성한다(Port 값은 1004이다.).
❸ Key와 Led를 입력 혹은 출력으로 설정한다.
❹ Ethernet를 시작한다.
❺ server를 구동한다.
❻ Client가 접속할 때 까지 기다린다.
❼ Client와 접속되었으므로 접속 상태를 계속 유지한다.
❽ Key_1의 상태를 검사한다. Key가 사용되었으면 String "Key_1"을 Server로 전송한다.
❾ Key_2의 상태를 검사한다. Key가 사용되었으면 String "Key_2"를 Server로 전송한다.
❿ Client로부터 수신한 데이터가 있는지를 확인한다.
⓫ Client로부터 수신한 데이터 값을 분석한다.
⓬ String의 값이 "Key_1"이면 LED_1 ON, Led_2 OFF, "key_2"이면 LED_1 OFF, Led_2 ON이 되도록 하는 함수이다.
⓭ Key가 눌렸는지를 검사하는 함수이다.
⓮ Chattering을 방지하기 위하여 HIGH 상태가 100 nsec 이상이 되어야 Key 입력으로 인정한다.

다음은 Client 프로그램이다.

```
#include <Keyboard.h>
#include <UIPEthernet.h>
#include "utility/logging.h"
#define ServerAdr 192,168,0,06                    // ..................... ❶
#define EtherPort 1004                            // ..................... ❷
#define Key_1 2
#define Key_2 3
#define Led_1 5
#define Led_2 6
byte mac[6] = {0x00,0x01,0x02,0x03,0x04,0x17};    // ..................... ❸
EthernetClient client;                            // ..................... ❹
void setup() {
```

```
  pinMode(Key_1,INPUT) ;
  pinMode(Key_2,INPUT) ;
  pinMode(Led_1,OUTPUT) ;
  pinMode(Led_2,OUTPUT) ;
  Ethernet.begin(mac);                                  // ………………… ❺
}

void loop() {
  int  size;
  char Rcv[100] ;
  digitalWrite(Led_1,LOW) ;
  digitalWrite(Led_2,LOW) ;
  if(KeyCheck(Key_1)==1){
    if (client.connect(IPAddress(ServerAdr),EtherPort)==1)  // ………………… ❻
    {
      client.println("Init") ;
      digitalWrite(Led_1,HIGH) ;
      digitalWrite(Led_2,HIGH) ;
      while(true){                                      // ………………… ❼
        if(KeyCheck(Key_1)==1){
          sprintf(Rcv,"Key_1") ;
          client.print(Rcv) ;
        }
        if(KeyCheck(Key_2)==1){
          sprintf(Rcv,"Key_2") ;
          client.print(Rcv) ;
        }
        if((size = client.available()) > 0)
        {
          size = client.read(Rcv,size);
          Rcv[size]=0 ;
          Parse(Rcv) ;
        }
      }
    }
  }
}

void Parse(char* str){
  if(str[0] != 'K') return ;
```

```
    if(str[1] != 'e') return ;
    if(str[2] != 'y') return ;
    if(str[3] != '_') return ;
    if(str[4] == '1'){
      digitalWrite(Led_1,HIGH) ;
      digitalWrite(Led_2,LOW) ;
      return ;
    }
    if(str[4] == '2'){
      digitalWrite(Led_1,LOW) ;
      digitalWrite(Led_2,HIGH) ;
      return ;
    }
  }

int KeyCheck(int Key){
  long Pre, Now ;
  if(digitalRead(Key)==HIGH) return 0 ;
  Pre = millis() ;
  Now = 0 ;
  while(Now<100){
    if(digitalRead(Key)==LOW){
      Pre=millis() ;
      continue ;
    }
    Now = millis() ;
    Now -= Pre ;
  }
  return 1 ;
}
```

❶ Server IP 값이다.
❷ TcpIP Port 번호이다.
❸ Mac Address이다, Server의 mac address 값과 달라야 한다.
❹ Client Object를 생성한다.
❺ Ethernet을 시작한다.
❻ Server와의 연결을 시도한다.
❼ Server와의 연결 상태를 계속 유지한다.
… 나머지 부분은 Server 프로그램과 동일하다.

4.8 WiFi

ESP8266은 WiFi SoC solution을 제공하는 MCU이다. ESP-01, ESP-12F 등의 WiFI 모듈들은, ESP8266이 가지고 있는 WiFi 통신 기능을 이용하여 아두이노의 통신 모듈로 사용하고 있지만, 기본적으로는 독립적으로 구동할 수 있도록 만들어진 모듈이기 때문에, 아두이노의 통신 모듈로 사용하려면 별도의 전원이 필요하고, 별도의 하드웨어를 구성한 다음 Software를 Update하는 과정이 필요하다.

하지만 WeMos D1 R1 모듈(SZH-EK080)은 아두이노 UNO Board와 호환되기 때문에, 프로그램을 작성할 때 아두이노 명령어를 사용하고, 아두이노 IDE를 사용하여 프로그램을 작성할 수 있도록 만들진 Board이므로, UNO Board에 WiFi 통신 모듈이 내장된 Board로 사용할 수 있을 뿐 아니라, 여러 가지 면에서 SZH-EK080을 사용하는 것이 유리해 보인다.

물론 SZH-EK080 Board가 UNO Board의 모든 기능을 만족하는 것은 아니지만, 특별한 경우가 아니면 불편을 느낄 정도는 아니라고 생각 하며, 독자들이 별도의 전원이나 하드웨어를 사용하지 않아도 되기 때문에 저자는 SZH-EK080 Board를 사용하여 WiFi 통신을 구현하기로 하였다.

4.8.1 WeMos D1 R1 Board(SZH-EK080)

SZH-EK080 Board를 사용하려면, 컴퓨터에서 SZH-EK080 Board를 인식할 수 있도록 USB Driver를 설치하여야 하며, 아두이노 IDE를 Update하여 ESP8266 CPU을 사용할 수 있는 환경으로 만들어야 한다.

① 컴퓨터에서 SZH-EK080 Board를 인식할 수 있도록 USB Driver를 설치하여야 한다. 인터넷에서 ch34x USB Driver를 찾으면 된다.

저자는 https://sparks.gogo.co.nz/ch340.html에서 "ch340 Driver for Windows"를 down 받아서 사용하였다.

② USB 드라이버를 컴퓨터에 설치하고, 아두이노 IDE 프로그램을 실행해 보면 SZH-EK080 Board가 연결되어 있는 통신 포드가 아두이노 IDE에 등록된다.

③ SZH-EK080 Board가 컴퓨터에 연결되었으면, 아두이노 IDE를 Update하여, 아두이노 IDE가 SZH-EK080 Board를 제어할 수 있는 환경을 만들어야 한다.

④ 아두이노 IDE의 메뉴에서 "파일" → "환경설정" 을 선택하고 환경설정 화면이 생성되면

⑤ “추가적인 보드 매니저 IRDs” 항목에 다음과 같은 Link를 입력한다.
“http://arduino.esp8266.com/stable/package_esp8266com_index.json”

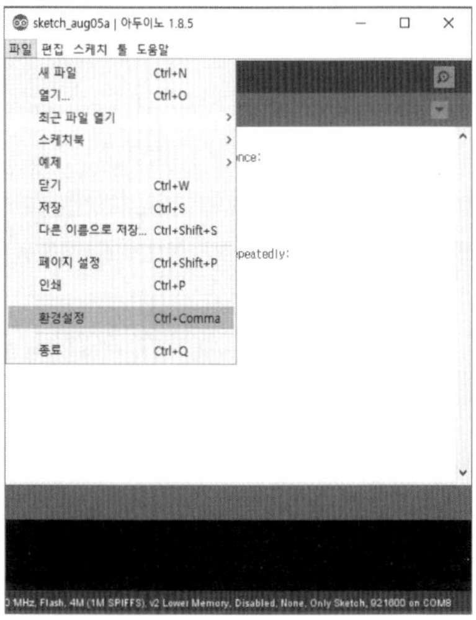

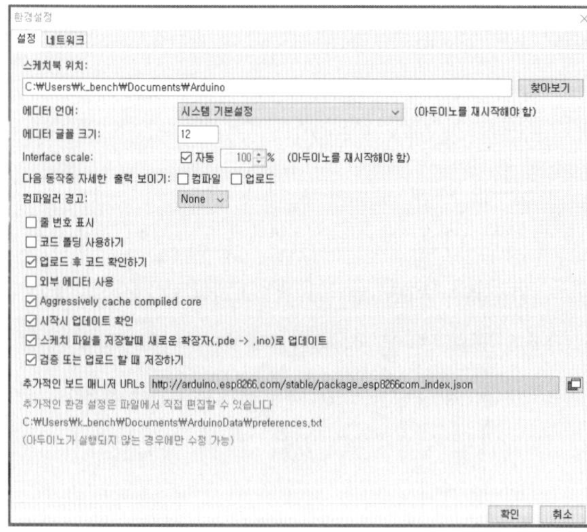

⑥ SZH-EK080 Board를 관리하는 Software에 대한 Link를 입력하였으면, SZH-EK080 Board를 제어할 수 있는 프로그램을 Update하여야 한다.

⑦ “툴” → “보드” → “보드 매니저”를 선택하고, “esp8266” 항목에서 최신 버전을 선택하고 “설치”를 한다.

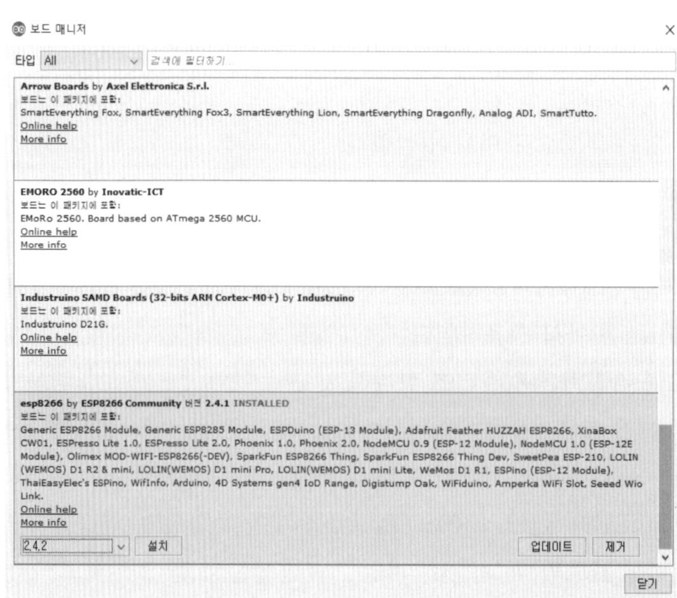

⑧ "툴" → "보드"를 선택하고 "WeMos D1 R1"을 선택한다.

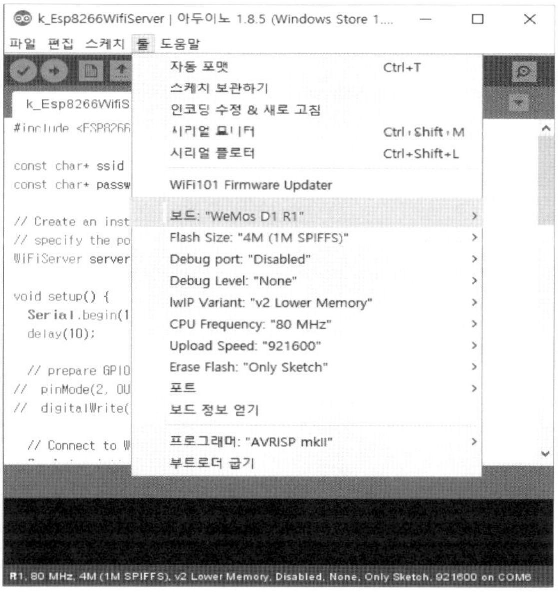

보드가 "WeMos D1 R1"으로 선택되었으면 SZH-EK080 Board를 프로그램 할 수 있는 환경이 구축된 상태이다.

이 상태가 되었으면 아두이노 명령을 사용하여 SZH-EK080 Board를 동일한 방법으로 프로그램을 할 수 있다.

SZH-EK080 Board는 UNO Board 보다 Clock Speed가 빠르지만, 전원 전압은 3.3V를 사용하고 있다.

SZH-EK080 Board의 spec.은 다음과 같다.

① CPU : ESP-8266EX

② 동작전압 : 3.3V

③ Digital I/O Port : 11개

④ A/D Converter : 1개(최대 입력 전압 3.2V)

⑤ Clock Speed : 80MHz/160MHz

⑥ Flash Memory : 4MByte

⑦ Length : 68.6mm

⑧ Width : 53.4mm

⑨ Weight : 25g

SZH-EK080 Board의 I/O pin spec.은 다음과 같다.

pin	Function	ESP8255 Pin
D0	RX	GPIO3
D1	TX	GPIO1
D2	IO	GPIO16
D3 (D15)	IO, SCL	GPIO5
D4 (D14)	IO, SDA	GPIO4
D5 (D13)	IO, SCK	GPIO14
D6 (D12)	IO, MISO	GPIO12
D7 (D11)	IO, MOSI	GPIO13
D8	IO, Pull-up	GPIO0
D9	IO, Pull-up, BUILTIN_LED	GPIO2
D10	IO, Pull-down, SS	GPIO15
A0	Analog Input	A0
Gnd	Ground	GND
5V	5V	-
3V3	3.3V	3.3V
RST	Reset	RST

* 아두이노 Board의 2번 pin과 같은 위치의 Port를 제어하려면 D2의 Pin 번호가 16이므로 Port 번호 2 대신 16을 사용하여야 한다.

pinMode(2,OUTPUT); → pinMode(16,OUTPUT) ;

digitalWrite(2,HIGH) ; → digitalWrite(16,HIGH) ;

4.8.2 ESP8266WiFi Library

ESP8266WiFi Library는 SZH-EK080 Board의 WiFi 통신을 지원하기 위한 Library이다. WiFi Server와 Client를 구동할 때 필요한 함수의 Syntax는 다음과 같다.

1) begin(ssid) ;

begin(ssid, 비밀번호) ;

WiFi 통신을 시작하는 명령이다.

- ssid : 무선 공유기 이름
- 비밀번호 : 무선 공유기 접속 비밀 번호

2) begin();

begin(port 번호);

Server 혹은 Client를 시작한다.

- port 번호 : TcpIP 통신 Port 번호이다.

3) status() ;

WiFi 통신 상태를 검사하는 명령

- return : 다음 중 하나의 값을 return한다.
  - WL_NO_SHIELD = 255,
  - WL_IDLE_STATUS = 0,
  - WL_NO_SSID_AVAIL = 1,
  - WL_SCAN_COMPLETED = 2,
  - WL_CONNECTED = 3,
  - WL_CONNECT_FAILED = 4,
  - WL_CONNECTION_LOST = 5,
  - WL_DISCONNECTED = 6

4) WiFiServer(port 번호);

WiFiServer(IPAddress, port 번호);

Server Object를 생성한다.

- IPAddress : 서버의 IP Address이다.
- port 번호 : TcpIP 통신 Port 번호이다.

5) available();

Server Class에서 정의되어 있는 available() 함수와 Client Class에서 정의되어 있는 available() 함수는 완전히 다른 함수이다.

① Server.available() ;

Ethernet 통신은 외부의 Client가 서버에 접속을 요구하고, 서버가 접속을 허가하면 통신이 시작된다. Client와 접속이 되면 Server 프로그램에서는 Client와 통신을 하기 위한 Client Object가 필요하다. 서버에 접속한 Client의 Object를 생성하기 위한 함수이다.

- return : WiFiClient

② Client.available() ;

Client에서 수신한 데이터의 수

- return : 수신한 데이터의 개수

6) hasClient();

서버의 함수이다 Client와 접속 상태를 확인하는 함수

- return : true : 접속되어 있음.
  false : 접속되어 있지 않음.

7) stop();

통신을 종료한다.

8) WiFiClient;

Client Object를 생성한다.

9) connect(IPAddress, port);

connect(host, port);

WiFi 통신을 위하여 Server와 연결하는 함수이다.

- IPAddress : Server의 IP
- port : TcpIP Port 번호
- host : Server의 host name(String 혹은 char*)
- return : 1 : 연결되었음.
  0 : 연결이 되지 않았음.

10) connected();

Serever와의 연결 상태를 검사하는 함수

- return : 0 : 연결 상태가 아님.
  0이 아닌 값 : 연결 상태임.

11) remoteIP();

Server-Client 연결되어 있는 상대측의 IP

- return : IPAddress

12) remotePort();

Server-Client 연결되어 있는 상대측의 TcpIP Port 번호

- return : Port 번호

13) localIP();

IP 값을 읽는다.

- return : IPAddress

14) localPort();

TcpIP Port 번호

- return : Port 번호

15) read();

1-byte의 데이터를 수신하는 함수

- return : 수신한 데이터

16) read(buf,size);

buffer를 사용하여 데이터를 수신하는 함수

- buf : byte 배열
- size : 수신할 데이터의 수
- return : 실질적으로 수신한 데이터의 수

17) peek() ;

Client 함수이다. 수신 데이터에서 첫 번째 데이터를 읽는다.

- return : 수신 데이터에서 첫 번째 데이터(byte)

18) write(data);

write(buffer, size);

데이터를 전송하는 함수이다.

- data : byte 데이터
- buffer : byte 데이터 배열
- size : 전송할 데이터의 수
- return : 전송한 데이터의 개수

19) print(val) ;

print(val, format) ;

print("문자열") ;

Serial 통신 라인으로 "문자열"을 전송할 때 사용하는 명령

- val : byte, int, lon, float 등으로 정의되어 있는 변수값
  print() 함수는 val의 값을 문자열로 바꾸어 통신 라인으로 전송한다.
  val=123이라면 "123"을 전송하고, val=1.23이면 "1.23"을 전송한다.
- format : 숫자를 문자열로 표현할 때 Hexa, Binary,Octal 등 여러 가지 방법으로 표현할 수 있다. 예를 들면 65는 Hexa로 표현하면 "41"이고 Binary로 표현하면 "01000001"이다. Format에 허용되는 값은 다음과 같다.
  - BIN : print(78,BIN) → "1001110"이 전송된다(Binary).
  - OCT : print(78,OCT) → "116"이 전송된다(Octal).
  - DEC : print(78,DEC) → "78"이 전송된다(Dcimal).
  - HEX : print(78,HEX) → "4E"가 전송된다(HEXA).
  - 숫자 : float 변수인 경우 적용되며, 자리수를 나타낸다.
    print(1.23456,0) → "1"이 전송된다.
    print(1.23456,2) → "1.23"이 전송된다.
    print(1.23456,4) → .2346"이 전송된다.
- "문자열" : 전송할 문자열."안녕하세요..."와 같은 문자열이다.
- return : 실질적으로 전송한 데이터의 수

20) println(val) ;
println(val, format) ;
println("문자열") ;

기능 자체는 print() 함수와 동일하다. 하지만 print() 대신 Serial.println() 함수로 통신을 하면 "ASCII 문자열" 뒤에, editor 등에서 줄 바꿈을 할 때 사용하는 2개의 문자("₩r₩n")가 추가하여 전송한다.

- return : 실질적으로 전송한 데이터의 수

4.8.2.1 WatchDog Timer

ESP8266WiFi Library는 Watchdog Timer 기능을 사용하고 있다.

Watchdog이란 Software가 잘못된 Logic 혹은 Error 등의 원인으로 비정성적인 상태로 운영되는 것을 막기 위한 수단이다. 다시 말하면 프로그램이 정상적으로 동작함을 확인하기 위한 기능이라 생각하는 것이 좋을 것 같다. 한 예로 자동화 System에서 모든 장비가 정상적인 상태임을 확인할 수 있는 기능으로 사용되기도 한다.

일반적인 경우라면 Watchdog 기능을 사용하는 프로그램은 특정 시간(대부분의 경우 2~3 sec 정도) 이전에 Watchdog Timer를 Clear하라는 명령어를 실행하도록 되어 있는

것이 보통이지만, ESP8266WiFi Library는 ESP8266WiFi Library가 지원하는 함수를 사용할 때마다 Watchdog Timer를 Clear하기 때문에, ESP8266WiFi Library를 사용하고 있는 프로그래머는 Watchdog Timer를 Clear하는 명령을 실행하지 않아도 Watchdog Time Out Error가 발생하지 않는다. 하지만 프로그램 실행 중 어느 시간 이상 ESP8266WiFi Library가 지원하는 함수를 사용하지 않으면 Watchdog Time Out Error가 발생하여 프로그램이 중단되는 현상이 발생한다. 따라서 장시간 동안 ESP8266WiFi Library에서 지원하는 함수를 사용하지 않는 프로그램을 작성할 때는, 일정 시간마다 한번씩 ESP8266WiFi Library에 정의되어 있는 Watchdog Timer를 Clear하는 함수를 실행해 주어야 한다. Watchdog Timer를 Clear할 수 있도록 하려면

① setup 함수에서 Watchdog Timer를 설정하고,

```
ESP.wdtDisable();
ESP.wdtEnable(WDTO_8S);
```

② loop 함수에서 다음과 같은 Watchdog Timer Clear 함수를 일정 시간마다 한 번씩 실행해 주어야 한다.

```
ESP.wdtFeed();
```

정리하면 다음과 같은 형식의 프로그램을 작성하여야 한다.

```
void setup() {
  ....................................
  ESP.wdtDisable();
  ESP.wdtEnable(WDTO_8S);
  ....................................
}

void loop() {
  ....................................
  ESP.wdtFeed();
  ....................................
}
```

참고로 7.10절의 프로그램에서 Watchdog Timer를 사용하고 있다.

4.8.3 WiFi Server

다음은 WiFi Server 프로그램이다. 프로그램은 접속된 Client로부터 수신한 데이터를 시리얼 모니터와 Client 프로그램에서 확인할 수 있도록 작성하였다.

Hardware는 SZH-EK080 Board를 사용하면 된다. 외부에 다른 부품 혹은 결선을 할 필요는 없다. 상대측 Client는, 컴퓨터의 Client 프로그램과 연동하여도 좋고, 4.7절)의 Ethernet Clinet와 연동하여도 통신 실험이 가능하다.

다음은 서버 프로그램이다.

★ 독자들이 이 프로그램을 실행하려면 "ssid", "password"값을 자신의 무선 공유기의 값으로 변경하여야 한다.

```
#include <ESP8266WiFi.h>                              // ········· ❶
const char* ssid       = "ipTime";                    // ········· ❷
const char* password = "ms12345";                     // ········· ❸
WiFiServer server(1004);                              // ········· ❹
void setup() {
  Serial.begin(9600);
  WiFi.begin(ssid, password);                         // ········· ❺
  while (WiFi.status() != WL_CONNECTED) {             // ········· ❻
    delay(500);
    Serial.print(".");
  }
  Serial.println("WiFi connected");
  server.begin();                                     // ········· ❼
  Serial.print("Server started : ");
  Serial.println(WiFi.localIP());
}

void loop() {
  int Sze ;
  byte Rst[100] ;
  if(WiFiClient client = server.available()){         // ········· ❽
    Serial.print(client.remoteIP()) ;
    Serial.println(" 가 접속했습니다.....") ;
    while(true){
      Sze = client.available() ;                      // ········· ❾
      if(Sze>0){
        client.read(Rst,Sze) ;                        // ········· ❿
```

```
            Rst[Sze]=0 ;
            Serial.println((char *) Rst) ;
            client.print("Receoived : ") ;                    // ..................... ⓫
            client.println((char *)Rst) ;
        }
      }
    }
}
```

❶ WiFi 통신을 위하여 ESP8266WiFi Library를 사용한다.
❷ 무선 공유기의 host name이다.
❸ 무선 공유기와 접속하기 위한 비밀 번호이다.
❹ TcpIP Port 번호는 1004로 하고 Server Object를 생성한다.
❺ WiFi 통신을 시작한다(무선 공유기와 연결이 된다).
❻ 무선 공유기와 접속될 때까지 기다린다.
❼ Server를 구동한다.
❽ Client가 접속해 올 때까지 기다린다.
❾ Clinet로부터 수신한 데이터의 개수를 검사한다.
❿ Client로부터 수신한 데이터를 읽는다.
⓫ 수신한 데이터를 Client로 다시 전송한다.

4.8.4 WiFi Client

다음은 WiFi Client 프로그램이다. Client 프로그램은 접속한 Server로부터 수신한 데이터를 시리얼 모니터와 Server 프로그램에서 확인할 수 있도록 작성하였다.

컴퓨터의 Server 프로그램과 연동하여도 좋고, 4.7절의 Ethernet Server와 연동하여도 통신 실험이 가능하다.

```
#include <ESP8266WiFi.h>                                   // ..................... ❶
const char* ssid      = "ipTime";                          // ..................... ❷
const char* password = "ms12345";                          // ..................... ❸
const char* host = "192.168.0.153";                        // ..................... ❹
void setup() {
  Serial.begin(9600);
  WiFi.begin(ssid, password);                              // ..................... ❺
  while (WiFi.status() != WL_CONNECTED) {
```

```
    delay(500);
    Serial.print(".");
  }
  Serial.println("WiFi connected");
  Serial.println("IP address: ");
  Serial.println(WiFi.localIP());
}

void loop() {
  byte Rst[100] ;
  WiFiClient client;
  const int Port = 1004;                          // ………………… ❻
  if (!client.connect(host, Port)) {              // ………………… ❼
    Serial.println("connection failed");
    return;
  }
  client.print("This is From Client");
  while(true){
    size_t Sze = client.available() ;             // ………………… ❽
    if(Sze > 0) {
      client.read(Rst,Sze) ;                      // ………………… ❾
      Rst[Sze]=0 ;
      Serial.println((char *)Rst);
      client.print("Received : ") ;               // ………………… ❿
      client.println((char *)Rst) ;
    }
  }
}
```

❶ WiFi 통신을 위하여 ESP8266WiFi Library를 사용한다.
❷ 무선 공유기의 host name이다.
❸ 무선 공유기와 접속하기 위한 비밀 번호이다.
❹ Server의 IP Address이다
❺ WiFi 통신을 시작한다(무선 공유기와 연결이 된다.).
❻ TcpIP Port 번호를 1004로 하였다.
❼ Server와 접속한다.
❽ Server로부터 수신한 데이터의 개수를 검사한다.
❾ Server로부터 수신한 데이터를 읽는다.
❿ 수신한 데이터를 Server로 다시 전송한다.

4.8.5 Wifi를 이용한 기기간 통신

WiFi 통신을 이용하여 기기간 통신을 구현해 보자.

저자의 경험으로는 2개의 기기를 모두 WiFi 통신 하도록 System이 구성하는 경우는 없었던 것으로 생각된다.

일반적인 System이라면 컴퓨터가 Server이고 기기가 Client가 되며, WiFi로 통신 하도록 만드는 것이 보통일 것이라 생각되지만, 여기서는 실험을 위한 것이므로, Server와 Client르 모두 WiFi로 구동하도록 System를 구성하기로 하자. 따라서 2대의 SZH-EK080 Board가 필요하다. 하지만 SZH-EK080 Board가 1대 밖에 없는 독자들은 4.7절에서 만든 Ethernet Server 혹은 Client를 사용하여, WiFi Server 혹은 Client를 대치하여 실험하여도 결과는 같다. [그림 4.8.1] 회로는 WiFi 실험을 위한 회로이다. Server와 Client 모두 동일한 회로를 사용한다.

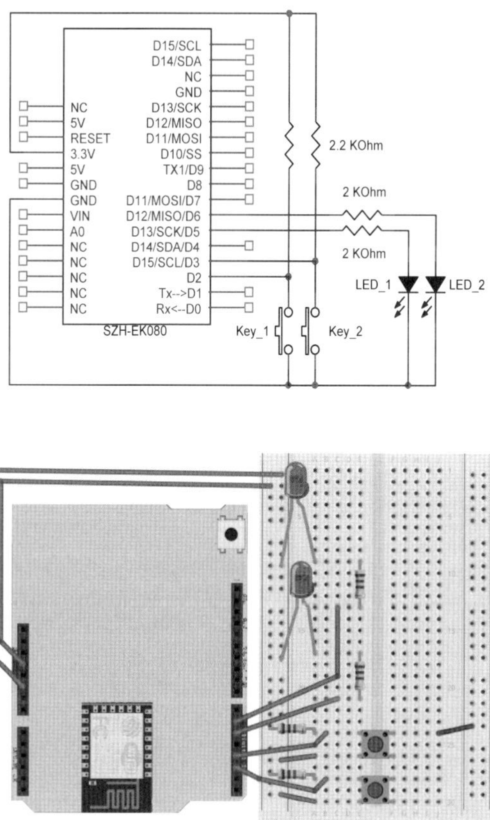

| 그림 4.8.1 | WiFi 실험 회로

4.7절의 Ethernet 기기간 통신에서 구현했던 문제를 WiFi로 구현해 보자.

2개의 SZH-EK080 보드를 A,B라 할 때, A 보드에 있는 Key를 누르면, B 보드의 Led가 반응하고, B 보드의 Key를 누르면 A 보드에 있는 Led가 반응하는 프로그램을 작성해 보자.

다음은 Server 프로그램이다. 이 프로그램은 WiFi 연결과 Client 연결 방법만 다를 뿐 4.7절의 Ethernet Server 프로그램과 동일하다.

```
#include <ESP8266WiFi.h>
#define    Key_1 16
#define    Key_2 5
#define    Led_1 14
#define    Led_2 12
const char* ssid       = "ipTime";
const char* password = "ms12345";
WiFiServer server(1004);
void setup() {
  pinMode(Key_1,INPUT) ;
  pinMode(Key_2,INPUT) ;
  pinMode(Led_1,OUTPUT) ;
  pinMode(Led_2,OUTPUT) ;
  Serial.begin(9600);
  WiFi.begin(ssid, password);
  while (WiFi.status() != WL_CONNECTED) {
    delay(500);
    Serial.print(".");
  }
  Serial.println("WiFi connected");
  server.begin();
  Serial.print("Server started : ");
  Serial.println(WiFi.localIP());
}

void loop() {
  int  size;
  char Rcv[100] ;
  digitalWrite(Led_1,LOW) ;
  digitalWrite(Led_2,LOW) ;
  if(WiFiClient client = server.available()){
```

```
      digitalWrite(Led_1,HIGH) ;
      digitalWrite(Led_2,HIGH) ;
      while(true){
        size = client.available() ;
        if(size>0){
          size = client.read((byte *)Rcv,size);
          Rcv[size]=0 ;
          Parse(Rcv) ;
        }
        if(KeyCheck(Key_1)==1){
          sprintf(Rcv,"Key_1") ;
          client.print(Rcv) ;
        }
        if(KeyCheck(Key_2)==1){
          sprintf(Rcv,"Key_2") ;
          client.print(Rcv) ;
        }
      }
    }
}

void Parse(char* str){
  if(str[0] != 'K') return ;
  if(str[1] != 'e') return ;
  if(str[2] != 'y') return ;
  if(str[3] != '_') return ;
  if(str[4] == '1'){
    digitalWrite(Led_1,HIGH) ;
    digitalWrite(Led_2,LOW) ;
    return ;
  }
  if(str[4] == '2'){
    digitalWrite(Led_1,LOW) ;
    digitalWrite(Led_2,HIGH) ;
    return ;
  }
}

int KeyCheck(int Key){
  long Pre, Now ;
```

```
  if(digitalRead(Key)==HIGH) return 0 ;
  Pre = millis() ;
  Now = 0 ;
  while(Now<100){
    if(digitalRead(Key)==LOW){
      Pre=millis() ;
      continue ;
    }
    Now = millis() ;
    Now -= Pre ;
  }
  return 1 ;
}
```

다음은 Client 프로그램이다. 이 프로그램은 WiFi 연결과 Server 연결 방법만 다를 뿐 4.7절의 Ethernet Client 프로그램과 동일하다.

```
#include <ESP8266WiFi.h>
#define    Key_1 16
#define    Key_2 5
#define    Led_1 14
#define    Led_2 12

const char* ssid      = "ipTime";
const char* password = "ms12345";
const char* host = "192.168.0.10";

void setup() {
  pinMode(Key_1,INPUT) ;
  pinMode(Key_2,INPUT) ;
  pinMode(Led_1,OUTPUT) ;
  pinMode(Led_2,OUTPUT) ;
  WiFi.begin(ssid, password);
  while (WiFi.status() != WL_CONNECTED) {
    delay(500);
    Serial.print(".");
  }
}
```

```
void loop() {
  char Rcv[100] ;
  WiFiClient client;
  const int Port = 1004;
  digitalWrite(Led_1,LOW) ;
  digitalWrite(Led_2,LOW) ;
  if(KeyCheck(Key_1)==1){
    if (!client.connect(host, Port)) {
      Serial.println("connection failed");
      return;
    }
    digitalWrite(Led_1,HIGH) ;
    digitalWrite(Led_2,HIGH) ;
    client.print("This is From Client");
    while(true){
      if(KeyCheck(Key_1)==1){
        sprintf(Rcv,"Key_1") ;
        client.print(Rcv) ;
      }
      if(KeyCheck(Key_2)==1){
        sprintf(Rcv,"Key_2") ;
        client.print(Rcv) ;
      }
      int Sze = client.available() ;
      if(Sze > 0) {
        client.read((byte *)Rcv,Sze) ;
        Rcv[Sze]=0 ;
        Parse(Rcv) ;
      }
    }
  }
}

void Parse(char* str){
  if(str[0] != 'K') return ;
  if(str[1] != 'e') return ;
  if(str[2] != 'y') return ;
  if(str[3] != '_') return ;
  if(str[4] == '1'){
```

```
      digitalWrite(Led_1,HIGH) ;
      digitalWrite(Led_2,LOW) ;
      return ;
    }
    if(str[4] == '2'){
      digitalWrite(Led_1,LOW) ;
      digitalWrite(Led_2,HIGH) ;
      return ;
    }
  }

int KeyCheck(int Key){
  long Pre, Now ;
  if(digitalRead(Key)==HIGH) return 0 ;
  Pre = millis() ;
  Now = 0 ;
  while(Now<100){
    if(digitalRead(Key)==LOW){
      Pre=millis() ;
      continue ;
    }
    Now = millis() ;
    Now -= Pre ;
  }
  return 1 ;
}
```

4.9 EEPROM

EEPROM은, Server의 IP, Port 번호와 같이, 전원에 관계없이 지속적으로 기억해야 하는 데이터를 저장할 때 사용되는 비휘발성 메모리이다. EEPROM에 저장된 데이터는 전원이 OFF 되어도 그 내용이 보존된다.

아두이노 UNO board에는 1 K-byte의 EEPROM이 내장되어 있으며, Write/Erase Cycles이 100,000이므로, 데이터를 기록하거나, 삭제하는 횟수는 100,000회까지 허용된다.

아두이노는 CPU 내부에 설치되어 있는 EEPROM 데이터를 관리하기 위하여, EEPROM Library를 제공하고 있다. EEPROM Library를 사용하려면, 헤더 파일 〈EEPROM.h〉를 include해야 하며, EEPROM의 library 함수들은, 함수의 앞에 Class 이름 "EEPROM."을 붙여서 사용해야 한다.

EEPROM Library에 정의되어 있는 함수의 Syntax는 다음과 같다.

1) read(address) ;

address는 데이터의 주소이다.
데이터를 1-byte 단위로 읽어 들이는 함수이다.
return 값은 1-byte의 데이터이다.

2) write(address,value) ;

address는 데이터의 주소이다.
데이터(value)를 1-byte 단위로 기록하는 함수이다.
value의 data type는 Byte이다.

3) update(address,value) ;

address는 데이터의 주소이다.
1-byte의 데이터(value)를 기록하는 함수라는 점에서는 write와 같지만, value의 값이, 기존에 보관되어 있는 값과 같으면, 기록을 하지 않는다. 따라서, EEPROM의 데이터 기록 횟수가 줄어들기 때문에 EEPROM의 수명이 길어지는 효과가 있다.

4) get(address,data) ;

address는 데이터의 주소이다.
read() 함수는 데이터를 1-byte 단위로 읽어 들이는데 비하여, get() 함수는 data를 읽기 전에, data의 type를 검사하여, 크기를 먼저 알고, data의 크기만큼 읽기 때문에, 데이터를 변수 단위로 읽는다는 점이 다르다. 예를 들면 data type가 integer이면 2-byte를 읽고, long은 4-byte를 읽는다. data가 구조체(struct)인 경우에는 구조체의 크기만큼 데이터를 읽어 들이기 때문에 1번에 읽어 들이는 크기가 몇 백 byte가 될 수도 있다. 읽어 들인 값은 data에 저장된다.

5) put(address,data) ;

address는 데이터의 주소이다.

write() 함수는 1-byte 단위로 기록하지만, put 함수는 data의 크기만큼 기록한다는 점이 다르다. data type가 int이면 2-byte, long이면 4-byte, 구조체이면 구조체의 크기만큼 기록하기 때문에 변수단위로 data를 기록할 수 있는 함수이다.

6) EEPROM[address] ;

EEPROM을 byte 단위의 array로 사용할 수 있도록 만든 기능이다.
프로그램에서 EEPROM 메모리를 byte array라 생각하고 사용할 수 있도록 만든 기능이다. 다음 프로그램을 생각해 보자.

```
byte dta =  EEPROM[3] ;
EEPROM[5] = (byte) 17 ;
```

위 문장이 실행되면 dta에는 EEPROM의 3번지에 있는 데이터가 수신되며, EEPROM의 5번지에는 17이 기록된다.

다음은 EEPROM에 데이터를 기록하고, 기록된 내용을 확인하기 위하여 작성한 프로그램이다. Write/Erase Cycles이 100,000회 이므로, 실질적으로 사용하는데 문제는 없지만, loop() 함수에서 -아무런 조건 없이- write 명령을 사용하면, loop의 반복 횟수만큼 EEPROM에 데이터가 write되기 때문에, 기록 허용 횟수를 넘길 수 있으므로 주의할 필요가 있다.

```
#include <EEPROM.h>                          // ………………… ❶
void setup() {
  Serial.begin(9600) ;
  char ch ='A' ;                             // ………………… ❷
  int  iDta = 123 ;
  long lDta = 1234567890 ;
  float fDta = 12.45 ;
  char str[] = "This is Sample String" ;

  EEPROM.put(0,ch) ;                         // ………………… ❸
  EEPROM.put(1,iDta) ;
  EEPROM.put(3,lDta) ;
  EEPROM.put(7,fDta) ;
```

```
  EEPROM.put(11,str) ;

  for(int i=100;i<110;++i){
    EEPROM.write(i,i%256) ;                    // ··················· ❹
  }
  for(int i=110;i<120;++i){
    EEPROM[i] = (byte)i%256 ;                  // ··················· ❺
  }
  char ch2 ;                                   // ··················· ❻
  EEPROM.get(0,ch2) ;
  Serial.println(ch2) ;
  int iDta2 ;
  EEPROM.get(1,iDta2) ;
  Serial.println(iDta2) ;
  long lDta2 ;
  EEPROM.get(3,lDta2) ;
  Serial.println(lDta2) ;
  float fDta2 ;
  EEPROM.get(7,fDta2) ;
  Serial.println(fDta2) ;
  char str2[sizeof(str)] ;                     // ··················· ❼
  EEPROM.get(11,str2) ;
  Serial.println(str2) ;

  for(int i=100;i<110;++i){
    byte bDta = EEPROM.read(i)  ;              // ··················· ❽
    Serial.println(bDta) ;
  }
  for(int i=110;i<120;++i){
    byte bDta = EEPROM[i]  ;                   // ··················· ❾
    Serial.println(bDta) ;
  }
}

void loop() {
}
```

❶ EEPROM library를 사용하려면 〈EEPROM.h〉를 include하여야 한다.

❷ char, int, long, float, String 변수를 만들고 초기화하였다.

❸ put 명령을 사용하여 데이터를 기록한다. 데이터의 크기는 put 명령에서 자동으로 결정한다.

❹ write 명령으로 10개의 데이터를 기록한다.
'%'는 모듈러 연산기호이다. 256으로 나누고 나머지 값을 선택한다.
Byte 데이터라야 하므로 기록하는 데이터 값이 0~255 사이의 값이 되도록 만든다.

❺ EEPROM을 byte array라 생각하고 데이터를 기록하는 예이다.

❻ get() 명령이므로 변수단위로 데이터를 읽어 들인다.

❼ sizeof() 함수는 str의 크기를 알기 위한 함수 이다. EEPROM에 기록되어 있는 str의 크기와 같은 크기가 되도록. str2의 크기를 결정한다.

❽ read() 함수를 이용하여 byte 단위로 읽는다.

❾ EEPROM을 byte array라 생각하고 데이터를 읽어 들이는 예이다.

4.10 External EEPROM

아두이노에 EEPROM이 내장되어 있지만, 개별 부품으로 사용되고 있는 EEPROM IC를 제어하는 방법도 알아두는 것이 좋다. At24C02는 I2C로 제어하도록 만들어진 256-Byte의 EEPROM Memory이다. At24C02를 관리하는 프로그램을 작성해 보자.

[그림 4.10.1] 회로는 EEPROM IC At24C02를 연결한 회로이다.

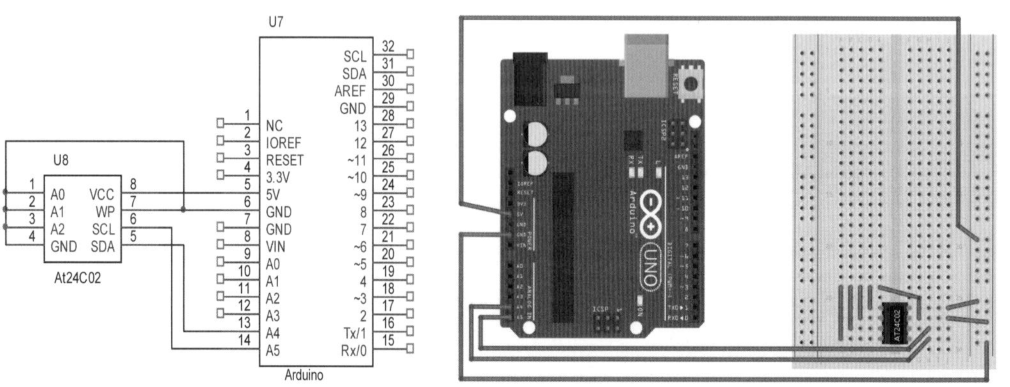

| 그림 4.10.1 | At24C02를 연결한 회로

[그림 4.10.1]의 회로에서 A_0, A_1, A_2(1,2,3번 pin)을 Ground에 연결하였기 때문에 At24C02의 Slave 주소는 80(0x50)이다.

[그림 4.10.2]는 Atmel 사에서 제공하는, At24C02 IC의 I2C 통신 데이터의 format이다.

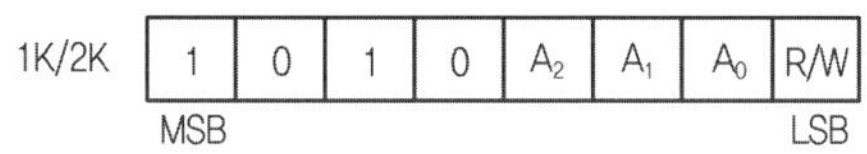

(a) At24C02의 Device Address

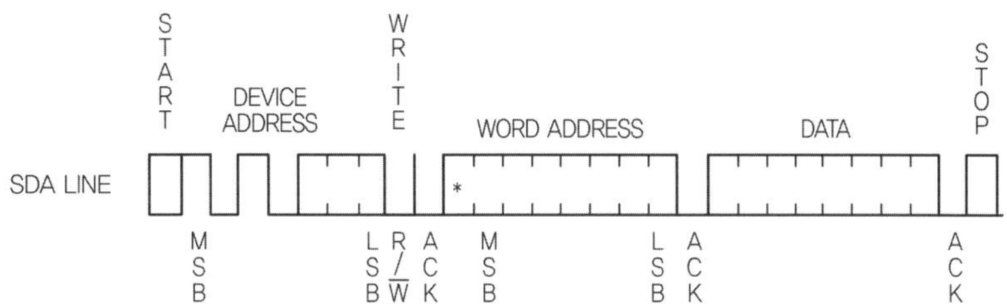

(b) At24C02의 Write format

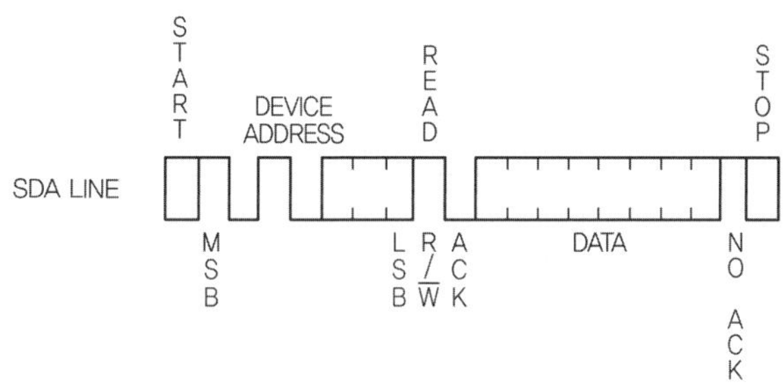

(c) At24C02의 Read format

| 그림 4.10.2 | At24C02의 통신 데이터 Format

[그림 4.10.2]를 기준으로 하면, Wire Library를 사용하여 At24C02를 제어하는 순서는 다음과 같다.

■ At24C02에 데이터를 저장하는 방법

① beginTransmission(80) ;를 실행하면 Slave(80)와 연결된다.

② 데이터를 기록할 EEPROM Memory address (1-Byte)를 전송한다.

③ 기록할 데이터를 전송한다. EEPROM에서 EEPROM 메모리에 데이터를 기록할 때 5 msec가 필요하다.

④ endTransmission() ;을 실행하여 통신을 종료한다.

■ At24C02의 데이터를 읽는 방법

① beginTransmission(80) ;를 실행하면 Slave(80)와 연결된다.

② 데이터를 기록할 EEPROM Memory address (1-Byte)를 전송한다.

③ endTransmission() ;을 실행하여 통신을 종료한다.

④ requestFrom(80,n) ;를 실행한다. n은 읽으려하는 데이터의 수

⑤ read() 명령을 n번 사용하여, 수신 Buffer에 저장되어 있는 데이터를 읽어 들인다.

At24C02에 데이터를 읽고 쓰는 실험을 해보자.

① 256개의 Random 데이터를 만든다.

② At24C02의 내부 메모리에 0번지부터 모두 저장한 다음,

③ At24C02의 메모리에 저장된 256개의 데이터를 다시 읽어 들이고

④ 그 값을 원본 데이터와 비교하는 프로그램을 작성하자.

실험 결과는 시리얼 모니터로 확인할 수 있도록 하였다.

```
#include <Wire.h>                                        // ..................... ❶
void setup() {
  Serial.begin(9600) ;
  Wire.setClock(400000) ;                                // ..................... ❷
  byte Dta[256] ;
  for(int i=0;i<256;++i) Dta[i]=random(256) ;           // ..................... ❸
  Wire.begin() ;                                         // ..................... ❹
  for(int i=0;i<256;++i){
    Wire.beginTransmission(80) ;                         // ..................... ❺
    Wire.write(i) ;                                      // ..................... ❻
    Wire.write(Dta[i]) ;                                 // ..................... ❼
    Wire.endTransmission() ;                             // ..................... ❽
    delay(5) ;                                           // ..................... ❾
  }
  byte bDta ;
  for(int i=0;i<256;++i){
      Wire.beginTransmission(80) ;                       // ..................... ❿
      Wire.write(i) ;                                    // ..................... ⓫
      Wire.endTransmission() ;                           // ..................... ⓬
      Wire.requestFrom(80,1) ;                           // ..................... ⓭
      delay(5) ;                                         // ..................... ⓮
```

```
        bDta=Wire.read() ;                                  // ………………… ⑮
        if(bDta == Dta[i]) Serial.print("Match : ") ;       // ………………… ⑯
        else{
          Serial.print(Dta[i]) ;
          Serial.print(" <> ") ;
        }
        Serial.println(bDta) ;
  }
}

void loop() {
}
```

❶ 〈Wire.h〉 file을 include하여야 한다.

❷ At24C02의 manual에 의하면 At24C02는 400kHz Compatible이므로 속도를 400kHz 으로 하였다.

❸ Random 데이터 256개를 만든다.

❹ 아두이노가 Master로 통신을 한다.

❺ Slave 80을 데이터 전송 목적으로 연결한다.

❻ EEPROM 내부 메모리의 주소를 전송한다.

❼ Random 데이터가 있는 Dta array의 데이터를 순서대로 전송한다.

❽ I2C 통신을 종료한다.

❾ At24C02가 수신한 데이터를 메모리에 기록하기 위한 시간이 필요하므로 잠시 대기한다(Manual에 의하면 Self-timed Write Cycle이 5 msec이다).

☑ 여기까지 At24C02의 메모리에 random 데이터를 기록하였다.

❿ Slave 80을 데이터 전송 목적으로 연결한다.

⓫ EEPROM 내부 메모리의 주소를 전송한다.

⓬ I2C 통신을 종료한다.

⓭ Slave 80을 데이터 수신 목적으로 연결한다. 수신하려는 데이터의 수는 1(1-Byte)이다.

⓮ At24C02의 데이터 처리 시간과 통신 시간이 필요하다.
잠시 대기한다.

⓯ I2C 수신 Buffer로부터 데이터를 읽는다.

⓰ 저장했던 데이터와 같은 값인지를 확인하고 시리얼 모니터로 데이터를 전송한다.

4.11 SD Memory

SD Memory는 대용량의 데이터를 저장할 수 있는 비휘발성 메모리이다.

일반적으로 SD Memory는 Disk Driver에 준하는 관리 방식을 채택하고 있기 때문에, 데이터의 입출력은 File 단위로 처리된다.

SD Library는 아두이노 Board에서, FAT32로 Format 되어 있는 SD Memory Card의 Directory와 File을 관리할 수 있도록 만들어진 Library이다. SD Library를 사용하여 SD Memory Card를 사용하려면, MicroSD Card Adapter(SPI Interface)가 필요하다. [그림 4.11.1]은 SD Memory Card를 연결한 회로이다.

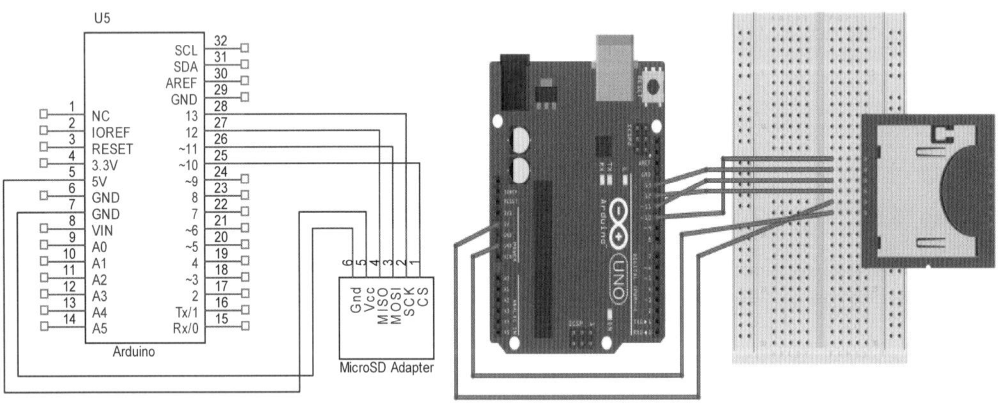

| 그림 4.11.1 | MicroSD Card Adapter를 연결한 회로

> Adapter Slave Pin은 다른 Port를 사용하여도 된다. 저자가 Test 프로그램에서 Port 10을 사용하였기 때문에 Port 10과 결선한 것뿐이다.

SD Library를 사용하려면 헤더 파일 〈SD.h〉를 include 해야 하며, SD Library에 정의되어 있는 함수를 사용하려면, 물리적으로 SD Card와 Interface를 해야 하며, SD Card와의 Interface는 SPI 통신을 사용하기 때문에 SPI Library가 필요하므로 〈SPI.H〉도 include해야 한다. 참고로 SD Library 내부에는 SD Class와 같이 연동해서 사용해야 하는 File Class도 정의 되어 있으며, Disk Driver 관리... 등의 목적을 구현하기 위한 Class도 정의되어 있다.

SD Memory를 관리하는 프로그램에서 File Class와 같이 특정 Class에 내장되어 있는 함수를 사용하려면, 함수를 사용하기 전에 그 함수를 내장하고 있는 Class의 Object를 먼저 생성하고 사용해야 한다. SD Library에서 제공하고 있는 함수의 Syntax는 다음과 같다. 다음의 명령은 Class 이름 **"SD."**을 앞에 붙여서 사용하여야 한다.

1) begin(cspin) ;

SD Memory Adapter와 물리적 interface 상태를 확인하는 명령이다.

- cspin : Adapter Slave pin과 결선되어 있는 Port의 번호이다.
- return : ture ; SD Memory를 사용할 준비가 되었음을 나타낸다.
  false : SD Memory가 준비 되어 있지 못함을 나타낸다.

2) exists(file이름) ;

SD Memory에 File 혹은 Directory의 존재를 확인하기 위한 명령.

- file이름 : file 혹은 Directory 이름
- return : ture ; SD Memory에 file 혹은 Directory가 있음을 나타낸다.
  false : SD Memory에 file 혹은 Directory가 없다는 뜻이다.

3) mkdir(Directory 이름) ;

SD Memory에 Directory를 생성하는 함수

- Directory 이름 : 새로 만들 Directory이름
- return : ture ; Directory가 생성 되었음을 나타낸다.
  false : Directory가 생성 되지 않았음.

4) open(filepath)

open(filepath, mode)

- filepath : File이름
  mode가 FILE_WRITE이 때는, File이 없으면 File을 생성한다.
- mode : FILE_READ : File을 Read하기 위하여 Open한다(default).
  FILE_WRITE: File을 Read/Write하기 위하여 Open한다.
- return : File Object
  File open 명령이 실패했으면 File Object 값은 false이다.

5) remove(filename) ;

file을 삭제할 때 사용한다.

- filename : 삭제할 file의 이름

▸ return : ture ; File이 삭제되었음.
false : File 삭제를 실패하였음.

6) rmdir(filename)

Directory를 삭제할 때 사용한다.

▸ filename : 삭제할 Directory의 이름

▸ return : ture ; Directory가 삭제되었음.
false : Directory 삭제를 실패하였음.

다음은 File Class에 내장되어 있는 함수이므로, Open 함수를 수행할 때 return되는 "File Object의 이름."을 앞에 붙여 사용해야 한다.

1) name() ;

file Object를 생성한 file의 이름을 알기 위한 명령이다.

▸ return : String type ; File Object를 생성한 File의 이름

2) Write(data) ;
Write(buf,len) ;

▸ data : file에 기록할 데이터 : byte, char, string(char *) 중 하나이다.

▸ buf : char array 혹은 byte array

▸ len : file에 기록해야 하는 데이터 수

▸ return : File에 기록된 데이터 수

3) print(data) ;
print(data, BASE) ;

▸ data : file에 기록할 데이터 : char, byte, int, long, string 모두 허용된다.

▸ BASE : 숫자를 기록하는 방법을 지정한다.

- BIN : print(78,BIN) → "1001110"을 기록한다(Binary).
- OCT : print(78,OCT) → "116"을 기록한다(Octal).
- DEC : print(78,DEC) → "78"을 기록한다(Dcimal).
- HEX : print(78,HEX) → "4E"를 기록한다(HEXA).

▸ return : 기록한 데이터의 수

4) println(data) ;
println(data, BASE) ;

print() 함수와 동일하지만 File에 데이터를 기록한 후, Editor에서 줄바꾸기 할 때 사용하는 문자, carriage return과 newline("₩r₩n")을 추가하여 기록한다.

- return : 기록한 데이터의 수

5) isDirectory();

File Object가 Directory의 Object가 될 수도 있으므로, Directory의 File Object 임을 확인하기 위하여 사용된다.

- rteturn : true : Directory의 Object이다.
  false : File의 Object이다.

6) flush();

직전에 file에 기록된 데이터가, file write buffer에 남아 있으면, buffer의 내용을 SD card에 모두 기록하고 write buffer를 비운다.

- return : none

7) close() ;

open되어 있는 file을 종료한다.

- return : none

8) size() ;

file의 크기를 알기 위하여 사용한다.

- return : (long) file의 크기

9) position() ;

file 내부에 데이터를 기록하거나, 읽는 동작을 할 때, file의 내부 위치를 나타내는 file pointer가 있으며, file을 읽거나 기록할 때는 file pointer를 기준으로 read 혹은 write가 이루어진다. position() 함수는 file pointer의 위치를 알기 위한 명령이다.

- return : file pointer의 위치

10) seek(pos) ;

file pointer의 위치를 변경할 때 사용하는 명령이다.

- pos : 0~file의 크기, 범위 내의 숫자
- return : 성공하였으면 true, 위치 변경에 실패하였으면 false

11) available() ;

file의 크기가 아니다. file은 file pointer를 사용하여 다음 읽을 데이터의 위치를 기억하고 있다. available() 함수는 file pointer로 시작하여 file의 마지막 위치 사이에서 읽을 수 있는 데이터의 수이다. open 명령 직후이면 file의 크기이다.

file write 명령 실행 중에는 file pointer가 항상 file의 끝을 지시하고 있으므로 0이 return된다. file의 크기를 알려면 seek(0) ;를 실행한 다음 available() 명령을 실행하여야 한다.

- return : 데이터의 수

12) read() ;

file에서 1-byte의 데이터를 읽어온다(file pointer위치의 데이터).

- return : 1-byte의 file 데이터(File의 끝이면 -1을 return)

read(buf, len) ;

- buf : char 혹은 byte array
- len : 읽어올 데이터의 수
- return : file로부터 읽어 들인 데이터의 수(-1 read error)

13) peek()

File로부터 1-byte의 데이터를 읽지만 file pointer는 변경 되지 않는다. read()로 읽을 데이터를 미리 알 수 있는 명령이다.

- return : file 데이터

14) openNextFile() ;

File Object를 생성한 file 다음에 있는 다른 File을 open하는 함수

- return : 다음 file의 File Object, 없으면 false를 return한다.

15) rewindDirectory() ;

File의 순서를 처음으로 돌린다.

- return : none

다음은 SD Library를 사용하여 프로그램을 작성한 예이다. 프로그램은 여러 가지 종류의 data type를 기록하고 읽어 들이는 방법을 보여주기 위한 예제이며,

① SD Memory에 “Test.txt” file을 생성하고,

② 생성한 file에 char, String, long, float 등 여러 가지 종류의 data를 기록한 다음,
③ "Test.txt" file을 다시 읽어서 시리얼 모니터로 전송하도록 하였다.

```
#include <SPI.h>
#include <SD.h>
#define CS  10                                        // .................... ❶

Sd2Card card;
void setup() {
  String FileName = "Test.txt"  ;                     // .................... ❷
  Serial.begin(9600) ;
  pinMode(CS,OUTPUT) ;                                // .................... ❸
  bool Tst = SD.begin(CS) ;                           // .................... ❹
  if(Tst==false){
    Serial.println("SD not exist!!!") ;
    while(1) ;
  }
  if(SD.exists(FileName)==true){                      // .................... ❺
    SD.remove(FileName) ;                             // .................... ❻
    Serial.println("delete "+FileName) ;
  }
  File fileObject = SD.open(FileName,FILE_WRITE) ;    // .................... ❼
  fileObject.write('a') ;                             // .................... ❽
  fileObject.println("bcdef") ;                       // .................... ❾
  long lDta = 1234567890 ;
  fileObject.print(lDta) ;                            // .................... ❿
  fileObject.println(",1234567890") ;
  float fDta = 1.23 ;
  fileObject.println(fDta) ;                          // .................... ⓫
  String str ="Sample Text" ;
  fileObject.println(str) ;                           // .................... ⓬
  fileObject.flush() ;                                // .................... ⓭
  fileObject.close() ;                                // .................... ⓮

  File RdObj = SD.open(FileName) ;                    // .................... ⓯
  char ch = RdObj.read() ;                            // .................... ⓰
  Serial.println(ch) ;
  char cbuf[5] ;
  RdObj.read(cbuf,5) ;                                // .................... ⓱
```

```
    Serial.print(cbuf) ;
    long Sze = RdObj.available() ;                       // ..................... ⓲
    char sbuf[Sze] ;
    RdObj.read(sbuf,Sze) ;                               // ..................... ⓳
    Serial.print(sbuf) ;
    Serial.println() ;
    Serial.println("=================================") ;
    RdObj.seek(0) ;                                      // ..................... ⓴
    Sze = RdObj.size() ;                                 // ..................... ㉑
    Serial.print("File Size : ") ;
    Serial.println(Sze) ;
    char tsrt[Sze+1] ;
    int pos = 0 ;
    while(true){                                         // ..................... ㉒
      ch = RdObj.read() ;
      if(ch==-1) break ;
      tsrt[pos]=ch ;
      pos++ ;
    }
    tsrt[Sze]=0 ;
    Serial.println(tsrt) ;
    RdObj.close() ;                                      // ..................... ㉓
}
void loop() {
}
```

❶ SD Memory Adapter의 CS pin은 Port 10번에 연결되어 있다.
❷ Test를 하는 File name은 "Test.txt"이다.
❸ Digital Out를 하려면 CS pin은 OUTPUT로 설정하여야 한다.
❹ SD Card를 확인한다.
❺ SD Memory 내부에 File이 존재하는지 여부를 확인한다.
❻ File을 삭제한다.
❼ File을 write 모드로 open한다.
❽ char 데이터를 File에 기록한다.
❾ String 데이터를 File에 기록한다.
❿ long 데이터를 File에 기록한다.
⓫ float 데이터를 File에 기록한다.

⑫ String 변수에 ("₩r₩n")을 추가한 데이터를 File에 기록한다.
⑬ File의 write buffer를 정리한다.
⑭ File을 close한다.
⑮ File을 read mode로 open한다.
⑯ char 데이터(1-byte)를 읽어 들인다.
⑰ buffer read의 예이다.
⑱ File로부터 현재 상태에서 읽을 수 있는 데이터의 크기를 알아낸다.
⑲ 나머지 데이터를 모두 읽어 들인다.
⑳ File의 Pointer를 file의 첫 번째 위치로 옮긴다.
㉑ File의 크기를 알아낸다.
㉒ File를 읽어 들인다.
㉓ File을 close한다.

4.11.1 Text file Write

SD Memory의 Text File에 데이터를 기록하려면 다음 순서로 명령을 실행하여야 한다.

① 아드이노와 SD memory를 연결해야 한다.
② file의 존재 여부를 확인한다.
새로운 데이터 file을 만들려면 file을 삭제하여야 한다.
file에 새로운 데이터를 추가하려면 file을 삭제하지 않는다.
③ FILE_WRITE 모드로 File을 open 하면서 File Object를 생성한다.
④ write, print, println 함수를 사용하여 데이터를 기록한다.
⑤ flush 명령을 사용하여 File Write Buffer를 clear한다.
⑥ file을 close한다.

다음은 File에 데이터를 기록하는 예이다.

```
#include <SPI.h>
#include <SD.h>
#define CS  10                                  // ..................... ❶
void setup() {
  Serial.begin(9600) ;
  pinMode(CS,OUTPUT) ;                          // ..................... ❷
```

```
  bool Tst = SD.begin(CS) ;                          // ..................... ❸
  if(Tst==false){
    Serial.println("SD not exist!!!") ;
    while(1) ;
  }
  if(SD.exists("Test.txt")==true){                   // ..................... ❹
    SD.remove("Test.txt") ;                          // ..................... ❺
  }
  File fileObject = SD.open("Test.txt",FILE_WRITE) ; // ..................... ❻
  fileObject.write('a') ;                            // ..................... ❼
  fileObject.write("bcdef") ;                        // ..................... ❽
  String stra = "ghijklmn" ;
  fileObject.print(stra) ;                           // ..................... ❾
  String strb = "opqrstuvwxyz" ;
  fileObject.println(strb) ;                         // ..................... ❿
  long lDta = 1234567890 ;
  fileObject.println(lDta) ;                         // ..................... ⓫
  float fDta = 1.23 ;
  fileObject.println(fDta) ;                         // ..................... ⓬
  fileObject.flush() ;                               // ..................... ⓭
  fileObject.close() ;                               // ..................... ⓮
  Serial.println("Test.txt File을 생성하였음") ;
}
void loop() {
}
```

❶ SD Memory Adapter의 CS pin은 Port 10번에 연결되어 있다.

❷ CS pin은 OUTPUT로 설정되어야 한다.

❸ SD memory와 연결한다.

❹ "Test.txt" file의 존재 여부를 확인한다.

❺ "Test.txt" file이 있으면 file을 삭제한다.
이 명령을 실행하지 않고 데이터를 기록하면, file에 기록되는 새로운 데이터는 file의 마지막에 append(추가)된다.

❻ "Test.txt" file을 write 모드로 open한다.

❼ write 명령으로 char 데이터(1-byte)를 기록한다.

❽ write 명령으로 String Data를 기록한다.

❾ print 명령으로 String Data를 기록한다.
❿ print 명령으로 String Data를 기록하기 때문에 String의 마지막에 ("₩r₩n")가 추가한 다음 데이터를 기록한다.
⓫ long data를 text로 바꾸어서 기록한다.
⓬ float data를 text로 바꾸어서 기록한다.
⓭ File write Buffer를 clear한다.
⓮ File을 close한다.

4.11.2 Text file Read

SD Memory의 Text File에서 데이터를 읽으려면 다음 순서로 명령을 실행하여야 한다.
① 아드이노와 SD memory를 연결해야 한다.
② FILE_READ 모드로 File을 open하면서 File Object를 생성한다.
default이므로 option을 사용하지 않고 open하여도 마찬가지이다.
file이 없으면 file Object 값은 false이다.
③ read 함수 등을 사용하여 데이터를 읽는다.
④ file을 close한다.

다음은 Text file을 읽는 예이다.

앞부분에서는 Text 데이터를 char 단위로 읽거나, Buffer를 사용하여 읽어 들이는 방법을 보였고, 뒷부분에서 String 단위로 Text 데이터를 읽어 들이는 방법을 보여주고 있다.

```
#include <SPI.h>
#include <SD.h>
#define CS  10                                    // ..................... ❶
void setup() {
  Serlal.begln(9600) ;
  pinMode(CS,OUTPUT) ;                            // ..................... ❷
  bool Tst = SD.begin(CS) ;                       // ..................... ❸
  if(Tst==false){
    Serial.println("SD not exist!!!") ;
    while(1) ;
  }
  File fileObject = SD.open("Test.txt") ;         // ..................... ❹
```

```
  if(fileObject==false){
    Serial.println("File이 없습니다") ;
    while(true) ;
  }
  char ch = fileObject.read() ;                      // ..................... ❺
  Serial.println(ch) ;
  char cbuf[11] ;
  int len = fileObject.read(cbuf,10) ;               // ..................... ❻
  cbuf[len]=0 ;                                      // ..................... ❼
  Serial.println(cbuf) ;
  long Sze = fileObject.available() ;                // ..................... ❽
  char sbuf[Sze+1] ;                                 // ..................... ❾
  len = fileObject.read(sbuf,Sze) ;                  // ..................... ❿
  sbuf[len]=0 ;
  Serial.println(sbuf) ;
  Serial.println("String Read ========================") ;
  fileObject.seek(0) ;                               // ..................... ⓫
  String Txt ;
  while (true){
    Txt = fileObject.readString() ;                  // ..................... ⓬
    if(Txt=="") break ;
    Serial.println(Txt) ;
  }
  Serial.println("Read All ============================") ;
  fileObject.seek(0) ;
  Txt ="" ;
  while(true){
    char cdta = fileObject.read() ;                  // ..................... ⓭
    if(cdta==-1) break ;                             // ..................... ⓮
    Txt += cdta ;                                    // ..................... ⓯
  }
  if(sizeof(Txt)>0) Serial.println(Txt) ;
  fileObject.close() ;                               // ..................... ⓰
}
void loop() {
}
```

❶ SD Memory Adapter의 CS pin은 Port 10번에 연결되어 있다.

❷ CS pin은 OUTPUT로 설정되어야 한다.

❸ SD memory와 연결한다.
❹ "Test.txt" file을 open 한다. option이 없으므로 Read mode이다.
 open할 때 fiile이 없으면 file Object는 false이다.
❺ char 단위(1-byte)로 읽는다.
❻ 10-bytc의 char 데이터를 읽는다.
❼ char String은 마지막에 0가 있어야 String의 끝임을 알 수 있다.
❽ file에서 나머지 읽을 수 있는 데이터의 크기를 알아낸다.
❾ char String은 String의 종료를 알리기 위한 마지막 1-byte가 필요하므로 크기를 Sze+1로 하였다.
❿ file에 남아있는 나머지 데이터를 모두 읽는다.
⓫ file의 pointer를 처음 위치로 옮긴다.
⓬ 데이터를 String 단위로 읽어 들인다.
⓭ char 단위(1-byte)로 데이터를 읽는다.
⓮ 수신할 데이터가 없으면 -1을 return 하므로, -1을 수신하면 while 루틴을 벗어난다.
⓯ 읽어들인 char 데이터를 Txt String에 추가한다.
⓰ file을 종료한다.

4.11.3 binary File write

SD Memory의 binary File에 데이터를 기록하려면 다음 순서로 명령을 실행해야 한다.

① 아드이노와 SD memory를 연결해야 한다.
② file의 존재 여부를 확인한다.
 새로운 데이터 file을 만들려면 file을 삭제하여야 한다.
 file에 새로운 데이터를 추가하려면 file을 삭제하지 않는다.
③ FILE_WRITE 모드로 File을 open 하면서 File Object를 생성한다.
④ write, print, println 등의 함수를 사용하여 데이터를 기록한다.
⑤ flush 명령을 사용하여 File Write Buffer를 clear한다.
⑥ file을 close한다.

다음은 binary 데이터와 integer, float 데이터 array를 Test.bin에 기록하는 프로그램의 예이다.

```
#include <SPI.h>
#include <SD.h>
#define CS  10                                              // ..................... ❶
void setup() {
  Serial.begin(9600) ;
  pinMode(CS,OUTPUT) ;                                      // ..................... ❷
  bool Tst = SD.begin(CS) ;                                 // ..................... ❸
  if(Tst==false){
    Serial.println("SD not exist!!!") ;
    while(1) ;
  }
  if(SD.exists("Test.bin")==true){                          // ..................... ❹
    SD.remove("Test.bin") ;                                 // ..................... ❺
  }
  File fileObject = SD.open("Test.bin",FILE_WRITE) ;        // ..................... ❻
  byte bDta[10] ;                                           // ..................... ❼
  for(int i=0;i<10;++i) bDta[i]=i ;
  int len = fileObject.write(bDta,10) ;                     // ..................... ❽
  SndSize(len) ;                                            // ..................... ❾
  int iDta[10] ;                                            // ..................... ❿
  for(int i=0;i<10;++i) iDta[i]=i ;
  byte* Pt = (byte *)iDta ;                                 // ..................... ⓫
  len = fileObject.write(Pt,sizeof(iDta)) ;                 // ..................... ⓬
  SndSize(len) ;
  float fDta[10] ;                                          // ..................... ⓭
  for(int i=0;i<10;++i) fDta[i] = i/100.0 ;
  Pt = (byte *)fDta ;                                       // ..................... ⓮
  len = fileObject.write(Pt,sizeof(fDta)) ;                 // ..................... ⓯
  SndSize(len) ;
  len = fileObject.size() ;                                 // ..................... ⓰
  Serial.print("생성된 File의 크기 : ") ;
  Serial.println(len) ;
  fileObject.flush() ;                                      // ..................... ⓱
  fileObject.close() ;                                      // ..................... ⓲
}
void loop() {
}
void SndSize(long Sze){
```

```
    Serial.print("기록한 데이터의 수 : ") ;
    Serial.println(Sze) ;
}
```

❶ SD Memory Adapter의 CS pin은 Port 10번에 연결되어 있다.
❷ CS pin은 OUTPUT로 설정되어야 한다.
❸ SD memory와 연결한다.
❹ "Test.bin" file의 존재 여부를 확인한다.
❺ "Test.bin" file이 있으면 file을 삭제한다. 이 명령을 실행하지 않고 데이터를 기록하면, file에 기록되는 새로운 데이터는 file의 마지막에 append(추가)된다.
❻ "Test.bin" file을 write 모드로 open한다.
❼ 10개의 데이터를 가지고 있는 bDta array를 만든다.
❽ bDta array를 write 명령으로 file에 저장한다.
❾ file에 저장한 데이터의 개수를 시리얼 모니터로 전송한다.
❿ 10개의 데이터를 가지고 있는 integer array를 만든다.
⓫ byte Pointer Pt가 iDta를 point하도록 만든다.
⓬ write 명령으로 iDta array를 file에 저장한다.
sizeof(iDta)는 iDta의 크기를 byte 단위로 산정한 값을 return한다.
⓭ 10개의 데이터를 가지고 있는 float array를 만든다.
⓮ byte Pointer Pt가 fDta를 point하도록 만든다.
⓯ write 명령으로 fDta array를 file에 저장한다.
sizeof(fDta)는 fDta의 크기를 byte 단위로 산정한 값을 return한다.
⓰ Test.bin file의 크기를 알아낸다.
⓱ file의 write buffer를 clear한다.
⓲ file Object를 close한다.

4.11.4 binary File Read

SD Memory의 Binary File에서 데이터를 읽으면 다음순서로 명령을 실행한다.

① 아두이노와 SD memory를 연결해야 한다.

② FILE_READ 모드로 File을 open하면서 File Object를 생성한다.
default이므로 option을 사용하지 않고 open하여도 마찬가지이다.
file이 없으면 file Object 값은 false이다.

③ read 함수 등을 사용하여 데이터를 읽는다.

④ file을 close한다.

앞에서 생성한 Test.bin file에는 임의의 binary 데이터 10개, integer 데이터 10개, float 데이터 10개가 기록되어 있다. Test.bin file을 읽어서 데이터를 복원하는 프로그램을 작성한 예이다.

```
#include <SPI.h>
#include <SD.h>
#define CS  10                                              // ..................... ❶
void setup() {
  Serial.begin(9600) ;
  pinMode(CS,OUTPUT) ;                                      // ..................... ❷
  bool Tst = SD.begin(CS) ;                                 // ..................... ❸
  if(Tst==false){
    Serial.println("SD not exist!!!") ;
    while(1) ;
  }
  File fileObject = SD.open("Test.bin") ;                   // ..................... ❹
  if(fileObject==false){
    Serial.println("File이 없습니다") ;
    while(true) ;
  }
  byte bDta[10] ;                                           // ..................... ❺
  fileObject.read(bDta,10) ;                                // ..................... ❻
  int iDta[10] ;                                            // ..................... ❼
  byte *Pt = (byte *)iDta ;                                 // ..................... ❽
  fileObject.read(Pt,10*sizeof(int)) ;                      // ..................... ❾
  Serial.println("복원된 10개의 integer array") ;
  for(int i=0;i<10;++i) Serial.println(iDta[i]) ;           // ..................... ❿
  float fDta[10] ;                                          // ..................... ⓫
  Pt = (byte *)fDta ;                                       // ..................... ⓬
  fileObject.read(Pt,10*sizeof(float)) ;                    // ..................... ⓭
  Serial.println("복원된 10개의 float array") ;
  for(int i=0;i<10;++i) Serial.println(fDta[i]) ;           // ..................... ⓮
  fileObject.close() ;                                      // ..................... ⓯
}
void loop() {
```

```
}
void SndSize(long Sze){
  Serial.print("수신한 데이터의 수 : ") ;
  Serial.println(Sze) ;
}
```

❶ SD Memory Adapter의 CS pin은 Port 10번에 연결되어 있다.

❷ CS pin은 OUTPUT로 설정되어야 한다.

❸ SD memory와 연결한다.

❹ "Test.txt" file을 open한다. option이 없으므로 Read mode이다. open할 때 file이 없으면 file Object는 false이다.

❺ file로부터 읽은 byte 데이터를 저장할 bDta[10] array를 만든다.

❻ 10-byte의 데이터를 읽어서 bDta에 저장한다.

❼ file로부터 읽은 integer 데이터를 저장할 iDta[10] array를 만든다.

❽ byte Pointer가 iDta를 point하도록 만든다.

❾ file에서 10개의 integer 데이터를 읽어서 iDta에 저장한다.
10*sizeof(int)는 integer 데이터 10개의 크기다.

❿ 읽어 들인 integer 데이터를 시리얼 모니터로 확인한다.

⓫ file로부터 읽은 float 데이터를 저장할 fDta[10] array를 만든다.

⓬ byte Pointer가 fDta를 point하도록 만든다.

⓭ file에서 10개의 float 데이터를 읽어서 fDta에 저장한다.
10*sizeof(float)는 float 데이터 10개의 크기다.

⓮ 읽어들인 float 데이터를 시리얼 모니터로 확인한다.

⓯ fileObject를 close한다.

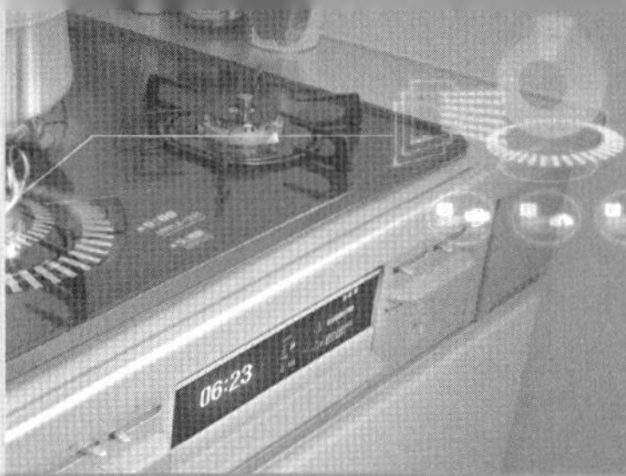

Chapter

05

Bit 제어

이 책은 비전공자도 대상으로 하고 있기 때문에, 명령어 편에서는 –Binary, Hexa 등에 대한 개념이 불확실한 독자들을 고려하여– 디지털 신호의 입출력을 처리할 때 필요한 정도의, 기본적인 Bit 제어까지는 가능하도록 서술하였다. 하지만 –실무적인 관점으로 보면– Binary, Hexa에 대한 개념이 불확실하면, digital Hardware의 제어에는 한계가 있으므로, Binary, Hexa에 대한 개념과 Bit 연산 방법 등을 다시 정리할 필요가 있다. 따지고 보면 앞에서 이용한 SD Memory, I2C 통신, SPI 통신 등 거의 대부분의 Library는, Bit 제어 기법을 응용하여 제작한 프로그램이며, 아두이노 자체도 결국은 Bit 제어를 위한 프로그램에 불과하므로, Bit 제어에 익숙해지면, 누구나 작성할 수 있는 프로그램이라고 생각하고 있다. 물론 그보다 훨씬 상위 레벨의 OS들은 Bit 제어만으로 해결되지 않는다.

데이터베이스, 구조론, OS, Network, 다중제어....등 아직 갈길이 멀기만하다. 하지만 아두이노는 C++언어의 기본 개념만을 사용하고 있는 OS(?)에 불과하기 때문에, 그렇게 많은 지식이 필요 하지는 않는다.

저자는, 개인적으로, Firmware 프로그램의 기법 중, 가장 중요한 기법이 Bit 제어 기법이라 생각하고 있으며, 실무적인 관점으로 보면 대단히 많은 장비와 부품들이 1–Wire, I2C, SPI 등으로 통신을 하면서, 변형된 통신 방법을 채택하고 있기 때문에 Bit 제어 기법이 필요하다고 생각하여, 내용이 많지 않지만 독자들에게 Bit 제어 기법의 중요성을 환기시키기 위하여, Bit 제어 기법을 3장에 포함시키지 않고 별도의 장으로 배치하였다.

Bit 제어로 처리해야 하는 경우는 1–Wire 통신은 말할 것 없고, 3장에 서 소개한 TM1637도 매뉴얼을 보면 I2C와 비슷하지만 같지는 않다고 언급하고 있다. 이와 같이 실무적으로 I2C, SPI 통신에서 변형된 방법들이 많이 사용되기 때문에, 저자는 Bit 제어 기법을 사용하여 I2C, SPI 통신 구현하는 예제를 채택하여 Bit 제어 기법을 소개하였다.

5.1 Decimal, Hexa, Binary

[Table 5.1.1]은 10진수와 Hexa, Binary 데이터의 표현을 비교한 것이다.

10진수	Hexa	Binary
0	0x00	0000
1	0x01	0001
2	0x02	0010
3	0x03	0011
4	0x04	0100
5	0x05	0101
6	0x06	0110
7	0x07	0111
8	0x08	1000
9	0x09	1001
10	0x0A	1010
11	0x0B	1011
12	0x0C	1100
13	0x0D	1101
14	0x0E	1110
15	0x0F	1111

| Table 5.1.1 | 숫자의 10진수, Hexa, Binary 표현

[Table 5.1.1]의 Hexa는 16진수를 나타내며, Hexa 표현에서 A,B,C,D,E,F는 10,11,12,13,14,15를 표현하기 위하여 도입한 영문자이다. Binary는 2진수 데이터이므로 0과 1만으로 표현된다.

하드웨어를 제어할 때, Binary 데이터가 자주 사용되고 있기 때문에, Binary 데이터와 Binary 데이터 연산자에 익숙해지는 것이 필요하다.

[Table 5.1.2]는 Bit 연산자를 정리한 Table이다.

연산자	의미	사용 예
&	Bit 단위로 and 연산을 한다.	d = 3 & 2 ; → 0011 & 0010 = 0010 ∴ d = 0x02 = 2
<<	데이터의 모든 Bit를 좌측으로 shift한다.	d = 3 << 2 ; → 0011 << 2 → 1100 ∴ d = 0x0c = 12
>>	데이터의 모든 Bit를 우측으로 shift한다.	d = 4 >> 2 ; → 0100 >>2 → 0001 ∴ d = 0x01 = 1
^	Bit 단위로 xor 연산을 한다.	d = 7 ^ 2 ; → 0111 ^ 0010 = 0101 ∴ d = 0x05 = 5
|	Bit 단위로 or 연산을 한다.	d = 4 | 2 ; → 0100 | 0010 → 0110 ∴ d = 6
~	데이터의 모든 Bit를 1 → 0, 0 → 1으로 변경한다.	d = ~4 → ~0100 → 1011 ∴ d = 0x0b = 11

| Table 5.1.2 | 숫치의 표현과 Bit 연산자.

다음은 firmware에서 자주 사용되는 Bit 연산 방법의 예이다.

1) byte Dta = (1<< 7) | (2 << 3) ;
   a) 1<<7 은 00000001을 좌측으로 7번 shift하면 10000000가 된다.
   b) 2<<3 은 00000010을 좌측으로 3번 shift하면 00010000이 된다.
   c) '|'는 or 연산이므로 a)의 결과와 b)의 결과를 or 연산을 하면
      10010000 = 0x90 = 144가 된다.

2) 14, 9, 7, 4번 Bit가 1인 integer 데이터 iDta를 만들면 다음과 같다.
   int iDta = (1<<14) | (1<<9) | (1<<7) | (1<<4) ;
   참고) 연산 결과가 16-Bit이므로 모든 연산은 16-Bit로 연산한다.
      1<<14는 0100,0000,0000,0000이고, (0부터 14번째 bit)
      1<<9 는 0000,0010,0000,0000이고, (0부터 9번째 bit)
      1<<7 은 0000,0000,1000,0000이고, (0부터 7번째 bit)
      1<<4 는 0000,0000,0001,0000이다. (0부터 4번째 bit)
      따라서 위의 값을 모두 or 연산을 하면 결과는 다음과 같다.
      iDta = 0100,0010,1001,0000 = 0x4290 = 17040 이다.

3) 다음은 24-Bit의 데이터를 8-Bit 데이터로 분해하고, 다시 재조립하는 예이다.

```
long LDta = 0x123456 ;          // 0x123456
byte LSB = LDta & 0xFF ;        // 0x56
```

```
byte Mid  = (LDta >> 8) & 0xFF ;  // 0x34
byte MSB = (LDta >> 16) & 0xFF ;  // 0x12
long NDta= LSB  + (Mid << 8) + (MSB << 16) ;   // 0x123456
```

4) 다음은 24-Bit 데이터의 보수를 만드는 예이다.

```
long LDta = 0x123456 ;              // 0x123456
long CDta = ~LDta ;                 // 0xFFEDCBA9
```

* long은 4-Byte이기 때문에 앞에 1-Byte(8-bIt)가 추가된다.

* 0x123456 = 0000 0000 0001 0010 0011 0100 0101 0110

* 0xFFEDCBA9 = 1111 1111 1110 1101 1100 1011 1010 1001

5) 다음은 24-Bit의 데이터에서 Bit 17만 0로 만드는 예이다.

```
long LDta = 0x123456 ;              // 0x123456
long BDta = LDta & (~(1<<17)) ;     // 0x103456
```

* ~(1<<17)은 17번 Bit만 0인 데이터의 보수이므로 17번 Bit만 0인 데이터가 된다.

5.2 I2C 통신 예

[그림 5.2.1]은 I2C 통신 파형이다.

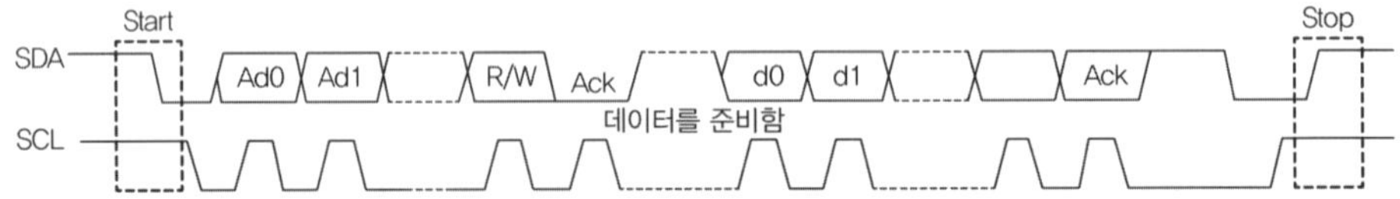

| 그림 5.2.1 | I2C 입출력 파형

[그림 5.2.1]의 파형을 분석해 보면

① Start 신호는 SCL이 HIGH일 때 SDA가 먼저 LOW가 되고, 뒤이어 SCL이 LOW가 된다.

② 데이터의 입출력 방법은 SDA에 데이터 Bit의 값(LOW 혹은 HIGH)를 출력한 다음, SCL에 pulse를 방출하는 방법이다.

③ 데이터는 원칙적으로 8-Bit 단위로 출력 된다.

④ 첫 번째 데이터는 상위 7-Bit는 I2C Slave의 Address이다.
⑤ 8번째 Bit(R/W)가 HIGH이면, 데이터 수신 명령이고, LOW이면 데이터 송신 명령이 된다.
⑥ 8-Bit의 데이터가 전송될 때마다 수신측에서 Ack 신호를 방출한다.
⑦ ACK를 수신한 다음 SCL이 LOW인 상태에서 SDA가 HIGH가 된다.
⑧ SDA가 다시 LOW가 될 때 까지 대기 시간을 갖는다.
⑨ 마지막 데이터를 출력한 다음에는 STOP신호를 방출한다.
⑩ STOP 신호는 SCL이 LOW인 상태일 때 SDA가 HIGH로 변환한 다음, SCL이 HIGH가 된다.

5.2.1 MCP7425와의 통신 제어

통신 편에서 I2C의 예제로 사용한 Mcp7425의 프로그램을 Bit 제어 방법으로 프로그램을 작성해 보자. [그림 4.2.3]을 참고하여 Mcp7425의 통신 데이터 format을 분석하면

① Start 신호를 전송한다.
② Mcp 7425의 Address와 Write signal을 포함하여 0xC0을 전송한다.
③ 최상위에 있는 4-Bit가 0인 16-Bit의 데이터를 2번째와 3번째 데이터로 전송한다.
④ 3번에서 전송한 2-Byte의 데이터를 다시 전송한다.
⑤ Stop 신호를 전송한다.

분석한 결과를 이용하여 프로그램을 작성하면 다음과 같다.
Hardware는 [그림 4.2.4]의 회로를 사용하였다.

```
#define SDA A4
#define SCL A5
void setup() {
  Serial.begin(9600) ;
  pinMode(A4,OUTPUT) ;
  pinMode(A5,OUTPUT) ;
}

void loop() {
```

```
    for(int i=0;i<4096;++i){                    // ..................... ❶
      WriteMcp7425(i) ;                         // ..................... ❷
      delay(2) ;
    }
    for(int i=4095;i>0;--i){                    // ..................... ❸
      WriteMcp7425(i) ;
      delay(2) ;
    }
}

void WriteMcp7425(int i){                       // ..................... ❹
    byte bDta ;
    Start_MCP7425() ;                           // ..................... ❺
    SetWrite() ;                                // ..................... ❻
    bDta = highByte(i) ;                        // ..................... ❼
    WriteByte(bDta) ;                           // ..................... ❽
    bDta = lowByte(i) ;                         // ..................... ❾
    WriteByte(bDta) ;
    bDta = highByte(i) ;                        // ..................... ❿
    WriteByte(bDta) ;
    bDta = lowByte(i) ;
    WriteByte(bDta) ;
    Stop_MCP7425() ;                            // ..................... ⓫
}

void Start_MCP7425(){                           // ..................... ⓬
  digitalWrite(SDA,HIGH) ;
  digitalWrite(SCL,HIGH) ;
  digitalWrite(SDA,LOW) ;
  digitalWrite(SCL,LOW) ;
}

void Stop_MCP7425(){                            // ..................... ⓭
  digitalWrite(SDA,LOW) ;
  digitalWrite(SCL,LOW) ;
  digitalWrite(SCL,HIGH) ;
  digitalWrite(SDA,HIGH) ;
}

void SetWrite(){                                // ..................... ⓮
```

```
    byte Adr = 0xc0 ;
    for(int i=7;i>=0;--i){
        digitalWrite(SDA,bitRead(Adr,i)) ;
        digitalWrite(SCL,HIGH) ;
        digitalWrite(SCL,LOW) ;
    }
    digitalWrite(SCL,HIGH) ;
    digitalWrite(SCL,LOW) ;
}

byte WriteByte(byte Snd){                         // ..................... ⓯
    for(int i=7;i>=0;--i){
        digitalWrite(SDA,bitRead(Snd,i)) ;
        digitalWrite(SCL,HIGH) ;
        digitalWrite(SCL,LOW) ;
    }
    digitalWrite(SCL,HIGH) ;
    digitalWrite(SCL,LOW) ;
}
```

❶ integer i(16-Bit)의 값을 서서히 증가시키면서 MCP7425의 D/A 값을 전송한다.
❷ MCP에 16-bIt 데이터 (상위 4-Bit의 값은 0이다)를 MCP4725로 전송한다.
❸ integer i(16-Bit)의 값을 서서히 감소시키면서 MCP7425의 D/A 값을 전송한다.
❹ MCP4725로 16-Bit의 데이터를 전송하는 함수이다.
❺ I2C 통신 Port로 Start 신호를 방출한다.
❻ MCP4725와 I2C연결을 하는 함수이다(Address와 Write-Bit전송).
❼ 16-Bit데이터에서 상위 Byte 값을 추출한다.
❽ 1-Byte의 데이터를 I2C Line으로 전송한다.
❾ 16-Bit 데이터에서 하위 Byte를 추출한다.
❿ 16-Bit의 데이터를 I2C Line의로 재전송한다.
⓫ I2C Line으로 Stop 신호를 방출한다.
⓬ Start 신호를 방출하는 함수이다.
⓭ Stop 신호를 방출하는 함수이다.
⓮ MCP7425의 Address와 Writet-Bit를 조합하면 0xC0이다.
0xC0을 I2C Line으로 방출하는 함수이다.
⓯ 1-byte 데이터를 I2C Line으로 방출하는 함수이다.

5.2.2 At24C02와의 통신 제어

MCP7425 IC는 I2C Line으로 데이터를 전송하는 예제로서는 좋지만 데이터를 수신하는 방법은 사용되지 않고 있다.

I2C Line으로 데이터를 송수신하는 방법을 실험해 보려면 External EEPROM에서 사용한 AT24C02가 좋은 예이다.

Wire Library에 의존하지 않고, Bit제어 방식으로 I2C 통신을 구현해 보자.

Bit 제어 방식으로 I2C 통신을 구현하려면 조금 귀찮은 문제가 있다.

SDA Line은 출력 Port로 사용되지만, 입력 Port로도 사용하기 때문이다. 따라서 Bit 제어 방식으로 I2C를 시뮬레이션하려면, Port의 pinMode를 INPUT 혹은 OUTPUT로 바꾸어 가며 사용할 수밖에 없다는 점이다.

Bit 제어 방법으로 I2C 통신 프로그램을 작성하려면 [그림 5.2.1]의 데이터 Bit 파형과 [그림 4.10.2]의 데이터 구조를 생각하면서 작성하여야 한다. 처음에는 힘들지만 몇 번 해보면 생각보다 어렵지는 않다. Bit 제어를 이용하여 At24C02에 데이터를 저장하는 프로그램을 작성해 보자. I2C 통신은

① Start와 Stop 신호가 필요하며,

② 데이터 전송 방법은 SDA에 데이터 값을 먼저 출력한 다음

③ On-Off 펄스를 인가하는 방식이며,

④ 데이터 송수신 과정에서 ACK 신호가 발생한다는 점을 염두에 두고 프로그램을 작성하여야 한다.

다음은 At24C02에 256개의 Random Data를 Write한 다음, At24C02의 memory를 다시 읽고, 기록한 데이터와 같은지를 확인하는 프로그램이다.

Hardware는 [그림 4.10.1]의 회로를 사용하였다.

```
#define SDA A4                                          // ..................... ❶
#define SCL A5
void setup() {
  Serial.begin(9600) ;
  pinMode(A4,OUTPUT) ;                                  // ..................... ❷
  pinMode(A5,OUTPUT) ;
  byte bDta[256] ;
  for(int i=0;i<256;++i) bDta[i]=random(256) ;          // ..................... ❸
```

```
  for(int i=0;i<256;++i){
    Write24C02(i,bDta[i]) ;                              // ..................... ❹
    delay(5) ;                                           // ..................... ❺
  }
  for(int i=0;i<256;++i){
    byte Dta = Read24C02(i) ;                            // ..................... ❻
    if(Dta == bDta[i]) Serial.print("March : ") ;        // ..................... ❼
    else{
      Serial.print(bDta[i]) ;
      Serial.print(" <> ") ;
    }
    Serial.println(Dta) ;
  }
}
void Write24C02(byte Adr, byte Dta){                     // ..................... ❽
  Start_24C02() ;
  SetWrite() ;
  WriteByte(Adr) ;
  WriteByte(Dta) ;
  Stop_24C02() ;
}
byte Read24C02(byte Adr){                                // ..................... ❾
  Start_24C02() ;
  SetWrite() ;
  WriteByte(Adr) ;
  Stop_24C02() ;
  Start_24C02() ;
  SetRead() ;
  byte Ret = ReadByte() ;
  Stop_24C02() ;
  return Ret ;
}
void Start_24C02(){                                      // ..................... ❿
  digitalWrite(SDA,HIGH) ;
  digitalWrite(SCL,HIGH) ;
  digitalWrite(SDA,LOW) ;
  digitalWrite(SCL,LOW) ;
}
void Stop_24C02(){                                       // ..................... ⓫
  digitalWrite(SDA,LOW) ;
```

```
    digitalWrite(SCL,LOW) ;
    digitalWrite(SCL,HIGH) ;
    digitalWrite(SDA,HIGH) ;
}
void SetWrite(){                                    // ..................... ⓬
    byte Adr = 0xA0 ;                               // ..................... ⓭
    for(int i=7;i>=0;--i){
        digitalWrite(SDA,bitRead(Adr,i)) ;          // ..................... ⓮
        digitalWrite(SCL,HIGH) ;                    // ..................... ⓯
        digitalWrite(SCL,LOW) ;
    }
    digitalWrite(SCL,HIGH) ;                        // ..................... ⓰
    digitalWrite(SCL,LOW) ;
}
void SetRead(){                                     // ..................... ⓱
    byte Adr = 0xA1 ;                               // ..................... ⓲
    for(int i=7;i>=0;--i){
        digitalWrite(SDA,bitRead(Adr,i)) ;
        digitalWrite(SCL,HIGH) ;
        digitalWrite(SCL,LOW) ;
    }
    digitalWrite(SCL,HIGH) ;
    digitalWrite(SCL,LOW) ;
}
byte WriteByte(byte Snd){                           // ..................... ⓳
    for(int i=7;i>=0;--i){
        digitalWrite(SDA,bitRead(Snd,i)) ;
        digitalWrite(SCL,HIGH) ;
        digitalWrite(SCL,LOW) ;
    }
    digitalWrite(SCL,HIGH) ;
    digitalWrite(SCL,LOW) ;
}
byte ReadByte(){                                    // ..................... ⓴
    byte Rcv =0 ;
    pinMode(SDA,INPUT_PULLUP) ;                     // ..................... ㉑
    for(int i=0;i<8;++i){
        digitalWrite(SCL,HIGH) ;                    // ..................... ㉒
        Rcv= Rcv<<1 ;                               // ..................... ㉓
        Rcv += digitalRead(SDA) ;
```

```
      digitalWrite(SCL,LOW) ;
    }
    pinMode(SDA,OUTPUT) ;                                   // ..................... ㉔
    return Rcv ;
}
void loop() {
}
```

❶ A4, A5 Port는 Analog Port지만 pinMode()로 변경하면 digital Port로 사용할 수 있다.
❷ A4, A5 Port를 digital Out Port로 설정한다.
❸ 256개의 random Data를 만든다.
❹ At24C02에 byte 데이터를 기록한다.
❺ At24C02의 manual에 의하면, 전송된 데이터를 메모리에 기록하는 데 필요한 시간이 최대 5 msec이다.
❻ At24C02의 memory 데이터를 읽는다.
❼ 수신한 값을 기록했던 데이터와 비교한다.
❽ At24C02에 데이터를 기록하는 함수
❾ At24C02로부터 데이터를 읽는 함수
❿ I2C Start 신호를 방출하는 함수
⓫ I2C Stop 신호를 방출하는 함수
⓬ I2C 통신을 Write mode로 Open하는 함수
⓭ Device address는 (0x50<<1) + write(0) bit = 0xA0이다.
⓮ Read Mode로 Device address 전송
⓯ SCL Pulse 방출
⓰ Ack 신호를 수신하기 위한 Pulse 방출(Ack 신호를 수신하지는 않았다.)
⓱ I2C를 Read mode로 하고 device address를 전송하는 함수
⓲ Device address(0x50<<1) + Reade(1) bit = 0xA1 전송
⓳ I2C로 8 Bit 전송하는 함수
⓴ I2C에서 8-Bit를 읽는 함수
㉑ 데이터를 수신하려면 Port를 input mode로 변경하여야 한다.
㉒ SCL을 High로 한다.
㉓ SCL이 High일 때 데이터를 수신하기 위하여 1-Bit Shift Left를 한 다음 데이터를 수신한다.
㉔ Pin mode를 다시 출력으로 변환한다.

5.3 SPI 통신 예

5.3.1 MCP3008과의 통신 제어

Bit 제어 방식으로 SPI 통신을 구현해 보자.

4.3절에서 SPI Library를 이용하여 MCP3008의 A/D 변환 값을 읽어 들였다. SPI Library를 사용하여 작성한 프로그램과 동일한 Hardware를 사용하며 기능도 같은 프로그램을 작성해 보자.

MCP3008의 Time Chart는 [그림 4.3.4]와 같다.

MCP3008의 CH0를 single ended로 읽어야 하므로, Time Chart에 의하면

① MOSI로 출력해야 하는 데이터는 0x010fff (f : dummy)이다,

② MISO로 수신되는 3-byte 데이터에서 하위10 Bit가 A/D 값이다.

③ 데이터 Bit의 입출력은 rising edge가 발생할 때, 출력 Bit 값을 설정하고, falling edge가 발생할 때 입력 Bit를 읽어 들인다.

④ 24-Bit를 출력하여야 하므로, 출력하는 데이터 Bit는 23번 Bit부터 0번 Bit까지 이다.

하드웨어는 4.3.5)를 사용하였다.

다음은 작성된 프로그램이다.

```
#define  LED_1  5
#define  MOSI   11                              // ..................... ❶
#define  MISO   12
#define  SCK    13
#define  SS      9
void setup() {
  pinMode(LED_1,OUTPUT) ;                       // ..................... ❷
  pinMode(MOSI,OUTPUT) ;
  pinMode(MISO,INPUT) ;
  pinMode(SCK,OUTPUT) ;
  pinMode(SS,OUTPUT) ;
}
void loop() {
  unsigned long Dta ;
```

```
    unsigned long ChkBit ;
    unsigned long Rcv ;
    digitalWrite(SCK,HIGH) ;
    digitalWrite(SS,LOW) ;
    Dta = 0x10fff ;                                          // ………………… ❸
    ChkBit = 0x800000 ;                                      // ………………… ❹
    Rcv = 0 ;
    for(int i=0;i<24;++i){                                   // ………………… ❺
      digitalWrite(SCK,HIGH) ;                               // ………………… ❻
      if((Dta & ChkBit)==0) digitalWrite(MOSI,LOW) ;         // ………………… ❼
      else digitalWrite(MOSI,HIGH) ;
      digitalWrite(SCK,LOW) ;                                // ………………… ❽
      Rcv = Rcv<<1 ;                                         // ………………… ❾
      Rcv += digitalRead(MISO) ;                             // ………………… ❿
      ChkBit = ChkBit >> 1 ;                                 // ………………… ⓫
    }
    digitalWrite(SS,HIGH) ;
    Rcv = Rcv & 0x3ff ;                                      // ………………… ⓬
    Rcv /= 4 ;                                               // ………………… ⓭
    analogWrite(LED_1,Rcv) ;                                 // ………………… ⓮
    delay(1000) ;
}
```

❶ Port의 이름을 SPI 통신 Port와 같이 하였다.(소스를 읽기 쉽게 만든다.)

❷ MOSI, SCK, SS, KED_1 Port는 출력, MISO는 입력으로 설정하였다.

❸ MOSI Port로 출력할 데이터 값을 Dta에 설정하였다.

❹ Dta의 Bit값을 검사하기 위하여, ChkBit 값을 지정하였다.
0x800000은 23번 Bit만 1이고 나머지 Bit는 모두 0인 값이다.

❺ Dta의 23번째 Bit부터 0번째 Bit까지를 모두 출력하려면 24번의 loop가 필요하다.

❻ SCK 출력이 High가 되도록 하였다.

❼ SCK가 High가 되었을 때 Dta의 Bit 값을 검출하여 MOSI로 출력한다. ChkBit는 1-Bit만 1이고 나머지는 모두 0인 데이터이다. 따라서 & 연산으로 ChkBit가 1인 위치의 Dta Bit값을 검출할 수 있다.

❽ SCK 출력이 Low가 되도록 하였다.

❾ MISO 데이터를 입력하기 위하여 RCV 값을 좌측으로 1-Bit Shift한다. 이전에 수신하였던 Bit가 RCV에 저장되어 있으므로. 새로운 Bit를 수신하기 위하여, 이전에 수신하였던 Bit를 모두 좌측으로 이동해야 한다.

⑩ SCK가 Low이므로 MISO의 입력값은 유효한 데이터이다.
digitalRead() 함수는 LOW이면 0, HIGH이면 1을 return한다.
따라서 MISO의 입력을 RCV에 더하여, RCV의 LSB 값이 된다.
⑪ 다음 Bit를 검사하기 위하여 ChkBit를 우측으로 Shift한다. 예를 들면 23번 Bit가 1이었으면, 이 명령이 실행된 이후는 22번 Bit만 1이고 나머지 Bit는 모두 0이 된다.
⑫ MCP3008의 A/D 값은 10-Bit만 유효하다.
⑬ analogWrite() 함수는 8-Bit만 지원하므로 4를 나누어서 8-Bit 데이터로 만든다.
⑭ LED_1으로 데이터 값을 출력한다.

Chapter

06

사물인터넷과 관련된 센서와 모듈

사물인터넷을 한마디로 정의하는 것은 어렵겠지만, 센서와 통신을 이용하여 정보를 교환하고, 상황에 따라 대응하는 능력이 포함되는 것만은 분명해 보인다.

6장에서는 사물인터넷을 구성하기 위한 센서와 모듈을 소개하기 위하여 마련하였다.

저자가 6장에서 소개하는 센서와 모듈은 시중에 판매되고 있는 사물인터넷 관련 서적과 아두이노, 라즈베리파이 등의 서적 내용을 참고로 하여, 필요하다고 생각되는 소자와 모듈을 정리하였으며, 배우는 과정이라 생각하였기 때문에 센서 혹은 모듈의 선택 기준은 정밀도에 두지 않고, 독자들의 하드웨어적인 부담이 작은 쪽을 선택 하였다.

6장에서 소개하는 센서와 모듈은 다음과 같다(온습도 센서 등 앞에서 소개한 센서와 모듈은 6장에서 제외 하였다.).

1. Buzzer
2. I2C LCD
3. RTC
4. 조도 센서
5. 진동 센서
6. 동작 감지 센서
7. 근접 센서
8. 온도 센서
9. 화염 감지 센서
10. 자이로 센서
11. 초음파 센서
12. DC 모터
13. 서버 모터
14. Step 모터

6.1 Buzzer

구형파 신호를 생성할 때는 tone() 함수를 사용 하는 것이 편리하다.

tone() 함수와 PWM과 다른 점은, tone() 함수는 duty 비가 50%인 pulse 신호만 생성한다는 것이다.

duty비란 Pulse의 ON시간을 Pulse의 주기로 나눈 값을 말한다, [그림 2.22.1]에서 첫 번째 펄스는 ON 시간이 192이고, 주기가 256이므로, duty 비는 $\frac{192}{256} \times 100 = 75\%$이고 2번째 펄스는 ON 사간이 64이므로 duty 비는 $\frac{64}{256} \times 100 = 25\%$이다.

duty 비가 50%라는 말은 ON time과 OFF time이 같다는 뜻이다.

tone() 함수의 Syntax는 다음과 같다.

```
tone(pin 번호, 주파수) ;
tone(pin 번호, 주파수, 신호 발생 기간) ;
```

- pin 번호 : 구형파 신호를 출력하는 Port 번호
- 주파수 : 출력 되는 구형파 신호의 주파수
- 신호 발생 기간 : 구형파 신호를 출력하는 시간, msec 단위이며, 한 예로 3000이면, 3 sec동안만 구형파를 발생한다.

tone 명령으로 만들어지는 신호 주파수의 최솟값은 31Hz이다. tone 명령은 한번에 1개의 Port로만 출력할 수 있다. 동시에 2개 이상의 Port에 tone() 명령이 실행되도록 할 수는 없다.

tone() 함수는 한번 호출되면 “신호 발생기간”이 주어지거나, noTone() 함수가 호출되지 않는 한 구형파를 계속 출력한다.

noTone() 함수의 Syntax는 다음과 같다.

```
noTone(pin 번호) ;
```

tone() 함수를 사용하여 Piezo Buzzer를 구동시켜 보자.

상용으로 출시되고 있는 Piezo Buzzer는, 내부에 발진회로를 가지고 있기 때문에 전원만 가하면 소리가나는 Buzzer가 있고, 발진회로를 가지고 있지 않는 Buzzer 2가지가 있다.

프로그램의 실험은 발진회로가 없는 Buzzer 사용하도록 구상하였지만, 단순 실험에 불과 하므로, 손 가까이에 있는 Buzzer 중 어느 것을 사용하여도 문제가 되지는 않는다. 기본 주파수를 가지고 있어도 주파수가 혼합되면 소리가 달라지기 때문이다. 저자가 실험에 사용한 회로는 [그림 6.1.1]과 같다. 저자가 실험한 Buzzer는 ALP12PCT(발진회로 없는 형), HNC1205A(빌진회로 내장형)이다.

회로에서 Buzzer와 병렬로 연결한 2KOhm 저항은 발진회로가 있는 Buzzer와 발진회로를 가지고 있지 않는 Buzzer, 어느 것을 사용하여도 전류 흐름을 제어할 수 있도록 하려는 목적으로 사용하였다.

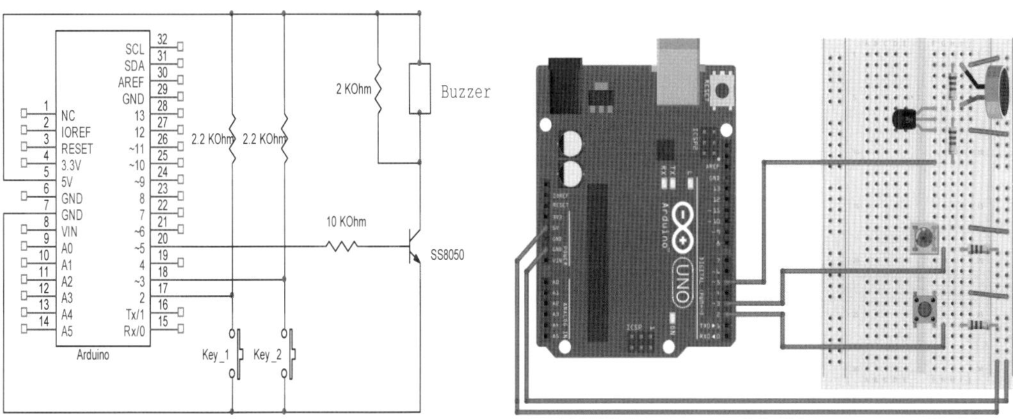

| 그림 6.1.1 | Buzzer 회로

Key_1과 Key_2를 구분하기 위하여 Key를 눌렀을 때 서로 다른 음이 나오도록 프로그램을 작성하자.

Key_1과 Key_2를 눌렀을 때, tone()의 주파수를 다르게 하면 음이 달라진다. Key가 많아지면 주파수를 세분화하여 여러 가지 주파수를 사용하여도 되지만, piezo가 허용하는 주파수 범위 안에서 선택하여야 한다.

```
#define Key_1 2
#define Key_2 3
#define Da0    5
#define LowTone 4000
#define HighTone 5000
void setup() {
  pinMode(Key_1,INPUT) ;
```

```
    pinMode(Key_2,INPUT) ;
    pinMode(Da0,OUTPUT) ;
}
void loop() {
    if(digitalRead(Key_1) == LOW){
        tone(Da0,LowTone) ;
        delay(100) ;
    }
    if(digitalRead(Key_2) == LOW){
        tone(Da0,HighTone) ;
        delay(100) ;
    }
    noTone(Da0) ;
}
```

6.2 I2C LCD

Text LCD는 숫자뿐 아니라 문자도 표현할 수 있기 때문에, Hardware의 상태 혹은 측정 데이터 값을 Display하는 방법으로 사용되고 있다.

I2C LCD는 Text LCD에 I2C interface hardware를 추가하여 만들어진 LCD 모듈이며, LiquidCrystal_I2C Library를 사용하여 제어할 수 있다.

LiquidCrystal_I2C Library는 아두이노 Library에 옵션으로 등록되어 있기 때문에, LiquidCrystal_I2C Library를 활성화하면 사용할 수 있다.

LiquidCrystal_I2C Library를 활성화 하려면 아두이노의 메뉴에서 "스케치"→"라이브러리 포함하기"→"라이브러리 관리"를 선택하면 "라이브러리 매니저" 화면이 생성된다.

"라이브러리 매니저"에서 LiquidCrystal I2C Library를 찾아서 설치를 하면 아두이노 IDE에 LiquidCrystal_I2C Library가 등록된다.

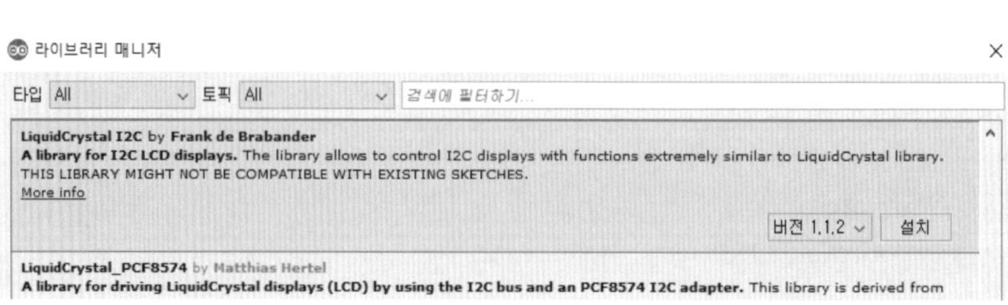

저자는 LiquidCrystal I2C Library Ver 1.1.2를 사용하였다.
LiquidCrystal_I2C Library에서 제공하는 함수의 Syntax는 다음과 같다.

1) LiquidCrystal_I2C Object이름(I2C address, Column 수, Row 수);

LiquidCrystal_I2C의 Object를 생성하는 함수이다.

- Object이름 : 사용자가 정의하는 Object이름이다. LiquidCrystal_I2C Library에서 제공하는 함수는 앞에 "Object이름."을 붙여서 사용하여야 한다.
- Column 수 : 1 줄에 표시할 수 있는 최대 문자의 개수
- Row 수 : 문장을 표시할 수 있는 줄(Row)의 개수이다.(2줄 혹은 4줄)
- return : none

☑ 참고로 Text LCD는 16글자 2줄을 사용하는 것이 많지만, 4줄 LCD도 있고, 한 줄에 기록할 수 있는 글자 수가 16글자가 아닌 LCD도 있다.

2) init();

LiquidCrystal_I2C Object를 초기화하는 함수이다. LCD 제어를 시작하기 전 실행되어야 한다.

- return : none

3) backlight();

backlight를 On하는 함수이다(LCD 배경에 불이 들어온다).

- return : none

4) noBacklight();

backlight를 Off하는 함수이다.

- return : none

5) display();

LCD 화면에 문자를 표시한다(default).

- return : none

6) noDisplay();

LCD 화면에 문자를 표시하지 않는다.

- return : none

7) clear() ;

화면의 모든 문자를 지우고, Cursor의 위치는 좌측 상단으로 한다.

- return : none

8) cursor();

LCD 화면에 Cursor가 보이도록 한다.

- return : none

9) noCursor();

LCD 화면에 Cursor가 보이지 않도록 한다(default).

- return : none

10) setCursor(x,y);

Cursor의 위치를 변경한다.

- x : Cursor의 x 좌표(0부터 시작한다.)
- y : Cursor의 y 좌표(0부터 시작한다.)
- return : none

11) home();

Cursor의 위치를 좌측 최상단으로 한다(setCursor(0,0)과 등가이다).

- return : none

12) blink() ;

Cursor 위치의 문자를 깜박이도록 한다.

- return : none

13) noBlink() ;

blink를 하지 않는다(default).

- return : none

14) scrollDisplayLeft();

LCD 화면의 모든 문자를 왼쪽으로 1 글자만큼 이동한다.

- return : none

15) scrollDisplayRight();

LCD 화면의 모든 문자를 오른쪽으로 1 글자만큼 이동한다.

- return : none

16) write(ch) ;

character ch를 Cursor 위치에 display한다.

- ch : 문자(char) 혹은 문자의 Code 값(byte)('A' 혹은 0x41)
- return : none

17) print(string) ;

print(value) ;

string을 Cursor 위치에 display한다.

- string : LCD에 display할 문자열
- value : LCD에 display할 숫자 혹은 변수
- return : none

사용할 Hardware는 [그림 6.2.1]과 같다.

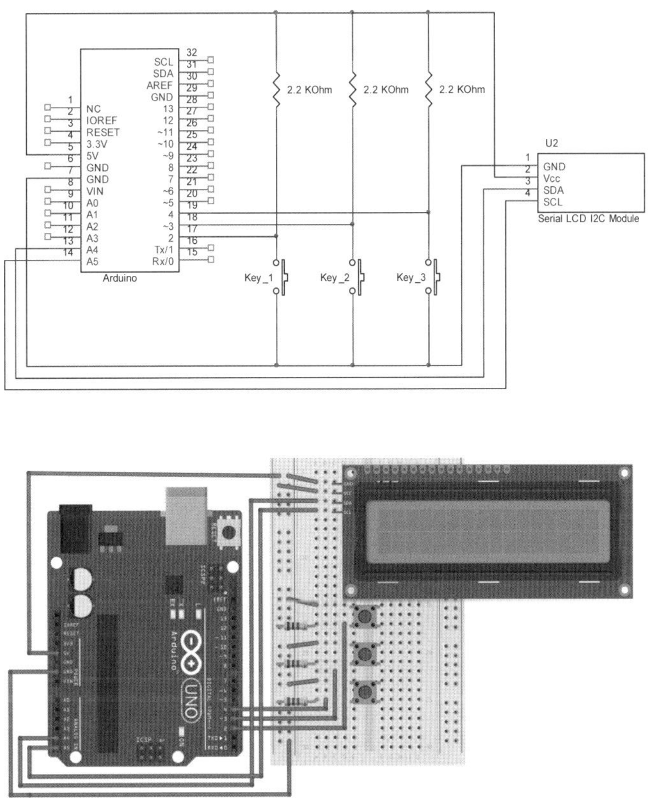

| 그림 6.2.1 | Serial LCD I2C Module을 사용한 회로

LiquidCrystal_I2C Library는 아두이노 Port A4를 SDA Port로 사용하며, A5 Port를 SCL Port로 사용한다.

Serial LCD I2C Module은 3개의 jumper(A0,A1,A2)를 사용하여, 0x20~0x27 범위에 있는 8개의 주소중 하나를 I2C address로 사용할 수 있으며, default 값은 0x27이다.

어떤 사건이 발생한 횟수를 LCD 화면에 표시하는 프로그램을 작성하자.

여기서 사건이란 문을 여닫는 횟수, 생산되는 제품의 개수... 등 다양한 사건을 생각할 수 있지만, 여기서는 Key 누르는 횟수를 LCD에 표시하는 프로그램을 작성해 보자.

작성할 프로그램의 조건은 다음과 같다.

① Key_1을 누르는 횟수는 상단에 표시한다.

② Key_2를 누르는 횟수는 하단에 표시한다.

③ Key_3을 누르면 Key_1과 Key_2를 누른 횟수를 Clear(0)한다.

3개의 Key를 동시에 Polling하면, Key의 횟수가 누락될 수 있으므로 Key_1과 Key_2는 interrupt를 이용하여 제어하기로 한다.

작성한 프로그램은 다음과 같다.

```
#include <LiquidCrystal_I2C.h>                          // ..................... ❶
#define Key_1 2                                         // ..................... ❷
#define Key_2 3
#define Key_3 4
LiquidCrystal_I2C lcd(0x27,16,2);                       // ..................... ❸
int Hit_1, Hit_2 ;
int Cnt_1, Cnt_2 ;
void setup()
{
  pinMode(Key_1,INPUT) ;                                // ..................... ❹
  pinMode(Key_2,INPUT) ;
  pinMode(Key_3,INPUT) ;
  lcd.init(0x27,16,2);                                  // ..................... ❺
  Hit_1 = Hit_2 = Cnt_1=Cnt_2=0 ;
  attachInterrupt(digitalPinToInterrupt(Key_1), K1_Hit, FALLING);
                                                        // ..................... ❻
  attachInterrupt(digitalPinToInterrupt(Key_2), K2_Hit, FALLING);
  interrupts() ;                                        // ..................... ❼
  lcd.clear();                                          // ..................... ❽
  lcd.setCursor(0,0);                                   // ..................... ❾
```

```
  lcd.print("Key 1 Hit : 0");                 // ·················· ❿
  lcd.setCursor(0,1);                         // ·················· ⓫
  lcd.print("Key 2 Hit : 0");
}

void loop()
{
  if(Cnt_1 != 0){                             // ·················· ⓬
    Hit_1 += Cnt_1 ;
    Cnt_1 = 0 ;
    lcd.setCursor(12,0);                      // ·················· ⓭
    lcd.print(Hit_1);                         // ·················· ⓮
  }
  if(Cnt_2 != 0){                             // ·················· ⓯
    Hit_2 += Cnt_2 ;
    Cnt_2 = 0 ;
    lcd.setCursor(12,1);
    lcd.print(Hit_2);
  }
  if(digitalRead(Key_3)==LOW){                // ·················· ⓰
    Hit_1=Hit_2=0 ;
    lcd.setCursor(12,0);
    lcd.print("0      ");
    lcd.setCursor(12,1);
    lcd.print("0      ");
    delay(200) ;
  }
}

void K1_Hit(){                                // ·················· ⓱
  noInterrupts();                             // ·················· ⓲
  while(digitalRead(Key_1)==LOW){             // ·················· ⓳
    delay(300) ;                              // ·················· ⓴
  }
  Cnt_1++ ;                                   // ·················· ㉑
  delay(300) ;
  interrupts();                               // ·················· ㉒
}

void K2_Hit(){                                // ·················· ㉓
```

```
    noInterrupts();
    while(digitalRead(Key_2)==LOW){
      delay(300) ;
    }
    Cnt_2++ ;
    delay(300) ;
    interrupts();
}
```

❶ LiquidCrystal_I2C Library 헤더를 include한다.
❷ Key_1, Key_2, Key_3 Port를 정의한다.
❸ LiquidCrystal_I2C Object를 생성한다.
❹ Key_1, Key_2, Key_3 Port를 Input Port로 설정한다.
❺ lcd Object를 초기화한다.
❻ 2,3,번 Port를 Hardware interrupt Port로 설정한다.
❼ interrupt을 enable한다.
❽ LCD 화면을 모두 지운다.
❾ Cursor의 위치를 첫 번째 줄 첫 번째 행(좌측 상단)으로 한다.
❿ LCD에 "Key 1 Hit : 0"를 display한다.
⓫ Cursor의 위치를 2번째 줄 첫 번째 열로 한다.
⓬ Cnt_1의 값은 Key_1 interrupt가 발생한 횟수이므로 Cnt_1의 값이 0이 아니면 Hit_1의 값을 수정하고 LCD에 표시되는 값도 변경한다.
⓭ Hit_1의 값을 표시할 위치로 Cursor를 이동한다.
⓮ Hit_1의 값을 display한다.
⓯ Cnt_2의 값은 Key_2 interrupt이 발생한 횟수이므로 Cnt_2의 값이 0이 아니면 Hit_2의 값을 수정하고 LCD에 표시되는 값도 변경한다.
⓰ Key_3는 polling한다. Key_3를 눌렀는지 검사한다.
⓱ Key_1 Key에 의한 interrupt이 발생하면 처리되는 함수
⓲ 사용자는 Key를 1번만 눌렀어도 Chattering 때문에, Hardware에서는 Key를 여러 번 누른 것처럼 신호가 들어오므로, 추가로 입력되는 Interrupt을 막기 위하여 일단 interrupt을 중단 한다.
⓳ Key_1이 open 되었음을 확인한다.
⓴ Chattering을 피하려면 대기 시간이 필요하다. 사용자가 사용하는 Key의 종류에 따라 값을 수정할 필요가 있다. 값이 클수록 Chattering을 막기가 좋지만 , 대신 반응속

도가 늦어진다.
㉑ Chattering을 피하기 위한 대기 시간이다.
㉒ interrupt를 다시 enable 되도록 한다.
㉓ Key_2 Key에 의한 interrupt이 발생하면 처리되는 함수

6.3 날짜 시간 관리- RTC : DS1302

RTC는 외부 전원이 차단된 상태에서도 내부전원을 이용하여 현재 시간을 유지할 수 있는 기능을 가지고 있으므로, 날짜, 시간 등을 관리해야 할 때 사용하는 장치이다.

DS1302 모듈은 시계 역할을 하는 Timer를 운영하고 있으며, Timer는 2100년까지의 달력을 가지고 있는 RTC 모듈이고, 보조적인 데이터를 보관할 수 있는 31-byte의 RAM을 가지고 있다.

참고로 고려할 사항은 RTC모듈은 자체적인 전원을 가지고 있기 때문에, 31 Byte의 Ram은 비휘발성 데이터처럼 사용할 수 있다는 점이다.

아두이노 DS1302 Library는 "https://github.com/msparks/arduino-ds1302"에서 구할 수 있다.

DS1302 Library는 DS1302 Class가 정의되어 있지만, 시간 데이터를 관리하기 위하여 보조적인 수단으로 Time Class도 정의되어 있다.

DS1302 Library에서는 날짜와 시간 값을 기록하거나, 읽어 들이는 함수는 Time Class에 정의되어 있는 property(변수)를 사용하도록 하고 있다.

DS1302 Library에서 날짜와 시간을 관리를 위하여, Time Class에 정의되어 있는 Property(변수)는 다음과 같다.

① yr : int : 연(year)을 나타내는 값이다(2000~2099).
② mon : byte : 월(month)를 나타내는 값이다(1~12).
③ date : byte : 날짜(date)를 나타내는 값이다(1~31).
④ day : byte : 요일(day of the week)을 나타내는 값이다(1~7).
　1: Sunday, 2: Monday, 3: Tuesday, 4: Wednesday,
　5: Thursday, 6: Friday, 7: Saturday
⑤ hr : byte : 시간(hour)를 나타내는 값이다(0~23).

⑥ min : byte : 분(minute)를 나타내는 값이다(0~59).

⑦ sec : byte : 초(second)를 나타내는 값이다(0~59).

* DS1302에서 숫자를 표현하는 방법은 10진수 2자리를 10자리 숫자와 단자리 숫자로 구분한 다음 상위 nibble(4-Bit)에 10자리를 표현하고 하위 nibble에 단자리 숫자를 표현하는 방법을 사용한다. 25는 Hexa로 표현하면 0x19지만, DS1302에서는 0x25로 표현한다.

DS1302 Library에서 제공하는 함수의 Syntax는 다음과 같다.

1) DS1302 Object이름(Enable_pin, IO_pin, SCL_pin);

DS1302 Object를 생성하는 함수이다.

- Object이름 : 사용자가 정의하는 Object이름이다.
  DS1302 Library에서 제공하는 함수는 앞에 "Object이름."을 붙여서 사용하여야 한다.
- Enable_pin : DS1302의 $\overline{RST}$ Pin과 연결하는 Port 번호
- IO_pin : DS1302의 I/O Pin과 연결하는 Port 번호
- SCL_pin : DS1302의 SCLK Pin과 연결하는 Port 번호
- return : none

2) time() ;

RTC의 날짜와 시간을 읽으면서 Time Object를 생성하는 함수이다.

- return : Time Object

3) time(time Object) ;

RTC time을 time Object에 설정되어있는 날짜와 시간의 값으로 수정한다.

- time Object : Time Class의 Object이다.
- return : none

4) halt(true_false);

RTC Timer를 정지(true) 하거나, Timer를 다시 구동(false)한다. 시간을 변경할 때는 halt(true);를 실행하고, 변경 후에는 halt(false);를 실행해야 시간이 update 되고, Timer가 구동된다.

- true_false : true : timer를 정지한다.
- false : timer를 구동한다.

5) writeProtect(true_false);

시간 변경을 하지 못하도록 하는 함수이다.

- true_false : true : 시간 변경을 허가 하지 않는다(시간 변경 불가).

- false : 시간 변경을 허가한다.

6) readRam(address);

DS1302 내부 RAM의 데이터를 읽어 들인다.

- address : Byte : 0~30 범위의 값이다.
- return : Byte 데이터

7) readRamBulk(data, len);

DS1302 내부 RAM의 데이터를 array로 읽어 들인다.

- data : 데이터를 수신할 byte array 혹은 pointer
- len : 읽어드리려는 데이터의 수
- return : none

8) writeRam(address, value);

DS1302 내부 RAM에 데이터를 기록한다.

- address : Byte데이터이며 0~30 범위의 값이다.
- value : Byte 데이터
- return : none

9) writeRamBulk(data, len);

byte array의 내용을 내부 RAM에 기록하는 함수

- data : byte array 혹은 Pointer
- len : 기록하려는 데이터의 수

10) readRegister(reg);

Time Class를 사용하지 않고 RTC 내부 레지스터의 값을 직접 읽는다.

- reg : DS1032 IC 내부 레지스터의 address
- return : DS1302 IC가 사용하는 데이터 표현법(Hexa가 아니다)

11) writeRegister(reg, value);

Time Class를 사용하지 않고 RTC 내부 레지스터의 값을 기록한다.

- reg : DS1032 IC 내부 레지스터의 address
- value : DS1302 IC가 사용하는 데이터 표현법(Hexa가 아니다)

프로그램을 실행할 회로는 [그림 6.3.1]과 같다.

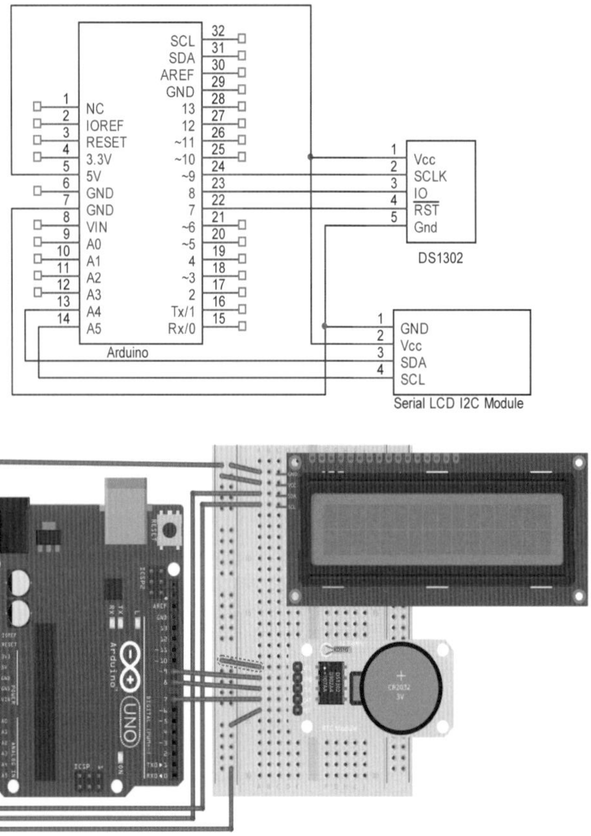

Ⅰ그림 6.3.1Ⅰ 일자를 표시하는 시계 회로

날짜와 시간을 LCD로 표시하는 달력을 만들어 보자.

① 프로그램을 시작할 때, RTC의 날짜와 시간은 2018년 5월 15일(화요일) 14시 25분 0초로 초기화한다.

② RTC의 시간은 1 초마다 읽어서 LCD 화면을 갱신하기로 한다.

작성된 프로그램은 다음과 같다.

```
#include <DS1302.h>                              // ·················· ❶
#include <LiquidCrystal_I2C.h>                   // ·················· ❷
#define Rst    7
#define Io     8
#define Sclk   9
LiquidCrystal_I2C lcd(0x27,16,2);                // ·················· ❸
```

```
DS1302 rtc(Rst, Io, Sclk);                                  // ..................... ❹
void setup() {
  lcd.init();                                               // ..................... ❺
  rtc.writeProtect(false);                                  // ..................... ❻
  rtc.halt(true);                                           // ..................... ❼
  Time tm = rtc.time() ;                                    // ..................... ❽
  tm.yr=2018 ;                                              // ..................... ❾
  tm.mon=5 ;
  tm.date=15 ;
  tm.hr=14 ;
  tm.min=25 ;
  tm.sec=0 ;
  tm.day = 3 ;
  rtc.time(tm) ;                                            // ..................... ❿
  rtc.halt(false);                                          // ..................... ⓫
}
void loop() {
  Time tm = rtc.time() ;                                    // ..................... ⓬
  String str =" "+ String(tm.yr) + ":" + String(tm.mon) + ":"
          +String(tm.date)+"(" + getWeek(tm.day) + ")" ; //..................... ⓭
  lcd.setCursor(0,0);
  lcd.print(str);
  str="     "+String(tm.hr)+":"+String(tm.min)+":"+String(tm.sec) ; //........... ⓮
  lcd.setCursor(0,1);
  lcd.print(str);
  delay(1000);                                              // ..................... ⓯
}
String getWeek(byte wk){                                    // ..................... ⓰
  switch(wk){
    case 1: return "Sun" ;
    case 2: return "Mon" ;
    case 3: return "Tue" ;
    case 4: return "Wrd" ;
    case 5: return "Thu" ;
    case 6: return "Fri" ;
    case 7: return "Sat" ;
    default : return "Err" ;
  }
}
```

❶ DS1302 헤더를 include하여 DS1302 Library를 사용한다.
❷ LiquidCrystal_I2C 헤더를 include하여 LiquidCrystal_I2C library를 사용한다.
❸ LiquidCrystal_I2C Object를 생성한다.
❹ DS1302 Object를 생성한다.
❺ LCD를 초기화한다.
❻ RTC 데이터를 수정하기 위하여 RTC의 write protect를 해제한다.
❼ 날짜와 시간을 수정하려면 먼저 RTC Timer를 정시시켜야 한다.
❽ RTC 내부시간을 읽으면서 Time Object를 생성한다.
❾ 날짜와 시간을 수정한다.
❿ 수정한 값을 RTC에 기록한다.
⓫ Timer를 다시 가동한다.
⓬ RTC 내부시간을 읽으면서 Time Object를 생성한다.
⓭ LCD 상단에 연, 월, 일, 요일을 display한다.
⓮ LCD 하단에 시, 분, 초를 display한다.
⓯ 1초에 1번씩 시간을 갱신하기 위하여 1 sec 기다린다.
⓰ 요일의 문자열을 생성하는 함수이다.

6.4 조도 센서

빛의 밝기를 측정하는 소자는 포토트랜지스터, 포토 IC, 복합 광센서 등이 있다. 여기서는 간단한 회로로 측정이 가능한 복합 광센서 중 하나인 CDS를 사용하기로 하자.

CDS 조도 센서는 빛의 밝기에 따라 저항 값이 변하는 특성을 가지고 있는 소자이다. CDS는 광전효과를 이용하는 센서이기 때문에, CDS 센서의 저항은 어두워질수록 저항 값이 커지고 밝을수록 저항 값이 작아지는 성질을 가지고 있으며, 빛의 밝기와 저항 값의 관계는 거의 log 함수에 가깝게 변화하기 때문에 밝기를 측정하려는 목적보다, 어둡고 밝음을 판단하는 수단으로 많이 사용되고 있다.

CDS를 이용하여 조도를 검출하고, 측정값에 따라, Led의 밝기를 조절하는 프로그램을 작성해 보자.

[그림 6.4.1]은 측정된 조도에 따라 LED의 밝기를 제어하기 위한 회로이다.

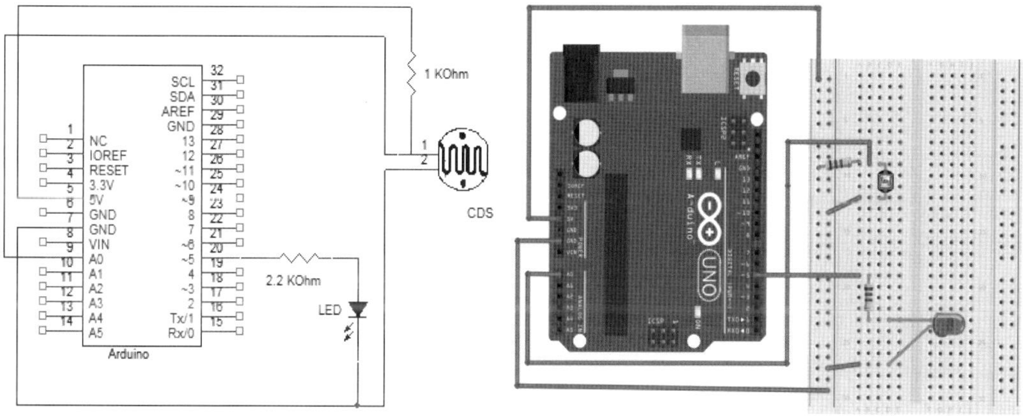

| 그림 6.4.1 | 조도 측정 회로

[그림 6.4.1]의 조도 측정 회로를 사용하여, 조도가 높으면 Led의 밝기가 낮아지고, 조도가 낮으면 Led의 밝기가 높아지는 프로그램을 작성해 보자.

다음은 작성된 프로그램이다.

```
#define Da0  5
#define Ad0  0
#define Env  2.5
void setup() {
  pinMode(Da0,OUTPUT) ;
}
void loop() {
  float adVal = 255-analogRead(Ad0)/Env ;          // ··················· ❶
  if(adVal<0) adVal = 0 ;
  analogWrite(Da0,adVal) ;                          // ··················· ❷
}
```

❶ CDS에서 출력되는 전압을 읽는다. A/D Port는 10-bit이고, PWM은 8-Bit이기 때문에 데이터 변환이 필요하다. Env 값은 이론적으로는 4가되어야 하지만
1) CDS 출력 전압의 최댓값이 5V가 아니며
2) 실험 환경이 서로 다르기 때문에 특정한 값을 선정하기 어렵다.
따라서 Env 값은 주변 환경에 따라 변환할 필요가 있으므로, 간단히 실험해 보고 적합한 값을 찾는 것이 좋을 것 같다. 저자는 Env=2.5를 선택하였다. Define에서 변경하면 된다.

❷ PWM 신호를 출력한다.

6.5 진동 센서(충격 감지)

소음과 진동은 비파괴 검사뿐 아니라 구조체의 이상 여부를 검사하는 방법 등으로 자주 사용되고 있는 방법이다. 구조물 혹은 시스템은 시간이 흘러도 시스템 특성이 불변이라 가정하고, 정상적 동작 상태일 때 시스템의 동적 특성을 알고 있다면, 진동 상태를 측정하여 시스템의 동적인 특성 변화나 외력의 존재 유무를 파악할 수 있다.

[그림 6.5.1]은 진동센서 SW-18020을 사용한 회로이다.

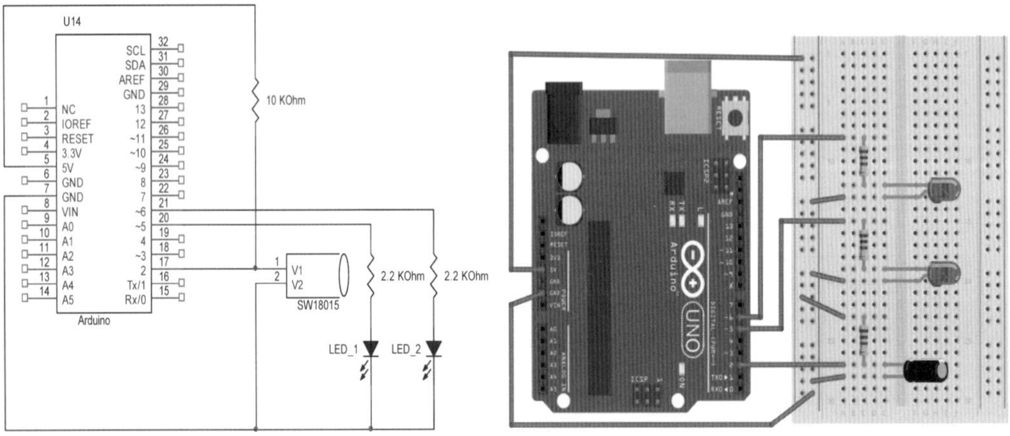

| 그림 6.5.1 | 진동 측정 회로

저자는 진동 실험을 위하여 진동센서를 아크릴판에 부착하였다.

아크릴판은 가해진 충격의 크기에 따라 진동의 지속시간이 다르기 때문에, 진동의 지속시간을 측정하여 충격의 정도를 감지할 수 있도록 하기 위하여,

① 진동의 지속시간이 40 msec 이하일 때는 무시하고

② 진동의 지속시간이 40~150 msec 범위일 때는 LED_1을 ON하고

③ 진동의 지속시간이 150 msec 이상일 때는 LED_1, LED_2가 모두 ON하고

④ ON된 LED는 2 sec 후에 OFF되는 프로그램을 작성하였다.

☑ 여기서 정한 기준 값(40, 150 msec)은 저자가 사용한 구조물과 관련된 값이다. 독자들의 구조물에서는 기준 값이 다를 수 있다.

다음은 작성된 프로그램이다.

```
#define Key_1 2
#define LED_1 5
#define LED_2 6
void setup() {
  pinMode(Key_1,INPUT) ;
  pinMode(LED_1,OUTPUT) ;
  pinMode(LED_2,OUTPUT) ;
}
void loop() {
  long StartTme,PreTime,NowTme,Dif ;
  if(digitalRead(Key_1)==LOW){                                  // ………………… ❶
    StartTme=PreTime = millis() ;                               // ………………… ❷
    while(true){
      if(digitalRead(Key_1)==LOW) PreTime = millis() ;          // ………………… ❸
      NowTme = millis() ;                                       // ………………… ❹
      Dif = NowTme - PreTime ;
      if(Dif>100) break ;                                       // ………………… ❺
    }
    NowTme-=StartTme ;                                          // ………………… ❻
    NowTme -= 100 ;
    if(NowTme<0) NowTme = 0 ;
    if(NowTme > 40){                                            // ………………… ❼
      digitalWrite(LED_1,HIGH) ;
      if(NowTme > 150) digitalWrite(LED_2,HIGH) ;               // ………………… ❽
      delay(2000) ;                                             // ………………… ❾
      digitalWrite(LED_1,LOW) ;
      digitalWrite(LED_2,LOW) ;
    }
  }
}
```

❶ 진동이 시작되면 Key_1이 LOW가 된다.

❷ 진동 시작 시간을 검출한다.

❸ Key_1이 LOW이면 PreTme 값을 갱신한다.

❹ 현재 시간을 검출한다.

❺ 진동이 입력되지 않은 시간이 100 msec 이상이면, 진동이 종료되었다고 판단하고 while() 문장을 탈출한다.

❻ 진동이 지속된 시간을 계산한다. 100 msec는 진동 종료를 판단하는데 필요한 시간이다.
❼ 진동이 지속되는 시간이 40 msec 이상이면 LED_1을 ON한다.
❽ 150 msec 이상이면 LED_2를 ON한다.
❾ 2 sec 지나면 LED를 OFF한다.

6.6 동작 감지 센서(사람의 움직임 감지)

NaPiOn pyroelectric Sensor는 대략 ±50도의 범위 내에 사람의 움직임을 감지하는 센서이기 때문에 현관 앞이나 화장실, 지하철의 출입구 등에서 사람의 존재 여부를 감시하는 용도로 사용되는 센서 이다.

센서의 동작은 사람이 없거나 정지된 상태일 때는 0V를 출력하지만 사람의 움직임이 감지되면 5V를 출력하기 때문에 출입구 등에서 사람의 입 출입을 감시하는 용도로 사용할 수 있다.

사람이 출현하면 조명을 밝히는 프로그램을 작성하자.

[그림 6.6.1]은 프로그램을 구동하기 위한 회로도이다. 사람의 움직임을 NapiOn에서 감지하였을 때 발생하는 신호를 interrupt를 사용하여 감지하기로 하며, NapiOn의 신호를 감지하면 5 sec 동안 LED_1을 ON하는 프로그램을 작성하자.

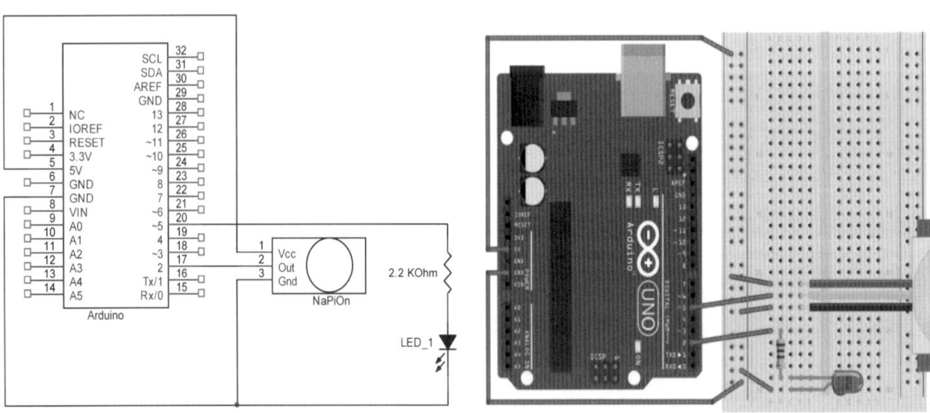

| 그림 6.6.1 | 동작 감지 센서 회로

다음은 작성된 프로그램이다.

```
#define Key_1 2
#define LED_1 5
long Tme ;
void setup() {
  pinMode(Key_1,INPUT) ;
  pinMode(LED_1,OUTPUT) ;
  interrupts() ;
  attachInterrupt(digitalPinToInterrupt(Key_1), NapionON, RISING);
                                                  // ········· ❶
}

void loop() {
  if(Tme > 0) digitalWrite(LED_1,HIGH) ;          // ········· ❷
  while(Tme>0){                                   // ········· ❸
    if(digitalRead(Key_1)==HIGH) Tme = 5000 ;     // ········· ❹
    delay(1) ;
    Tme-- ;
  }
  digitalWrite(LED_1,LOW) ;                       // ········· ❺
}

void NapionON(){                                  // ········· ❻
  Tme = 5000 ;
}
```

❶ Key_1 입력이 LOW에서 HIGH로 변환하면 interrupt가 발생하도록 한다.

❷ interrupt에 의해 Tme 값이 5000으로 바뀌면 LED_1을 ON한다.

❸ 1 msec마다 Tme 값을 1씩 감소시키면서, Tme 값이 0이 되면 while() 문장으로 부터 탈출한다.

❹ NapiOn의 사람 감지신호가 발생하면 Tme 값을 갱신하여, 사람이 존재하는 동안은 LED_1이 OFF되지 않아야 하므로, 사람의 존재를 최종적으로 감지한 시간으로 부터 LED_1이 5 sec 동안 ON 되도록 한다.

❺ ON 시간이 만료 되었으므로 LED_1을 OFF한다.

❻ interrupt가 발생하면 Tme 값을 5000으로 하여. loop 함수에서 LED가 ON되도록 한다.

6.7 근접센서

SN04-N은 금속과의 거리가 5mm 이내이면 반응을 하는 센서이다. 금속과의 거리에 따라 반응하는 센서이므로, 금속 물질의 존재 여부를 비접촉 상태에서 판단할 수 있기 때문에, 자동화 시스템의 테스트 벤치 등에서 많이 사용되고 있다.

SN04-N을 이용하면 건물에 있는 문의 여닫음도 감시 할 수 있다.

사용방법은 간단하다. SN04-N는 금속물질 가까이 가져가면 Low 멀어지면 High를 출력하므로, 입력 전압이 High인지 Low인지만 판단하면 된다.

[그림 6.7.1]은 SN04-N을 사용한 회로이다.

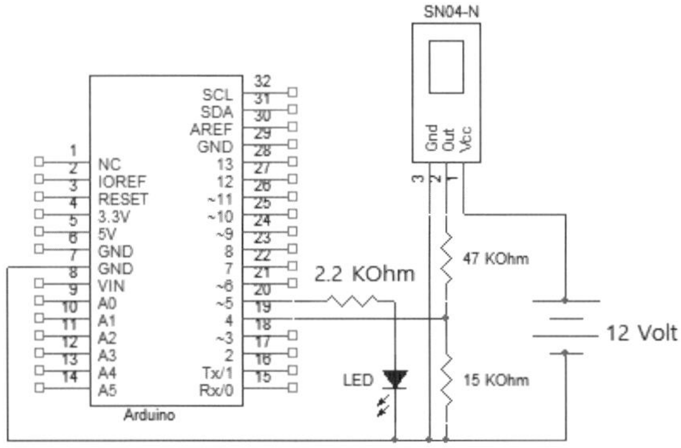

| 그림 6.7.1 | SN-4-N 회로도

SN04-N는 Vcc에 인가되는 전압의 범위가 6~36V이므로 [그림 6.7.1] 회로에 외부전원 12V를 인가하도록 설계하였다.

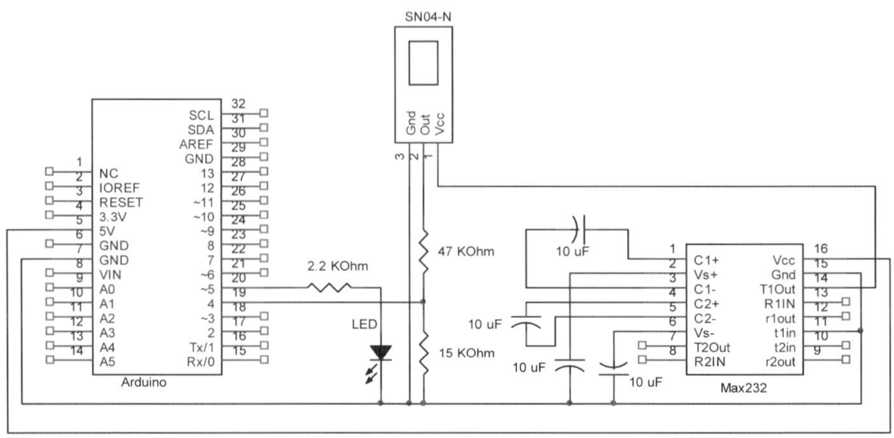

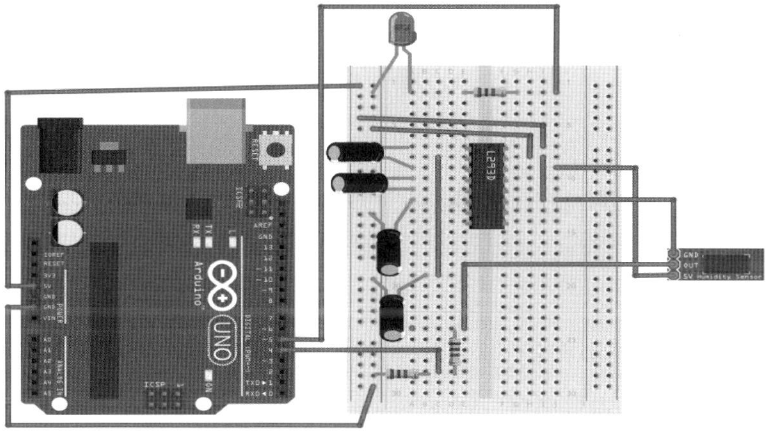

| 그림 6.7.2 | Max232를 사용한 SN04-N 회로

[그림 6.7.1] 회로는 별도의 외부 전원을 가지고 있지 않는 독자들은, 외부 전원을 공급하기 위하여 DC-DC Converter 모듈을 구입하여 12V 전원으로 사용해야 하지만, 다행히도 SN04-N 모듈에서 소비하는 전류가 Max 5mA이므로, 전압의 레벨을 변환하는 IC를 사용하여도 문제가 없을 것으로 보인다.

Max232 Chip은 RS232 통신용 IC이며, 5V 전압 레벨을 최대 15V까지 승압하는 기능을 가지는 IC이고, 출력 전류가 10mA이므로 SN04-N을 구동할 수 있다. 그래서 저자는 외부 전원을 가지고 있지 않은 독자들도 실험할 수 있도록 하기 위하여, 그림 Max232 IC를 이용하여, [그림 6.7.1] 회로를 [그림 6.7.2]와 같이 수정하였다.

SN04-N을 문(Door)에 장착하였다고 가정하고, 금속 물질이 가까이 있으면 LED_1이 OFF 되고, 금속 물질이 없으면 LED_1이 ON되는 프로그램을 작성하자.

SN04-N의 출력 전압만 고려하면 되는 프로그램이므로, SN04-N의 출력 전압과 같은 전압을 LED_1로 출력하면 된다. 프로그램은 다음과 같다.

```
#define SN04   4
#define LED_1 5
void setup() {
  pinMode(SN04,INPUT) ;
  pinMode(LED_1,OUTPUT) ;
}
void loop() {
     digitalWrite(LED_1,digitalRead(SN04)) ;
}
```

프로그램을 실행해 보면 금속 물질이 SN04-N 가까이(5mm 이내) 오면 LED_1이 OFF된다.

6.8 온도센서

4장에서 온습도 센서 DHT11를 이미 소개하였지만 측정 방법이 다르기 때문에 온도 센서 LM35를 소개하기로 한다.

LM35는 -55℃에서 150℃까지 측정할 수 있는 온도 센서이다.

LM35의 Scale Factor는 10mV/℃이므로, LM35의 출력 전압을 측정하고 측정된 전압 값에 100을 곱해 주면 온도 값이 된다.

아두이노의 A/D로 LM35의 출력 전압을 측정하면 12-Bit A/D이므로 출력 전압은 다음 식으로 계산된다(2.20절 참조).

$$\text{아날로그 전압} = \frac{\text{입력 디지탈 데이터 값}}{1024} \times 5\text{V}$$

따라서 LM35로 측정되는 온도는 다음과 같이 환산할 수 있다.

$$\text{측정온도} = \frac{\text{입력 디지털 데이터 값}}{1024} \times 5\text{V} \times 100$$

이론상으로는 LM35를 측정하는 방법이 잘못된 것은 아니지만, 전자적인 관점에서 노이즈를 생각하면 mV 단위의 전압 변화를 추적한다는 것은 쉬운 일이 아니다. 전자에서 노이즈에 대응하는 방법으로 자주 거론되는 것 중 하나는 전압 변화를 크게 하라는 것과 차동 입력이다. LM35 매뉴얼에서 twist pair를 요구하는 것도 이와 무관하지는 않다. 불행히도 아두이노의 A/D는 차동 입력이 없다. 참고로 차동 입력이 가능한 A/D는 4.3절에서 소개하였다.

또 다른 문제는 아두이노의 A/D Converter는, 5V를 기준으로 하면, 최소 측정 단위가 4.9mV이다(2.20절 참조). 그렇기 때문에 저자는 LM35를 직접 사용하지 않고, LM35의 출력 전압을 증폭하여 출력하도록 만든 LM35 모듈을 사용하였다.

[그림 6.8.1]의 회로도에는 LM35 모듈의 내부 회로도 같이 표시하였다.

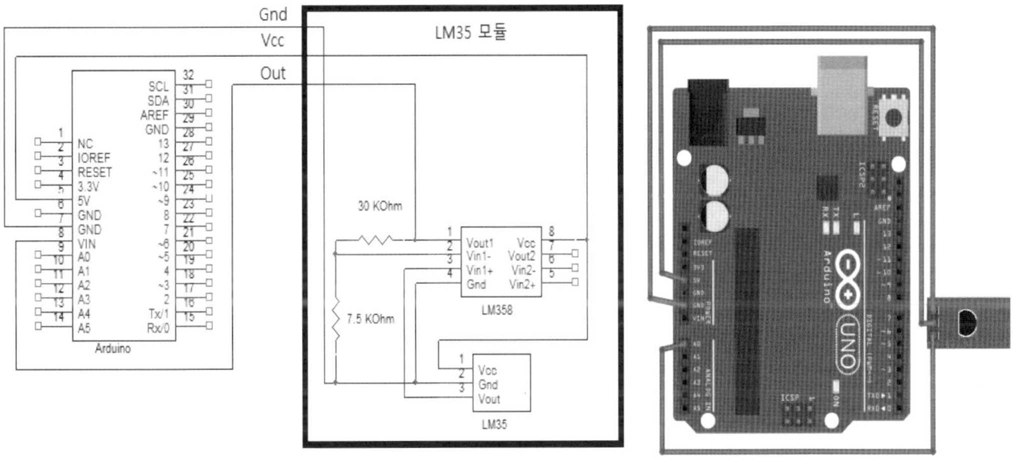

| 그림 6.8.1 | LM35 모듈과 측정 회로

[그림 6.8.1]의 회로에 의하면 OP Amp Lm358에 의한 증폭률은 5배이므로, 5V 전압을 기준으로 생각하면 LM35의 모듈이 측정할 수 있는 온도는 0 ~ 100℃ 이며, LM35 모듈을 사용하였을 때 A/D로 측정된 값을 온도로 환산하는 식은 다음과 같다.

$$\text{측정온도} = \frac{\text{입력 디지털 데이터 값}}{1024} \times 5\,V \times 100 \div 5 = \frac{\text{입력 디지털 데이터값}}{1024} \times 100$$

하지만 Op Amp는 출력 Offset 전압을 가지고 있기 때문에, 모듈 내부에 사용하는 LM358의 출력 Offset 전압을 감안 하여야 한다.

따라서 A.D 값을 온도로 환산하는식은 다음과 같이 수정되어야 한다.

$$\text{측정온도} = \frac{\text{입력 디지털 데이터 값}}{1024} \times 100 \pm Offset$$

Offset 값은 LM358의 Manual에서 제시하는 입력 Offset값(Max 7mV)를 기준으로 하여 환산한 값을 사용하여도 되지만, 하드웨어 결합 등의 문제를 고려하면, 실측치와 비교하여 Offset 값을 환산하는 것이 좋을 것으로 보인다.

☑ 넓은 범위에서 정확한 온도를 측정하려면, 측정 온도에 따라 Offset 값을 보정하는 방법을 고려하는 것이 필요하다.

다음은 LM35 모듈을 사용하여 측정한 온도 값을 시리얼 모니터로 전송하는 프로그램이다.

```
#define Offset 0.85
#define LM35    0
void setup() {
  Serial.begin(9600) ;
  pinMode(LM35,INPUT) ;
}

void loop() {
  int Adv = analogRead(LM35) ;
  float Themp = Adv * 100.0/1024.0 - Offset ;
  Serial.print("현재 온도 : ") ;
  Serial.println(Themp) ;
  delay(1000) ;
}
```

☑ 프로그램상의 Offset 값은 집에 있는 온도계와 비교하여 대략적으로 추출한 값이다.

6.9 화염 감지 센서 모듈

불꽃 감지 센서는 불꽃이나 열복사인 적외선 파장(760nm~110nm)을 감지하여 아날로그 전압을 출력하는 센서이며, 화재 감지 기능뿐 아니라, 적외선을 방출하는 robot game 등에서 적외선을 감지하는 용도로 사용되는 센서이다.

화염을 감지하는 센서 자체는 대략 700~1200nm의 적외선에 반응하도록 만들어진 NPN silicon phototransistor이므로 반응속도가 대단히 빠르다는 것이 장점이다.

실험에 서용할 센서 모듈은 SZH-EK086이며, LM393 Comparator IC와 가변 저항을 를 사용하여, 설치 환경에 적합하도록 설정할 수 있도록 하기 위하여 검출할 수 있는 신호의 강도를 조절할 수 있도록, 만들어진 센서 모듈이므로 game 등에 적용할 때는 그에 적합한 강도로 조절할 필요가 있다. 여기서는 화염 감지 센서를 화제를 경보하는 목적으로 사용해 보자.

화제와 단순한 불꽃의 차이점은 센서가 지속되는 시간의 차이라 생각하면, 센서가 2 sec 이상 연속적으로 반응하면 화제이고, 어느 정도의 이상의 시간 동안 지속되지 못하면 단순 불꽃이라 생각하고 프로그램을 작성하자.

[그림 6.9.1]은 실험 회로이다.

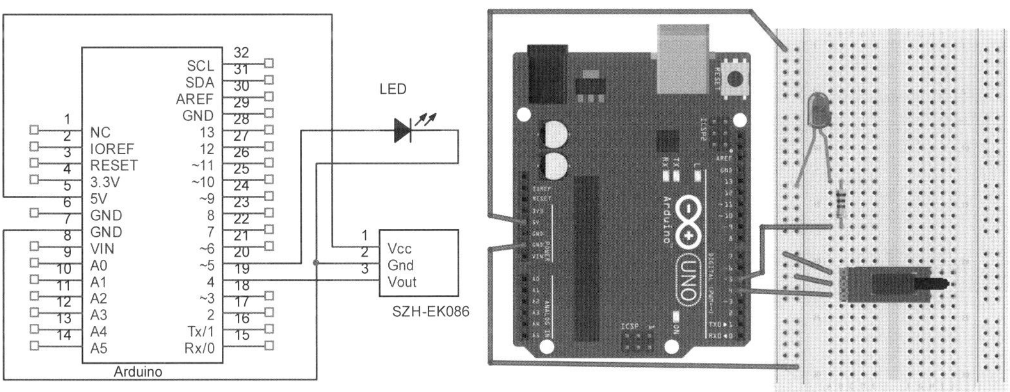

| 그림 6.9.1 | 화제 감지 회로

프로그램은 불꽃이 2 sec 이상 지속되면 화제로 판단하고, 경고등(LED)에 불이 들어오고 시리얼 모니터로 화재 발생이 검출되었음을 알리는 Message를 전송하도록 작성하자.

화재 발생 Message는 Led를 0.5 sec 단위로 점멸을 하고, 시리얼 모니터로는 2 sec마다 1번씩 경고 문자를 전송하도록 프로그램을 작성하자

다음은 작성된 프로그램이다.

```
#define Fire    4
#define Led_1   5
void setup() {
  Serial.begin(9600) ;
  pinMode(Fire,OUTPUT) ;
  pinMode(Led_1,OUTPUT) ;
}

void loop() {
  int Cnt=0 ;
  digitalWrite(Led_1,LOW) ;
```

```
    if(digitalRead(Fire)==LOW){
      Cnt=0 ;
      while(true){
        delay(100) ;
        if(digitalRead(Fire)==HIGH) break ;
        Cnt++ ;
        if(Cnt>=20){
          while(true){
            Serial.println("긴급 상황!!! 화재 발생!!!!!") ;
            for(int i=0;i<5;++i){
              digitalWrite(Led_1,HIGH) ;
              delay(200) ;
              digitalWrite(Led_1,LOW) ;
              delay(200) ;
            }
          }
        }
      }
    }
}
```

☑ 센서는 −25℃ ~ 80℃ 범위에서 동작한다. 불을 너무 가까이 하면 센서가 파손될 수 있다.

6.10 자이로 센서

자이로센서는 x, y, z 3축에 대한 각가속도를 측정함으로서 움직임의 변화와 속도 변화 등을 측정하기 위한 목적으로 사용된다.

자이로 센서를 이용하면 기울기 감지 및 자유낙하 또는 충격으로 인한 동적 음직임의 변화 등 제품의 동적인 변화를 측정할 수 있다. 따라서 자이로 센서는 Robot, Game, GPS 등의 System에서 채택되어 사용되고 있으며, 일반 사용자들은 장난감 자동차, 드론 등에 장착하여 제품의 급격한 상태 변화를 측정하기 위한 목적으로 많이 사용하고 있다.

자이로 센서 모듈 GY-50은 자이로 센서 모듈은 L3G4200d를 사용하여 만든 자이로 센서 모듈이며, DC-DC Converter를 내장하고 있기 때문에, 아두이노 5V 전원으로 동작할 수 있도록 만든 자이로 센서이다.

L3G4200d IC는 측정 데이터를 내부 레지스터에 기록하고, I2C, SPI 통신으로 데이터 값을 읽을 수 있도록 만든 자이로 센시 모듈이다.

I2C 통신으로 L3G4200d의 x, y, z 값을 읽는 프로그램을 작성하자.

L3G4200d IC의 주요한 레지스터 Address는 다음과 같다.

0x0F : identity (0xD3)
0x20~0x24 : Control Register이며, 자이로 센서의 동작을 규정할 수 있다.
0x26 : 주변온도 측정 값
0x27 : 동작의 상태를 알 수 있도록 하기 위한 상태값
0x28,0x29 : X 방향의 각가속도 값
0x2A,0x2B : X 방향의 각가속도 값
0x2C,0x2D : X 방향의 각가속도 값

[그림 6.10.1]은 프로그램을 실험하기 위한 회로이다

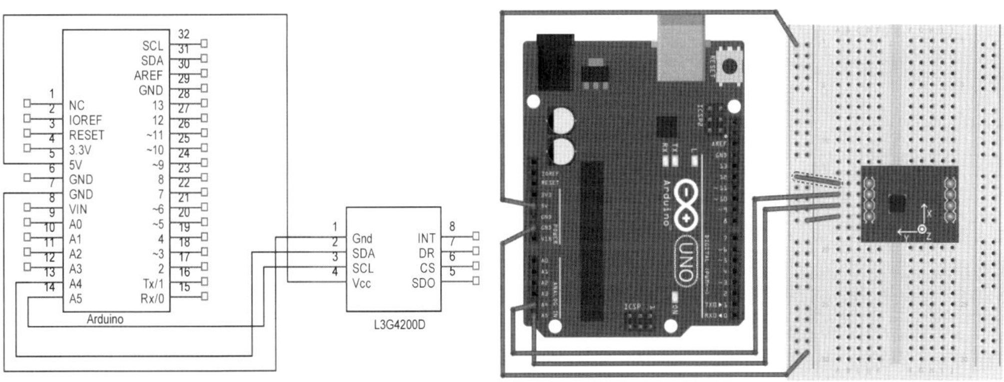

| 그림 6.10.1 | L3G4200d 모듈 회로

프로그램은 다음과 같이 작성하였다. L3G4200d의 0x0F 번지의 데이터를 읽어서 정상 동작 상태인지를 확인한다. 0xd3이면 정성적인 상태이다. Control Register 0x20번지에 0x0f를 기록하여 L3G4200d가 측정 가능한 상태가 되도록 만든다. 나머지는 default 값을 변경하지 않고 사용한다.

0x28~0x2D 번지의 데이터를 읽어서 x, y, z 방향의 각가속도를 읽어서, 시리얼 모니터로 전송한다. 다음은 작성된 프로그램이다.

```
#include <Wire.h>                                          // ··················· ❶
void setup() {
  Serial.begin(9600) ;
  Wire.setClock(100000) ;                                  // ··················· ❷
  Wire.begin() ;
  if(Init_L3G4200d()==false)                               // ··················· ❸
        Serial.println("Error : 하드웨어를 점검하기 바랍니다!!!") ;
  else Serial.println("L3G4200d가 초기화 되었음!!!!!!!") ;
}

void loop() {
  String str ;
  int Val = ReadAxis(0x28) ;                               // ··················· ❹
  Serial.print(Val) ;
  Serial.print(". ") ;
  Val = ReadAxis(0x2A) ;                                   // ··················· ❺
  Serial.print(Val) ;
  Serial.print(". ") ;
  Val = ReadAxis(0x2C) ;                                   // ··················· ❻
  Serial.println(Val) ;
  delay(500) ;                                             // ··················· ❼
}

bool Init_L3G4200d()                                       // ··················· ❽
{
  Wire.beginTransmission(0x69) ;                           // ··················· ❾
  Wire.write(0x0f) ;
  Wire.endTransmission() ;
  Wire.requestFrom(0x69,1) ;
  byte Val = Wire.read() ;
  if(Val != 0xd3) return false ;                           // ··················· ❿
  Wire.beginTransmission(0x69) ;                           // ··················· ⓫
  Wire.write(0x20) ;
  Wire.write(0x0F) ;
  Wire.endTransmission() ;
  return true ;
```

```
}

int ReadAxis(int Adr){                              // ..................... ⑫
    byte Val1, Val2 ;
  Wire.beginTransmission(0x69) ;                    // ..................... ⑬
  Wire.write(Adr) ;
  Wire.endTransmission() ;
  Wire.requestFrom(0x69,1) ;
  Val1 = Wire.read() ;
  Wire.beginTransmission(0x69) ;                    // ..................... ⑭
  Wire.write(Adr+1) ;
  Wire.endTransmission() ;
  Wire.requestFrom(0x69,1) ;
  Val2 = Wire.read() ;
  int Val = (int)(Val2*0x100+Val1) ;                // ..................... ⑮
  return Val ;
}
```

❶ I2C 통신을 위하여 Wire Library를 사용한다.
❷ I2C의 속도는 100kHz로 하고 통신을 초기화한다.
❸ L3G4200d의 상태를 점검하고 초기화한다.
❹ X좌표의 각가속도를 읽는다.
❺ Y좌표의 각가속도를 읽는다.
❻ Z좌표의 각가속도를 읽는다.
❼ 움직임을 검출하기에는 500 msec는 조금 늦지만 시리얼 모니터에 전송되는 데이터의 양을 고려하여 500 msec로 하였다.
❽ L3G4200d의 Identity 값을 읽고, 0x20번지에 0x0f를 기록하는 함수이다.
❾ I2C 통신으로 0x0f 번지의 값을 읽는다.
❿ identuty 값이 0xd3이 맞는지 여부를 확인한다.
⓫ Control Register 0x20번지에 0x0f를 기록한다.
⓬ Axis 데이터 값을 읽어 들이는 함수이다(Axis 데이터는 2-Byte이다.).
⓭ Axis 데이터의 하위 byte를 읽는다.
⓮ Axis 데이터의 상위 byte를 읽는다.
⓯ 2-Byte의 데이터를 모아서 32-Bit의 integer 데이터로 만든다.
주의할 점은 two's complement 데이터이므로 sign extended가 되려면 (int) cast가 있어야 한다.

* **Sign Extended** : 숫자 표현에서 양수와 음수를 모두 표현하는 방법은 상위 Byte의 MSB Bit가 1이면 음수 0이면 양수로 취급하는 방법(진보수 혹은 1의 보수)을 사용한다. 그런데 16-Bit를 32-Bit데이터로 전송하면 32-Bit의 상위 2-Byte는 0이므로 16-Bit의 데이터에서는 음수였던 숫자가 32-Bit의 데이터에서는 양수로 변환되는 문제가 발생한다. 그러한 문제를 해결하기 위하여 16-Bit 데이터의 MSB가 1이면 32-Bit 데이터에 추가되는 상위 2-Byte를 모두 1로하고(oxffff), MSB가 0면 상위 2-Byte 데이터를 모두 0으로 하여(0x0000), 32-Bit의 데이터를 만드는 방법을 Sign Extended라 한다.

6.11 초음파 센서(거리 측정)

초음파를 이용하여 거리를 측정하는 방법은 방출한 초음파가 반사되어 돌아오는 시간으로 계산된다.

거리 측정할 때 초음파 센서는 40kHz의 주파수를 많이 사용하고 있으며, 초음파 센서로 거리를 환산하는 식은 '거리=음속×반사 시간'으로 계산한다. 그런데 '음속=331.5+0.6×온도'로 계산되므로, 온도에 따라 계산식이 조금씩 달라진다는 것을 알 수 있다. [그림 6.11.1]은 초음파 측정기 HC-SR04를 사용한 거리를 측정회로이다.

HC-SR04를 사용하면 0~4M 사이의 거리를 측정할 수 있다.

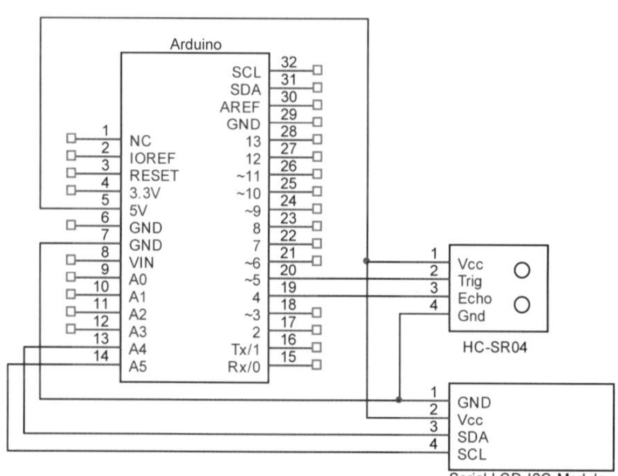

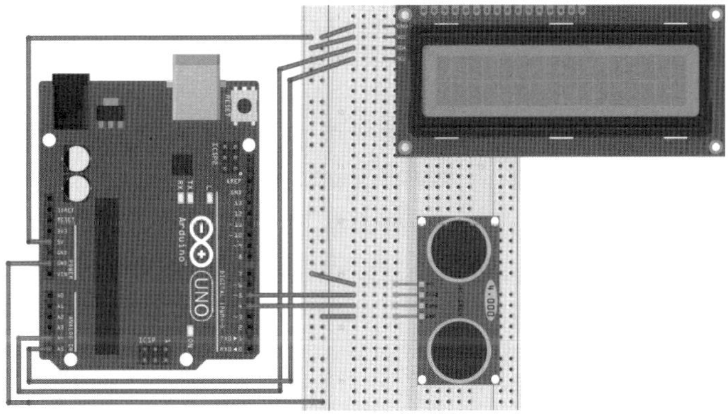

| 그림 6.11.1 | 초음파 거리 측정 회로

[그림 6.11.2]는 HC-SR04로 거리를 측정할 때 발생하는 신호의 파형이다.

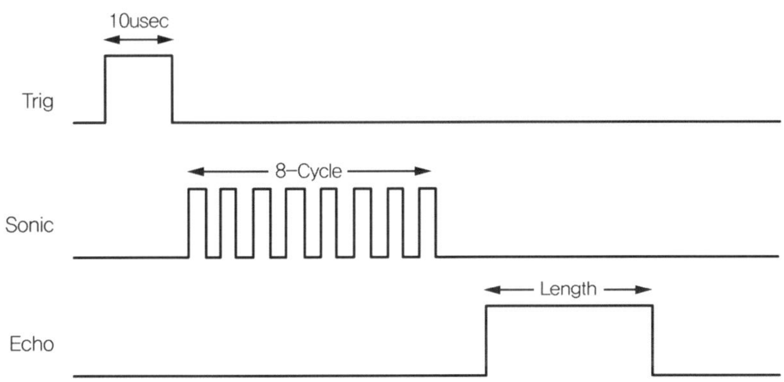

| 그림 6.11.2 | 초음파 측정 파형

신호를 분석하면 다음과 같다.

① Trig 입력으로 10 usec의 Pulse가 입력되면

② 40kHz의 초음파 8-Cycle을 방출한다.

③ return되는 초음파 신호를 이용하여 물체와의 거리를 측정한다.

④ 측정된 거리의 값에 비례하는 Pulse를 Echo 단자로 출력한다.

따라서 Trig 단자로 10 usec의 펄스를 인가한 다음, Echo로 반환되는 펄스의 길이를 측정하면 거리를 알 수 있다. pulse 폭에서 거리를 환산하는 수식은

$$\text{거리} = \frac{\text{Pulse의 폭(uSec 단위)}}{58} = \text{Pulse 값} \times 0.017241\text{cm}$$

으로 계산된다. 단위는 센티미터(centimeter)이다.

다음은 초음파 센서를 사용한 거리 측정 프로그램이다.

① Trig Port로 10 usec의 펄스를 출력하고

② Echo Port로 수신되는 펄스의 폭을 pulseIn() 함수를 이용하여 측정한다.

③ 측정된 High 펄스의 폭을 거리로 환산하고

④ LCD로 거리값을 dusplay한다.

작성된 프로그램은 다음과 같다.

```
#include <LiquidCrystal_I2C.h>                    // ................... ❶
#define Trig  5                                    // ................... ❷
#define Echo  4
LiquidCrystal_I2C lcd(0x27,16,2);                  // ................... ❸
void setup() {
  pinMode(Trig,OUTPUT) ;
  pinMode(Echo,INPUT) ;
  lcd.init();                                      // ................... ❹
  lcd.setCursor(0,0);
  String str = "Measured Distance : " ;
  lcd.print(str) ;
  lcd.setCursor(1,1);
  str = "Val = " ;
  lcd.print(str) ;
}
void loop() {
  long Now,Tme ;
  Now = micros() ;                                 // ................... ❺
  Tme = Now+10 ;
  digitalWrite(Trig,HIGH) ;                        // ................... ❻
  while(true){                                     // ................... ❼
    Now = micros() ;
    if(Now>=Tme) break ;
  }
  digitalWrite(Trig,LOW) ;
  long Length = pulseIn(Echo,HIGH) ;               // ................... ❽
  float Distance = Length * 0.017241 ;             // ................... ❾
  lcd.setCursor(7,1);
  lcd.print("          ") ;                        // ................... ❿
```

```
    lcd.setCursor(7,1);
    lcd.print(Distance) ;                         // ..................... ⓫
    lcd.print(" Cm") ;
    delay(1000) ;                                 // ..................... ⓬
}
```

❶ LiquidCrystal_I2C 헤더를 include하여 LiquidCrystal_I2C library를 사용한다.
❷ Trig Port와 Echo Port를 지정한다.
❸ LiquidCrystal_I2C Object를 생성한다.
❹ LCD를 초기화 하고 초기화면을 작성하여 display한다.
❺ 현재 시간을 usec 단위로 읽고 10 usec 이후의 시간을 계산한다.
❻ Trig Port로 High를 출력한다.
❼ 10 usec의 시간이 경과되면 While() 명령으로부터 탈출하고 Trig Port의 출력을 Low로 한다.
❽ Echo Port로 입력되는 High 펄스의 길이를 pulseIn() 함수로 측정한다.
❾ High 펄스의 길이를 거리로 환산한다.
❿ LCD 화면에서 거리를 display하는 부분을 Clear한다.
⓫ LCD에 거리값을 display한다.
⓬ 거리값은 1 sec마다 한 번씩 측정하기로 한다.

6.12 DC Motor 제어 1

DC 모터는 코일에 전류를 흘리면 자력이 발생하는 현상(플레밍의 왼손법칙)을 이용하여, DC 전압으로 제어할 수 있도록 만든 모터이다.

DC 모터는 코일에 전류를 흘리면, 전류로 인하여 발생하는 자력과 고정자의 자력 사이에 발생하는 반반력을 이용하여 회전하도록 만든 장치이이며, 영구자석을 고정자로 하고, 코일이 회전자가 되도록 만들어서, 코일에 전류가 흐르면 자기적 반반력이 발생하도록 만든 모터이다.

DC 모터는 회전 제어가 쉽고, 제어용 모터로서 특성이 우수하기 때문에, 제어장비, 장난감 등을 비롯한 여러 분야에서 널리 사용되고 있다. DC 모터의 속도를 제어하는 방법은

① DC 모터에 인가되는 전압을 바꾸어 주는 방법

② PWM의 duty비를 바꾸어 주는 방법

이 많이 사용되고 있다.

[그림 6.12.1] 회로는 DC 모터 제어회로이다.

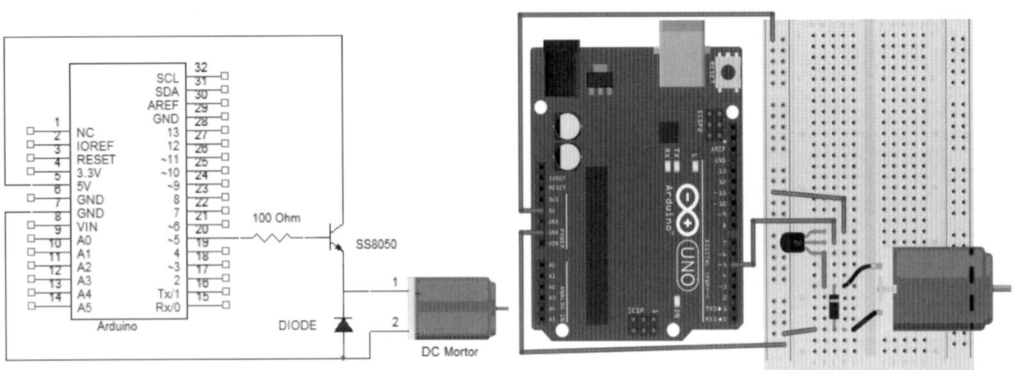

| 그림 6.12.1 | DC 모터 제어회로

DC 모터를 제어하는 프로그램을 작성해 보자.

① PWM 출력을 이용하여 DC 모터의 속도를 제어한다.

② DC 모터의 속도를 천천히 높인 다음

③ 최고 속도일 때 5 sec 동안 대기하고

④ 속도를 천천히 줄인 다음

⑤ DC 모터가 정지한 상태에서 5 sec 동안 대기한다.

프로그램은 Loop() 함수 내에 작성하여 위의 과정이 계속 반복되도록 한다.

다음은 작성된 프로그램이다.

```
#define Motor       5
#define MinSpeed   35                                  // ..................... ❶
void setup() {
  pinMode(Motor,OUTPUT) ;
}

void loop() {
```

```
    float Speed = MinSpeed ;
    for(int i=0;i<255-MinSpeed;++i){                    // ··················· ❷
      Speed += 1 ;
      analogWrite(Motor,Speed) ;
      delay(100) ;
    }
    delay(5000) ;                                       // ··················· ❸
    for(int i=0;i<255-MinSpeed;++i){                    // ··················· ❹
      Speed -= 1 ;
      analogWrite(Motor,Speed) ;
      delay(100) ;
    }
    delay(5000) ;
}
```

❶ DC 모터가 회전하기 전의 PWM 값이다. 0부터 시작하면 DC 모터가 회전하기 전까지 대기 시간이 너무 길기 때문에 35부터 시작한다.
❷ Speed 값을 서서히 증가하면서 PWM을 출력한다.
❸ 5 sec동안 대기한다.
❹ Speed 값을 서서히 줄여가면서 PWM을 출력한다.

6.13 DC Motor 제어 2(Level Transmiter)

DC 모터 제어를 할 때 고려해야 하는 사항들을 정리해 보자.

DC 모터의 중요한 특징을 정리해 보면 다음과 같다.

① 선류의 방향에 의해 회선 방향이 설성되며
② 인가되는 전압과 회전력이 비례하고
③ 인가되는 전류와 토크(torque)가 비례하며
④ 토크와 회전수는 반비례한다.

UNO Bosrd의 CPU는 Atmega328P를 사용하고 있다. Atmega328P Manual에 의하면 IO Port로 출력할 수 있는 최대전류는 40mA이다. 그렇기 때문에 아두이노의 I/O

Port만으로는 –회전력(Torque)이 대단히 작은 소형 모터가 아니면– 모터를 제어할 수 없다. 그렇기 때문에 구동 전류가 큰 DC 모터와 같은 하드웨어를 제어할 때는, 전류를 충분히 공급할 수 있는 외부 전원이 필요하다. 따라서 CPU의 I/O Port로 DC 모터를 제어할 때는, CPU의 I/O Port를 ON-OFF Switch로 사용하여, 전원 전류의 흐름을 제어하는 방법을 많이 사용하고 있다. 한 예로 [그림 6.12.1] 회로에서 NPN Transistor SS8050는 아두이노 5번 Port로부터 출력되는 PWM 신호가 HIGH일 때는, SS8050이 ON 상태가 되어 5V 전원의 전류가 DC 모터로 흐르고, OFF일 때는 5V 전원에서 출력되는 전류를 차단하는 역할을 한다.

이와 같이 CPU를 사용하여 높은 전류 혹은 전압을 제어하기 위한 목적으로 만들어진 회로를 Driver 회로라 하며, 그 회로를 IC화 한 것을 Driver IC라 한다.

L293B는 전류를 1A까지 흘릴 수 있는 4-채널의 드라이버 IC이다.

[그림 6.13.1]은 L293B의 내부 구조이다. Enable Port와 Input Port, Output Port로 구성되어 있다. L293B의 동작은 다음과 같다.

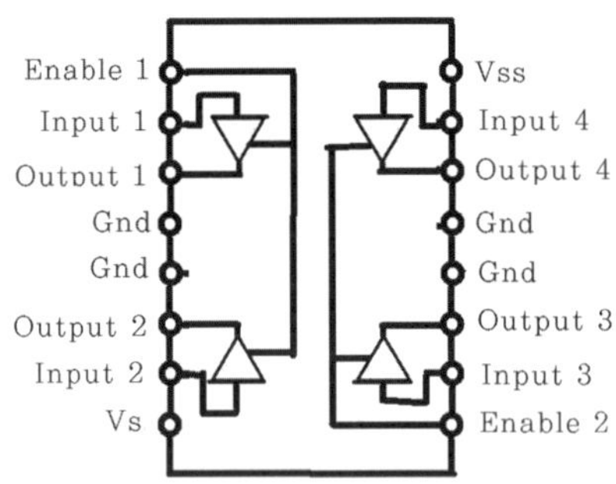

| 그림 6.131.1 | L293B

Enable 1에 2.3V 이상의 High 전압이 가해지면 Input1, Output1과 Input2, Output2가 동작 상태가 된다. 이 상태에서 Input1에 High(2.3V 이상) 전압이 가해지면, Output1의 출력은 Vs로 인가된 전압이 출력된다.

Input1에 2.3V 보다 낮은 전압이 가해지면 Output1의 출력은 0V가 된다. Input2와 Output2도 같은 방법으로 동작한다. Enable2는 Input3,4와 Output3,4를 제어한다는 점과 출력전압이 Vss로 인가되는 전압이라는 점이 다르다.

DC 모터를 제어하는 하드웨어는 다음 사항도 고려되어야 한다.

DC 모터의 내부는 코일과 자석으로 구성되어 있기 때문에 플레밍의 왼손 법칙도 적용되지만 오른손 법칙도 같이 적용된다. 쉽게 이야기하면 전기에 의해 회전도 하지만, 역으로 회전에 의해 전압도 발생한다. 이를 역기전력이라 하는데 모터가 회전하다가 정지하면 이 때 발생하는 역기전력에 의해 모터를 제어하는 I/O 포트가 파손이 되기도 한다. 이러한 현상을 방지하기 위하여 모터 회로에서 다이오드를 사용하는데 이러한 다이오드를 FR 다이오드(Fast Recovery Diode)라 한다. FR 다이오드는 Trr이 높은 다이오드(순방향과 역방향의 전환이 빠른 다이오드)를 사용하여야 한다.

소프트웨어적인 관점에서 보면, DC모터를 정교하게 제어하려면, 프로그램을 작성할 때 다음과 같은 문제점도 고려해야 한다.

DC 모터는 정지 상태에서 처음 전압을 인가하면 -회전에 의한 역기전력이 없기 때문에- 내부저항이 0에 가까운 상태이므로 초기 기동 전류가 대단히 높다. 이로 인하여 모터에 전기적 충격 뿐 아니라, 물리적 충격도 가해지므로 모터의 수명까지 영향을 받는다.

따라서 초기 충격을 억제하기 위하여 Slow-Start 혹은 Soft-Start 등의 방법들을 사용하는데, 모터 전류의 급격한 변화를 억제함으로서 모터에 가해지는 전기적, 물리적 충격을 최소화 하는 것이 목표이다.

DC 모터는 Start할 때도 문제가 있지만, 운행 중인 DC 모터를 정지시키거나 속도를 변경할 때도 모터에 가해지는 물리적, 전기적 충격이 크지 않도록 운행되어야하므로 Slow-Stop 혹은 Soft-Stop 등의 방법이 필요하다.

Slow-Start, Slow-Stop 등의 개념을 하드웨어적인 도움 없이 구현하는 것은 어렵다. 하지만 모터의 속도를 0에서 시작하여 점진적으로 속도를 높이거나, 점진적으로 속도를 줄여나가는 방법을 -원칙적으로는 지수함수로 표현된다.- 사용한다면 모터에 가해지는 충격을 어느 정도는 억제할 수 있다.

DC 모터의 회전 방향과 속도를 변경하는 프로그램을 작성해 보자.

[그림 6.13.2] 회로는 Driver IC L293B를 사용한 DC 모터 제어 회로이다.

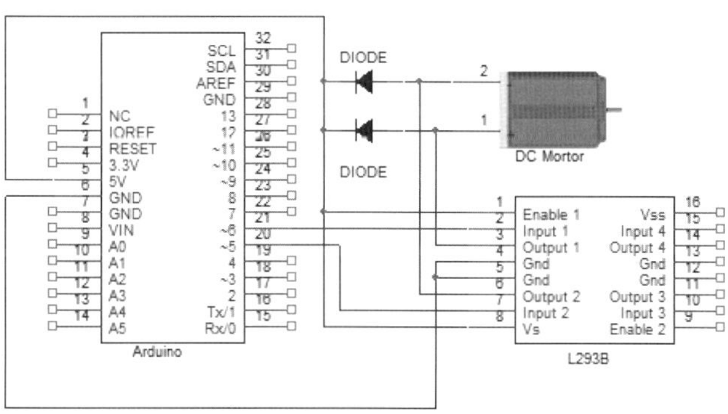

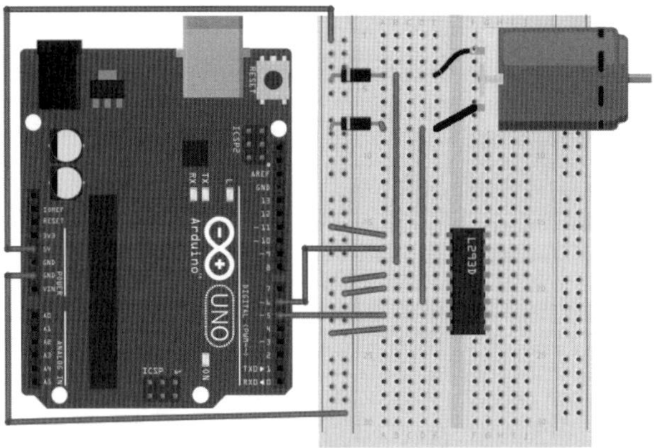

| 그림 6.13.2 | L293B를 사용한 모터 제어회로

프로그램은

① 시계 방향으로 회전을 시작하며
② 속도를 점진적으로 증가하며
③ 최대 속도에 도달했을 때 5 sec 동안 대기하며
④ 속도를 점진적으로 감소하며
⑤ 정지 상태일 때 2 sec 동안 대기하며
⑥ 반시계 방향으로 회전을 시작하여 시계방향과 같은 동작을 한 다음
⑦ 정지 상태에서 2 sec 동안 대기한 다음 1번부터 다시 시작한다.

다음은 작성된 프로그램이다.

```
#define Forward      5
#define Backward     6
#define MinSpeed     65
void setup() {
  pinMode(Forward,OUTPUT) ;
  pinMode(Backward,OUTPUT) ;
}
void loop() {
  float Speed = MinSpeed ;                              // ………………… ❶
  for(int i=0;i<255-MinSpeed;++i){                      // ………………… ❷
    Speed += 1 ;
    analogWrite(Forward,Speed) ;
```

```
        delay(100) ;
    }
    delay(5000) ;                                  // ………………… ❸
    for(int i=0;i<255-MinSpeed;++i){               // ………………… ❹
        Speed -= 1 ;
        analogWrite(Forward,Speed) ;
        delay(100) ;
    }
    analogWrite(Forward,0) ;                       // ………………… ❺
    delay(2000) ;                                  // ………………… ❻
    Speed = MinSpeed ;
    for(int i=0;i<255-MinSpeed;++i){               // ………………… ❼
        Speed += 1 ;
        analogWrite(Backward,Speed) ;
        delay(100) ;
    }
    delay(5000) ;                                  // ………………… ❽
    for(int i=0;i<255-MinSpeed;++i){               // ………………… ❾
        Speed -= 1 ;
        analogWrite(Backward,Speed) ;
        delay(100) ;
    }
    analogWrite(Backward,0) ;
    delay(2000) ;
}
```

❶ MinSpeed 보다 작은 값의 PWM 신호가 인가되면 모터가 회전하지 않는다.

❷ 모터를 순방향으로 회전하면서 속도를 서서히 증가시킨다.

❸ 최고 속도에 도착한 다음 5 sec 동안 기다린다.

❹ 모터가 멈출 때까지 속도를 서서히 감소시킨다.

❺ PWM 값을 0으로 한다(출력 0 상태가 된다.).

❻ 2 sec 기다린다.

❼ 모터를 역방향으로 회전하면서 서서히 속도를 높여간다.

❽ 최고 속도가 되었을 때 5 sec동안 대기한다.

❾ 역방향 속도를 멈출 때까지 서서히 감소한다.

6.14 Servo 모터

서보모터란 모터를 제어할 수 있는 구동 시스템을 가진 모터를 말한다. 서보모터 내부의 모터제어 시스템은 PID 제어 등의 알고리듬을 가지고 있기 때문에, 서보모터 사용자는 모터의 전력 효율, 관성력, 반발력 등을 고려할 필요 없이 서보모터의 명령 체계만 따르면 효율적으로 모터를 제어할 수 있으므로, 정확한 위치와 속도를 구현해야 하는 NC 머신, 공작기계, CCTV 카메라, 캠코더, 프린터 등에는 서보모터를 사용하고 있다.

SG90 서보모터는 [그림 6.14.1]과 같이 Pulse의 폭으로 모터를 제어하도록 설계된 서보모터이다. 다시 말하면 펄스의 폭으로 명령을 대신하고 있다.

SG90은 다음과 같은 명령 체계를 가지고 있다.

① Pulse의 폭이 0.7~1 msec이면 시계 방향으로 회전

② Pulse의 폭이 1.5 msec이면 Center로 향한다.

③ Pulse의 폭이 1.7~2.0 msec이면 반시계방향으로 회전한다.

④ Pulse의 주기 20 msec는 최솟값이다.

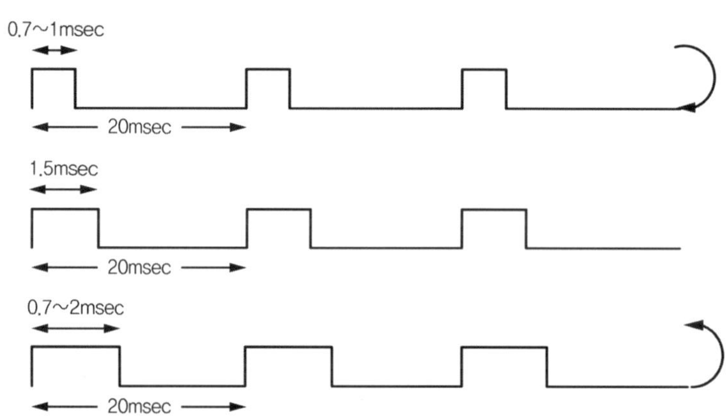

| 그림 6.14.1 | SG90의 입력 펄스폭과 회전 방향

아두이노를 사용하여 기계적 움직임을 제어하는 정도라면, 5장에서 설명한 Bit 제어 방식을 사용하여 처리할 수 있지만, 여기서는 아두이노 측에서 제공하는 Servo Library를 사용해 보기로 하자.

참고로 장기적으로 생각한다면 Bit 제어 방식에 익숙해지는 것이, 좋은 점이 많다. Bit 제어 방식으로도 구현해 볼 것을 추천한다.

Servo Library에서 제공하는 함수의 Syntax는 다음과 같다.

1) attach(pin)
attach(pin,min,max)

Servo 모터의 신호를 출력할 pin 번호를 설정하는 명령이다

- pin : 서보모터를 제어할 아두이노 pin 번호
- min : 서보모터를 구동할 Pulse 폭의 최솟값(default : 544) 이 값에 의해 서보모터 angle의 최솟값이 결정된다.
- max : 서보모터를 구동할 Pulse 폭의 최댓값(default : 2400) 서보모터의 최대각(180℃)이 결정된다.

2) write(angle)

서보모터 shaft의 위치를 angle로 지정한 각도가 되도록 한다. angle의 값은 0~180 범위의 값이며, 90가 중심점이고, 0일 때가 한쪽 방향의 최대 위치이고, 180은 반대 쪽 방향의 최대 위치이다.

- angle : Shaft의 각도

3) writeMicroseconds(us)

서보모터의 위치를 좀 더 세분화된 각도로 지정할 수 있도록 만든 명령이다.
1000~3000 범위의 값이며, 1500이 중심점이다.

- us : 0~3000 범위의 숫자

4) read()

Shaft의 angle 값을 읽는다.

- return : shaft의 각도(0~180)

5) detach()

서보모터와 연결된 Pin을 해제한다.
attach() 명령에서 설정한 pin을 해제한다.

6) attached()

서보모터에 pin이 attach되어 있는지 여부를 검사한다.

- return : true : attach되어 있음.
  false : detach되어 있음.

[그림 6.14.2]는 실험에 사용할 회로이다.

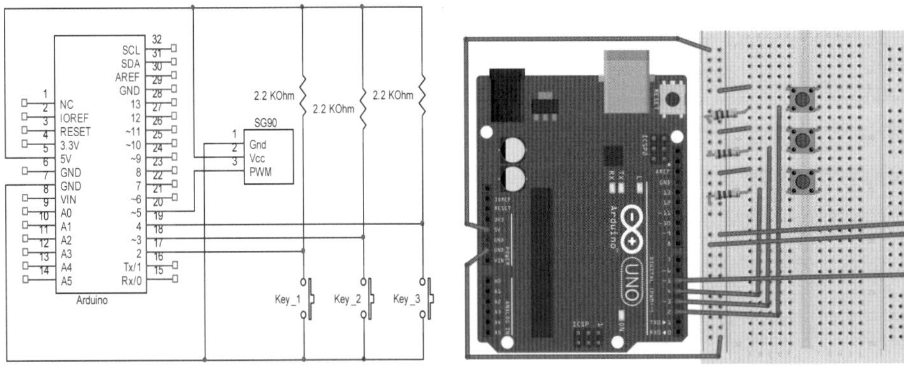

| 그림 6.14.1 | 서보모터 회로

서보모터 응용에서 자주 나오는 예를 구현해 보자. Key_1을 누르면 시계 방향으로 회전하고, Key_2를 누르면 반시계 방향으로 회전하며, Key_3를 누르면 현재의 각도를 시리얼 모니터로 전송하는 프로그램을 작성해 보자.

다음은 작성된 프로그램이다

```
#include <Servo.h>                                  // ……………………  ❶
#define    Key_1   2
#define    Key_2   3
#define    Key_3   4
#define    Motor   5
Servo SMotor ;
void setup() {
  Serial.begin(9600) ;
  pinMode(Key_1,INPUT) ;
  pinMode(Key_2,INPUT) ;
  pinMode(Key_3,INPUT) ;
  SMotor.attach(Motor) ;                            // ……………………  ❷
  SMotor.write(90) ;                                // ……………………  ❸
}

void loop() {
  if(digitalRead(Key_1)==LOW){                      // ……………………  ❹
```

```
        RotateLeft() ;
        delay(50) ;
    }
    if(digitalRead(Key_2)==LOW){                      // ·················· ❺
        RotateRight() ;
        delay(50) ;
    }
    if(digitalRead(Key_3)==LOW){                      // ·················· ❻
       Serial.print("현재 위치 : ") ;
       Serial.println(SMotor.read()) ;
       delay(300) ;
    }
}

void RotateRight(){                                   // ·················· ❼
    int Ang = SMotor.read() ;                         // ·················· ❽
    if(Ang>=180) return ;
    Ang++ ;
    SMotor.write(Ang) ;
}

void RotateLeft(){                                    // ·················· ❾
    int Ang = SMotor.read() ;
    if(Ang<=0) return ;
    Ang-- ;
    SMotor.write(Ang) ;
}
```

❶ Servo Library를 사용한다.
❷ 서보모터로 제어 신호를 출력할 Port를 지정한다,
❸ 서보모터의 Shaft를 중앙에 두고 시작한다.
❹ Key_1 입력을 검토한다.
❺ Key_2 입력을 검토한다.
❻ Key_3 입력을 검토한다.
❼ 서보모터를 우측으로 1℃ 회전하는 함수
❽ 서보모터의 현재 각도를 측정한다.
❾ 서보모터를 좌측으로 1℃ 회전하는 함수

6.15 스텝 모터

스텝 모터는 연속적으로 회전을 하는 DC 모터와 달리 스텝 단위로 회전하도록 만들어진 모터이다. [그림 6.15.1]은 1상 여자 방식의 스텝 모터가 구동하는 모양을 그린 것이다.

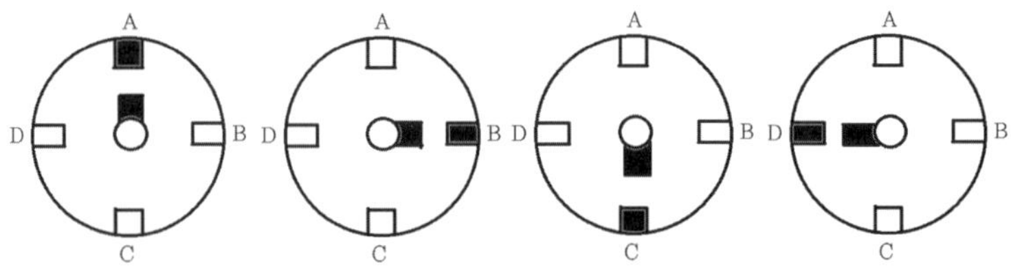

| 그림 6.15.1 | 1상 여자방식의 구동

스텝 모터는 [그림 6.15.1 (a)]와 같이 A가 자화되면 중심에 있는 자석이 A로 향하게 되고 [그림 6.15.1 (b)]와 같이 B 자화가 되면 자석이 B를 향하게 된다. 이런 식으로 [그림 6.15.1 (c)], [그림 6.15.1 (d)]를 거쳐서 다시 [그림 6.15.1 (a)]로 되돌아오면 1회전이 이루어진다. (a) → (b) → (c) → (d)로 변환하는 과정을 우리는 1-Step이라 부르고 [그림 6.15.1]은 4-Step마다 1회전이 된다. 회전 방향을 반대로 하려면 (d) → (c) → (b) → (a)로 하면 된다는 것을 쉽게 알 수 있다.

여기서 주의할 점은 모터 자체는 1회전을 하였지만, 외부적에는 모터 축에 연결되어 있는 기어의 조작으로 인해 작은 각도의 회전으로 나타난다. 예를 들면 프로그램에서 사용할 스텝 모터 KH42는 Step Angle이 1.8도이고 1회전을 하려면 4-Step이 필요하므로 외부적으로는 1회전 마다 1.8×4=7.2도 회전한다.

스텝 모터가 이와 같은 방식으로 회전하므로, 스텝 모터는 Pulse에 의한 구동이 가능하고, 정해진 회전각을 가지고 회전하기 때문에 정확한 제어가 가능하다는 장점이 있지만 물리적인 반응 속도와 관성 및 전기적 특성 등의 영향으로 펄스의 주기가 높아지면 탈조 현상이 나타나기도 한다.

스텝 모터의 종류는 V.R형, P.M형, Hybrid형으로 구분되고 있으며, 스텝 모터의 구동 방식도 Unipolar 방식과 Bipolar 방식으로 구분된다.

[그림 6.15.2]에서 보는 것처럼 유니폴러 방식은

① 센터에 Tab을 가지고 있기 때문에 전류가 단일 방향이므로

② 주변회로가 간단하고

③ 고속일 때 유리하지만
④ 바이폴러 방식에 비하여 토크도 약하고,
⑤ 효율성도 낮은 편이다.

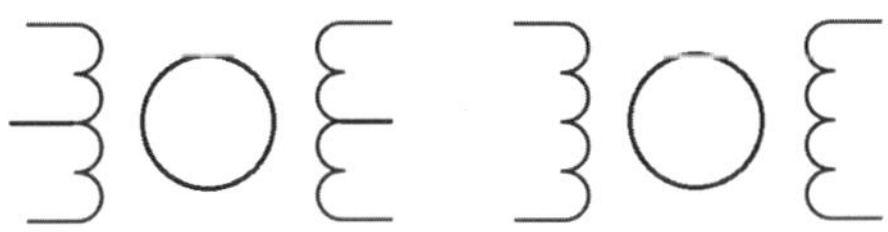
(a) Unipolar (b) Bipolar

| 그림 6.15.2 | Unipolar 방식과 Bipolar 방식

이렇게 생각하면 바이폴러 방식이 더 좋을 것 같지만, 바이폴러 방식은 전류가 양 방향으로 흐르기 때문에, 전류가 크고, 방향 변화가 심할 때는, 전자적으로 주변회로에 미치는 영향이 크기 때문에, 순간적으로 빠른 속도를 필요로 하는 마이크로 로봇 등에서는 유니폴러 방식이 유리한 경우가 많다. 필요에 따라서는 유니폴러 제품인 경우도 유니폴러의 중간 Tab을 사용하지 않고 코일의 양단만 사용하여 바이폴러도 구동시키기도 한다.

스텝 모터의 구동 방법은 다음의 3가지 방법이 가장 많이 사용된다.

(1) 1 상 여자 방식

① 소비전력이 낮다.
② 정밀도가 높다.
③ 진동이 커서 탈조하기 쉽다.

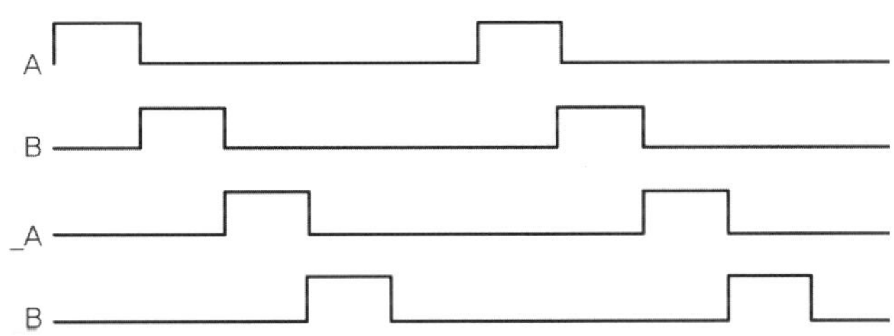

| 그림 6.15.3 | 1상 여자 방식의 타임 차트

(2) 2상 여자 방식

① 전류 소비가 크다(1상 여자 방식의 2배).
② 토크가 크다(1상 여자의 약 $\sqrt{2}$ 배 정도이다.).
③ 감쇄 진동이 낮다.

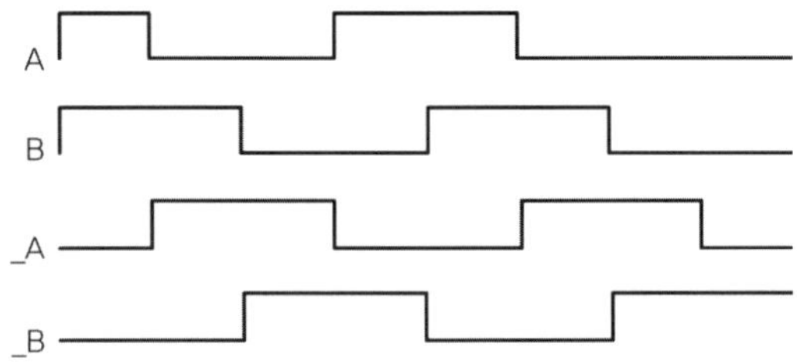

| 그림 6.15.4 | 2상 여자 방식의 타임 차트

(3) 1–2 상 여자 방식

① 소비 전류가 중간이다(1상 여자 방식의 1.5배).

② Step의 각이 1상의 1/2 정도로 정교하다(정밀도는 낮다.).

③ 정교한 조정이 필요할 때 사용 된다.

④ 주파수 응답 범위가 넓다(2배 정도).

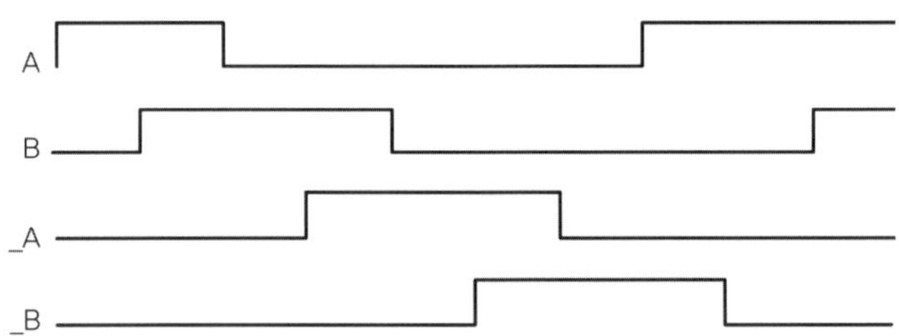

| 그림 6.15.5 | 1–2상 여자 방식의 타임 차트

아두이노에서 제공하는 Step Motor 관련 Library는 Stepper Library이다.

Stepper Library는 Step motor를 2상 여자 방식으로, 구동하고 있으며, Stepper에 정의되어 있는 함수의 Syntex는 다음과 같다.

1) Stepper(Steps, A, $\overline{A}$, B, $\overline{B}$)

Stepper(Step, A, B)

2상 여자 방식은 A와 $\overline{A}$가 역으로 구동되며, B와 $\overline{B}$가 역으로 동작하기 때문에, A와 B에 not gate를 추가하여 $\overline{A}$와 $\overline{B}$를 제어한다면, 4개의 제어선(A, $\overline{A}$, B, $\overline{B}$) 대신 2개의 제어선(A, B)만으로 제어할 수 있다. 이 경우는 하드웨어적으로 not Gate 2개가 추가되어야 한다.

- step : Step Motor가 1회전할 때 필요한 Step의 수(KH42H는 200이다.)
- A, $\overline{A}$, B, $\overline{B}$: Step Motor의 단자 A, $\overline{A}$, B, $\overline{B}$에 연결할 Port의 번호

2) setSpeed(rpms)

Step Motor의 분당 회전수를 설정하는 명령

- rpms : Step Motor의 분당 회전수

3) step(steps)

Step Motor를 구동 하는 명령이다.

- steps : Step Motor가 구동해야 하는 step의 수이며 음수(-)를 사용하면 역방향으로 회전한다. Stepprr 명령에서 KH 42의 step 수가 200이라 하였으므로 Step 값을 200을 주면 1회전하고, 400을 주면 2회전한다. -400을 주면 역방향으로 2회전한다.

[그림 6.15.6] 회로는 Step Motor를 구동하기 위한 회로이다. [그림 6.15.6] 회로는 L293B를 사용하였는데, 아두이노 Port에서 출력할 수 있는 전류의 한계로 인하여, 모터에 충분한 전류를 공급할 수 없으므로, L293B를 사용하여 전류 공급 방법을 보완하였다. [그림 6.15.6] 회로는 필요에 따라 Unipolar 방식과 Bipolar 방식을 모두 사용할 수 있도록 설계되어 있다.

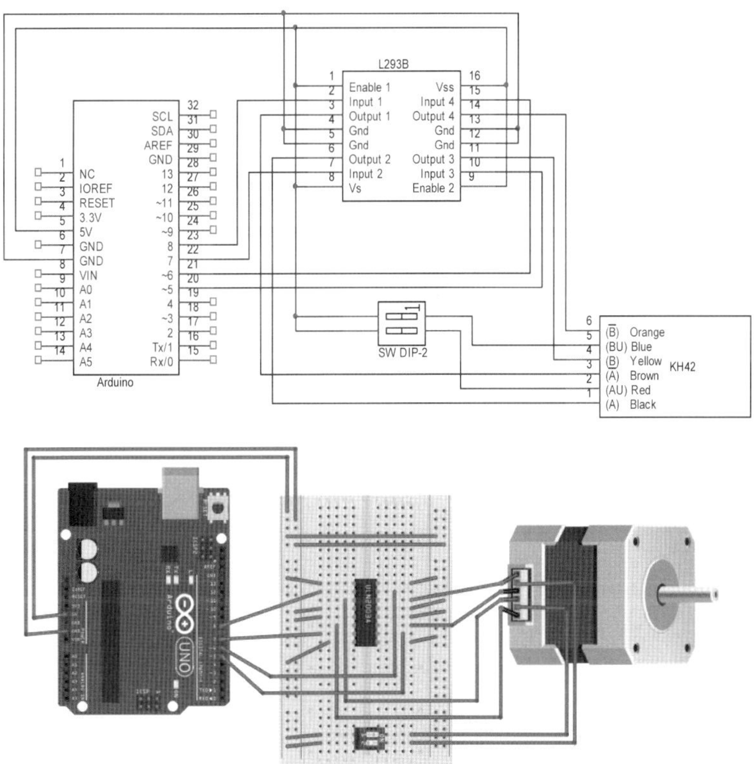

| 그림 6.15.6 | 스텝 모터 회로

[그림 6.15.6] 회로에서 SW Dip2는 Unipolar 방식과 Bipolar 방식을 전환하기 위한 Switch이다. SW Dip2의 2단자를 모두 Off로 하면 Red와 Blue가 Open 상태가 되므로 Bipolar 방식으로 동작하고, SW Dip2의 2단자를 모두 On으로 바꾸면 Blue와 Red에 5V가 인가되므로 Unipolar 방식으로 구동한다. SW Dip2는 2단자가 동시에 Off 상태이거나 On 상태가 되도록 하여야 한다.

다음과 같이 동작하는 프로그램을 작성해 보자.

① 모터의 속도는 40 rpm으로 하며
② Step Motor를 시계 방향으로 10 회전하고
③ 1 sec 기다린 다음
④ Step Motor를 반 시계 방향으로 10회전하는 프로그램을 작성하자.

작성한 프로그램은 다음과 같다.

```
#include <Stepper.h>                         // ………………… ❶
#define   A     5
#define   _A    6
#define   B     7
#define   _B    8

Stepper Motor(200,A,_A,B,_B) ;               // ………………… ❷
void setup() {
  Motor.setSpeed(40) ;                       // ………………… ❸
  Motor.step(2000) ;                         // ………………… ❹
  delay(1000) ;
  Motor.step(-2000) ;                        // ………………… ❺
}
void loop() {
}
```

❶ Stepper Library를 사용한다.
❷ Stepper의 Object를 생성한다.
❸ 40rpm으로 설정한다.
❹ + 값이므로 시계 방향으로 회전한다.
❺ - 값이므로 반시계 방향으로 회전한다.

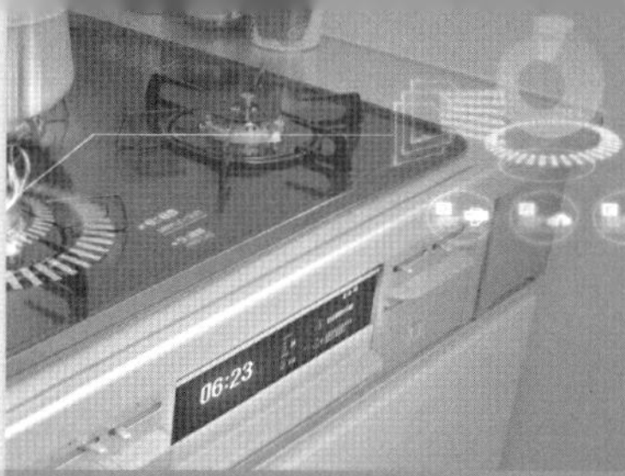

Chapter

07

실무편

7장은, 독자들이 부품을 사용하는 방법에는 문제가 없으리라 가정하고, 3장에서 소개한 프로그램의 고급 기법을 응용하는 방법과 4장의 통신과 비휘발성 메모리, 5장의 Bit제어 기법과 6장에서 소개한 부품의 조합으로 무엇을 할 수 있는지를 보여 주기위하여 마련하였다.

7장을 서술하면서, 저자는 되도록 실무에 가까운 프로젝트를 구현하려고 하였으며, 프로그래밍도 난이도를 고려하지 않고 사용 하였지만, 아직은 미묘한 부분의 한계가 있음을 인정할 수밖에 없다는 것이 저자의 솔직한 기분이다. 하지만 7 장에는 실무적으로 사용되고 있는 여러 가지 기법들을 사용하고 있기 때문에, 그 내용들을 충분히 숙지한다면, 독자들이 발전할 수 있는 기반은 마련될 수 있으리라 생각하고 있다.

7장에서 구현한 프로젝트는 다음과 같다.

1. 날짜와 시간을 표시하는 시계
2. 건널목 신호대
3. Stop Watch
4. 생산 현황반
5. 지능형 행동 구현
6. 각속도 감지기
7. 무선 통신으로 제어하는 서보모터
8. DC 모터 제어
9. Step Moror 제어
10. 구동장치의 위치 정밀 측정기

7.1 날짜 시간을 표시하는 시계

6.3절의 프로그램은 간단히 작성할 수는 있지만 시간을 변경하는 기능이 없기 때문에 불편하다. Key를 추가하여 실질적으로 사용 가능한 시계를 만들어보자.

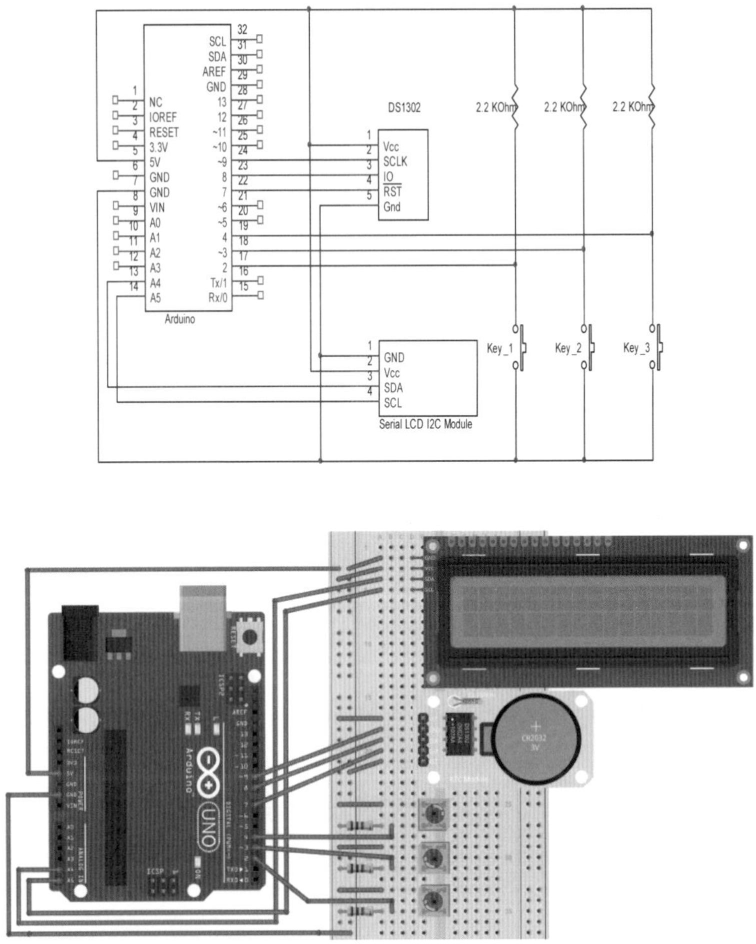

| 그림 7.1.1 | 시간 변경이 가능한 시계회로

Key_1, Key_2, Key_3는 다음과 같이 사용한다.

① 시간을 변경하려면 Key_1을 누른다.

② Key_2는 변경하려는 연, 월, 일, 시의 숫자를 선택하는 목적으로 사용된다

③ Key_3는 선택된 숫자의 값을 증가한다.

④ 시간 변경이 완료되었으면 key_1을 다시 누른다.

⑤ Key를 누르지 않는 상태가 5 sec를 넘으면 시간을 표시하는 상태로 복귀한다.

여기서 적용하는, Key를 이용하여 숫자를 변경하는 방법은 자동화 장비 등에서 많이 사용하는 방법이다. 주의 깊게 검토해 보기 바란다.

숫자의 변경은 다음 조건을 만족하여야 한다.

① 연도 값은 2000~2099까지이고,

② 월 데이터는 1~12,

③ 날짜 데이터는 3일까지 있는 달과 31일 까지 있는 달로 구분되어야 하며, 2월 달은 윤달이 없는 연도는 28일, 윤달이 있는 달은 29일까지이다.

④ 시간은 0~23까지이고

⑤ 분과 초는 0~59까지이다.

여기서 고려해야 할 사항은, 적절한 시간으로 맞추려면 숫자를 60번, 연도의 경우는 100번을 변경하여야 한다. 사용자로 하여금 Key를 100번씩 누르도록 하는 것은 무리라 생각된다. 이러한 문제를 해결하기 위하여 자리수를 많이 설정하는 것도 하나의 방법이지만, Key를 연속으로 누르면 숫자 혹은 위치가 연속하여 변경될 수 있도록 만드는 것도 방법중 하나이다. 하지만 이런 방법은, Chattering 현상을 피할 수 있도록 작성해야 한다는 것이 문제란 생각이 든다.

저자는 상수 VChat (Chattering Time)을 300 msec로 하였지만, 독자들이 사용하는 Key와 저자가 사용하는 key의 특성이 다르기 때문에 사용하고 있는 Key에 따라 VChat 값을 적절히 선택하여야 한다.

작성한 프로그램은 다음과 같다.

```
#include <DS1302.h>                                    // ..................... ❶
#include <LiquidCrystal_I2C.h>                         // ..................... ❷
#define VChat 300
#define Key_1 2
#define Key_2 3
#define Key_3 4
#define Rst     7
#define Io      8
#define Sclk    9
```

```
LiquidCrystal_I2C lcd(0x27,16,2);                    // ..................... ❸
DS1302 rtc(Rst, Io, Sclk);                           // ..................... ❹
void setup() {
  lcd.init();                                        // ..................... ❺
  rtc.halt(false) ;                                  // ..................... ❻
  lcd.clear() ;
}

void loop() {
  if(digitalRead(Key_1)==LOW) TimeRepair() ;         // ..................... ❼
  showTime() ;                                       // ..................... ❽
  delay(100);                                        // ..................... ❾
}

void TimeRepair(){
  long PreTme, nowTme ;
  int Pos = 0 ;                                      // ..................... ❿
  delay(VChat) ;                                     // ..................... ⓫
  rtc.writeProtect(false);                           // ..................... ⓬
  rtc.halt(true) ;                                   // ..................... ⓭
  lcd.cursor() ;                                     // ..................... ⓮
  lcd.blink() ;
  PreTme = millis() ;                                // ..................... ⓯
  CurPos(Pos) ;                                      // ..................... ⓰
  while(Pos<7){
    if(digitalRead(Key_1)==LOW){                     // ..................... ⓱
      delay(VChat) ;                                 // ..................... ⓲
      break ;
    }
    if(digitalRead(Key_2)==LOW){                     // ..................... ⓳
      delay(VChat) ;
      Pos++ ;
      if(Pos>=7) Pos = 0 ;
      CurPos(Pos) ;
      PreTme = millis() ;                            // ..................... ⓴
   }
   if(digitalRead(Key_3)==LOW){                      // ..................... ㉑
      delay(VChat) ;
      IncTime(Pos) ;
      PreTme = millis() ;                            // ..................... ㉒
```

```
    }
    nowTme = millis() ;                          // ..................... ㉓
    nowTme -= PreTme ;
    if(nowTme>5000) break ;                      // ..................... ㉔
  }
  lcd.noCursor() ;                               // ..................... ㉕
  lcd.noBlink() ;
  rtc.halt(false) ;
}

String getWeek(byte wk){                         // ..................... ㉖
  switch(wk){
    case 1: return "Sun" ;
    case 2: return "Mon" ;
    case 3: return "Tue" ;
    case 4: return "Wrd" ;
    case 5: return "Thu" ;
    case 6: return "Fri" ;
    case 7: return "Sat" ;
    default : return "Err" ;
  }
}

void CurPos(int Pos){                            // ..................... ㉗
  switch(Pos){
    case 0: lcd.setCursor(4,0);
            break ;
    case 1: lcd.setCursor(7,0);
            break ;
    case 2: lcd.setCursor(10,0);
            break ;
    case 3: lcd.setCursor(5,1);
            break ;
    case 4: lcd.setCursor(8,1);
            break ;
    case 5: lcd.setCursor(11,1);
            break ;
    case 6: lcd.setCursor(14,0);
            break ;
  }
```

```
}

void IncTime(int Pos){                                   // ..................... ㉘
  Time tm = rtc.time() ;
  switch(Pos){
    case 0: tm.yr++ ;
            if(tm.yr>=2100) tm.yr = 2000 ;
            break ;
    case 1: tm.mon++ ;
            if(tm.mon>12) tm.mon = 1 ;
            break ;
    case 2: tm.date++ ;
            if(tm.date>31) tm.date = 1 ;
            switch(tm.mon){
              case 2: if((tm.yr%4)==0){
                          if(tm.date>29) tm.date = 1 ;
                      }
                      else if(tm.date>28) tm.date = 1 ;
                      break ;
              case 4:
              case 6:
              case 9:
              case 11:
                    if(tm.date>30) tm.date = 1 ;
                    break ;
            }
            break ;
    case 3: tm.hr++ ;
            if(tm.hr>23) tm.hr = 0 ;
            break ;
    case 4: tm.min++ ;
            if(tm.min>59) tm.min = 0 ;
            break ;
    case 5: tm.sec++ ;
            if(tm.sec>59) tm.sec = 0 ;
            break ;
   case 6: tm.day=tm.day+1  ;
            if(tm.day>7) tm.day = 1;
            break ;
  }
```

```
    rtc.time(tm) ;                                    // ................... ㉙
    showTime() ;
    CurPos(Pos) ;
}

void showTime(){                                      // ................... ㉚
    char mon[3] ;
    char day[3] ;
    char hour[3] ;
    char minute[3] ;
    char second[3] ;
    Time tm = rtc.time() ;
    sprintf(mon,"%02d", tm.mon) ;
    sprintf(day,"%02d", tm.date) ;
    sprintf(hour,"%02d", tm.hr) ;
    sprintf(minute,"%02d", tm.min) ;
    sprintf(second,"%02d", tm.sec) ;
    String str =" "+String(tm.yr)+":"+ String(mon) +":"+String(day)
                                          +"("+getWeek(tm.day)+")" ;
    lcd.setCursor(0,0);
    lcd.print(str);
    str = "      "+String(hour)+":"+String(minute)+":"+String(second) ;
    lcd.setCursor(0,1);
    lcd.print(str);
}
```

❶ DS1302 헤더를 include하여 DS1302 Library를 사용한다.

❷ LiquidCrystal_I2C 헤더를 include하여 LiquidCrystal_I2C library를 사용한다.

❸ LiquidCrystal_I2C Object를 생성한다.

❹ DS1302 Object를 생성한다.

❺ LCD를 초기화한다.

❻ RTC Timer를 구동한다.

❼ Key_1이 감지되었으면 TimeRepair() 함수를 실행한다.

❽ RTC Time을 읽고 LCD에 display하는 함수이다.

❾ LCD 값은 0.1 sec마다 한 번씩 한 번씩 갱신한다.
Key_1 Check Time을 고려해야 하기 때문이 이 값을 작게 하였다.

❿ Pos 값은 수정해야 할 시간 값을 나타낸다.
0 : 년도, 1 : 월, 2 : 날짜,3 : 시간, 4 : 분, 5 : 초, 6 : 요일

⑪ Key_1의 Chattering Timming이다.
⑫ 시간을 수정할 수 있도록 write Protect를 해제한다.
⑬ RTC 내부 Timer를 정지시킨다.
⑭ Currsor를 display한다.
⑮ Key 입력으로 시간을 변경한 이후 5 sec를 지났는지를 알기 위하여 PreTime을 읽어 둔다.
⑯ Cursor의 위치를 수정할 데이터의 위치로 변경한다.
⑰ Key_1이 감지되면 while()문장을 탈출하여, 함수가 종료된다.
⑱ Key_1의 Chattering Time이다.
⑲ Key_2가 감지되면 Pos값을 변경하여, 수정할 위치를 변경한다.
⑳ Key가 사용되었으므로 PreTime의 값을 갱신한다.
㉑ Key_3가 감지되면 Pos가 지정하고 있는 시간 데이터 값을 변경한다.
㉒ Key가 사용되었으므로 PreTime의 값을 갱신한다.
㉓ nowTme으로 현재 시간을 읽어 들인다.
㉔ PreTime과의 차이가 5 sec 이상이면 Key를 사용하지 않은 시간이 5 sec 이상이 되었으므로 while() 문장을 탈출하여, 함수가 종료된다.
㉕ Cursor를 없애고, RTC 내부 Timer를 다시 구동한다.
㉖ 요일의 문자열을 생성하는 함수이다.
㉗ Pos 값에 따라 Cursor의 위치를 지정하는 함수이다.
㉘ Pos가 지정하는 시간 데이터 값을 증가하도록 만드는 함수이다.
㉙ 변경된 시간을 RTC에 기록하고 LCD에 display한다.
㉚ Time을 LCD에 display하는 함수이다.

7.2 건널목 신호대

건널목 신호대를 선택한 것은 Class를 만들어서 사용하는 방법과, 인터럽의 사용 및 Class의 Point를 정의하고 사용하는 예를 보여주기 위해서이다. 신호대는 빨간불→파란불→파란불과 더불어 종료시간 표시→빨간불 순으로 동작하도록 하자. 빨간불과 파란불은 Led로 대치하고, 숫자 표시는 FND를 사용하자.

[그림 7.2.1] 회로는 실험에 사용할 회로이다.

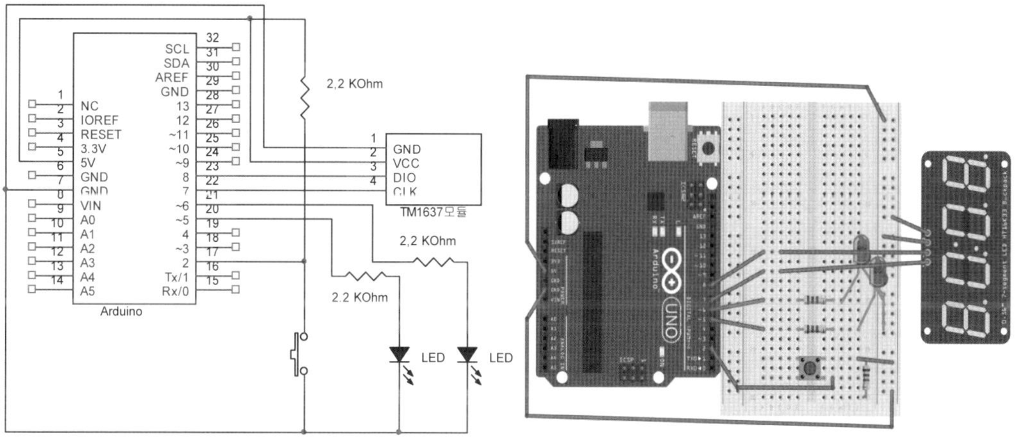

| 그림 7.2.1 | 건널목 신호대 회로

신호대의 동작 조건은 신호대가 계속 동작하는 중에 Key를 눌러서 동작 시간을 [Table 7.2.1] 중 하나로 변경할 수 있도록 프로그램을 작성하자. 다음은 사용자가 선택할 수 있는 시간 테이블이다.

번호	빨간불 시간	파란불 시간	파란불+숫자 시간
1	5	5	5
2	10	5	5
3	10	5	10
4	10	10	10
5	5	10	5

| Table 7.2.1 | 시간 테이블

Key_1은 Table 순서대로 시간을 변경하는 목적으로 사용하였다.

TM1637 FND의 사용법은 3.9절에서 소개하였다.

TNM1637의 좌측 2자리는 Table 번호를 표시하고, 우측 2자리는 시간 값으로 사용하자.

Class Pointer를 사용하기 위한 프로그램이므로, Traffic Class를 만들고, Traffic Class의 Pointer를 이용하여 프로그램을 작성하자.

프로그램에서 Key_1의 입력은 Hardware interrupt를 사용하자(3.4절 참조).

다음은 Traffic Class와 Traffic Class를 사용하는 프로그램이다.

Traffic.h와 Traffic.cpp는 별도의 File로 작성하였으며, 작성된 File은, 아두이노 소스 프로그램과 같은 Directory에 있어야 한다.

```
===============Traffic.h================================
#include      "arduino.h"
class Traffic{
public:
  Traffic(int no,int rd, int ble, int blnum) ;
  int No ;                    // 번호
  int Red ;                   // 빨간불 시간
  int Blue ;                  // 파란불 시간
  int BlueNum ;               // 파란불+숫자 시간
};
===============Traffic.cpp==============================
#include      "Traffic.h"
Traffic::Traffic(int no,int rd, int ble, int blnum){
  No = no ;
  Red = rd ;
  Blue = ble ;
  BlueNum = blnum ;
}
================아두이노 소스 프로그램==================
#include <TM1637Display.h>                  // ………………… ❶
#include "Traffic.h"                        // ………………… ❷
#define CLK 7
#define DIO 8
TM1637Display FND(CLK,DIO) ;                // ………………… ❸
#define VChat    300                        // ………………… ❹
#define Key_1    2
#define RedLed   5
#define BlueLed 6
int Pos ;
long Chat ;
Traffic Trf1(1,5,5,5) ;                     // ………………… ❺
Traffic Trf2(2,10,5,5) ;
Traffic Trf3(3,10,5,10) ;
Traffic Trf4(4,10,10,10) ;
Traffic Trf5(5,5,10,5) ;
Traffic *Trp ;                              // ………………… ❻
```

```
void setup() {
  pinMode(RedLed,OUTPUT) ;
  pinMode(BlueLed,OUTPUT) ;
  interrupts() ;
  attachInterrupt(digitalPinToInterrupt(Key_1), K1_Hit, FALLING);
                                                          // ·················· ❼
  Chat = millis() - VChat ;                               // ·················· ❽
  Pos = 0 ;
  FND.setBrightness(7) ;                                  // ·················· ❾
}

void loop(){
  ClearFnd() ;
  Trp = GetTraffic() ;
  FND.showNumberDec(Trp->No, false,2,0) ;                 // ·················· ❿
  int Val = Trp->Red*1000 ;                               // ·················· ⓫
  digitalWrite(RedLed,HIGH) ;
  Wait(Val) ;
  digitalWrite(RedLed,LOW) ;
  Val = Trp->Blue*1000 ;                                  // ·················· ⓬
  digitalWrite(BlueLed,HIGH) ;
  Wait(Val) ;
  Val = Trp->BlueNum ;                                    // ·················· ⓭
  ShowTime(Val) ;                                         // ·················· ⓮
  digitalWrite(BlueLed,LOW) ;
}

void ClearFnd(){                                          // ·················· ⓯
  byte Dta[]={ 0x0, 0x0, 0x0, 0x0 } ;
  FND.setSegments(Dta) ;
}

void ShowTime(int Val){                                   // ·················· ⓰
  long Pre = millis() ;
  int No = Val ;
  while(true){
    FND.showNumberDec(No, false,2,2) ;
    if(No<=0) return ;
    while(true){
      long Now = millis() ;
```

```
            Now -= Pre ;
            if(Now>=1000){
              Pre = millis() ;
              No-- ;
              break ;
            }
          }
        }
}

void Wait(long Val){                                    // ..................... ⓱
  long Pre = millis() ;
  while(true){
    long Now = millis() ;
    Now -= Pre ;
    if(Now>Val) break ;
  }
}

Traffic * GetTraffic(){                                 // ..................... ⓲
  switch(Pos){
    case 0 : return &Trf1 ;
             break ;
    case 1 : return &Trf2 ;
             break ;
    case 2 : return &Trf3 ;
             break ;
    case 3 : return &Trf4 ;
             break ;
    default : return &Trf5 ;
             break ;
  }
}

void K1_Hit(){                                          // ..................... ⓳
  long NowTme = millis() ;
  NowTme -= Chat ;
  if(NowTme>VChat){                                     // ..................... ⓴
    Chat = millis() ;
    Pos++ ;
```

```
        if(Pos>=4) Pos = 0 ;
        Trp = GetTraffic() ;
        FND.showNumberDec(Trp->No, false,2,0) ;
    }
}
```

❶ TM1637Display Library를 사용하기 위하여 헤더파일을 include한다.
TM1637Display Library가 정의되어 있지 않으면 3.9절을 참조하여 library를 등록하여야 한다.

❷ Traffic Class를 사용하기 위하여 헤더 파일을 include한다.

❸ TM1637Display Object FND를 생성한다.

❹ Chattering Time을 300 msec로 하였다.

❺ Traffic Object를 필요한 만큼 생성한다.

❻ Traffic Class의 Pointer를 정의한다.

❼ Key_1 인터럽트 함수(K1_Hit)를 정의한다.

❽ Chat는 Key_1에 의한 체터링을 방지하기 위한 변수이다.

❾ FND의 밝기를 설정한다.

❿ FND 좌측에 번호를 표시한다.

⓫ 붉은 Led On 시간, 이 시간만큼 붉은 Led를 On한다.

⓬ 푸른 Led On 시간, 이 시간만큼 푸른 Led를 On한다.

⓭ 시간 표시 값

⓮ 시간값을 1 sec마다 1씩 감소하며 Display한다.

⓯ FND이 모든 값을 지우는 함수

⓰ 시간값을 1 sec마다 1씩 감소하며 Display하는 함수

⓱ 지정된 시간만큼 대기(Delay)하는 함수

⓲ Traffic Class의 Pointer 값을 return하는 함수.

⓳ Key_1 인터럽 함수이다.

⓴ Key_1이 눌려진 후 VChat 시간이 지난 다음에 Pos 값을 증가시킨다

7.3 Stopwatch

Stopwatch는 Class를 운영하는 방법과 Pointer를 사용하는 방법에 익숙해지기 위하여 마련하였다. Timer는 내부 Timer를 사용하기로 하자.

이 절에서 제작하려는 Stopwatch는 운동 시간을 뿐 아니라, 생산 라인에서 Tack Time도 측정할 수 있는 Stopwatch를 만들어 보기로 하자.

Stopwatch의 조건은 다음과 같다.

① Key_1을 누르면 시간이 0부터 시작하고, 시간은 0.1 sec 단위로 증가하기 시작한다.
② Key_2를 누르면 시간이 저장 된다(5개의 시간 저장이 가능하도록 한다).
③ LCD 상단에는 Key_1을 누른 시점부터의 시간 증가를 표현하고
④ LCD 하단에는 Key_2를 누른 시점부터의 시간 증가를 표현하기로 한다.
⑤ Key_3을 누르면 Stopwatch가 멈춘다.
⑥ Stopwatch가 정지된 상태에서, Key_3를 누르면, Key_2에 의해 저장된 시간을 확인할 수 있도록 한다.
⑦ 시간은 LCD로 표시한다.

프로그램은 다음과 같은 원칙을 가지고 작성하였다.

① Timer Class를 만들어서 Time을 계산하고 관리한다.
② Timer Class의 Pointer를 만들어서, Timer Class 관련 연산을 동일한 방법으로 처리한다.

[그림 7.3.1]은 실험에 사용할 Stopwatch 회로이다.

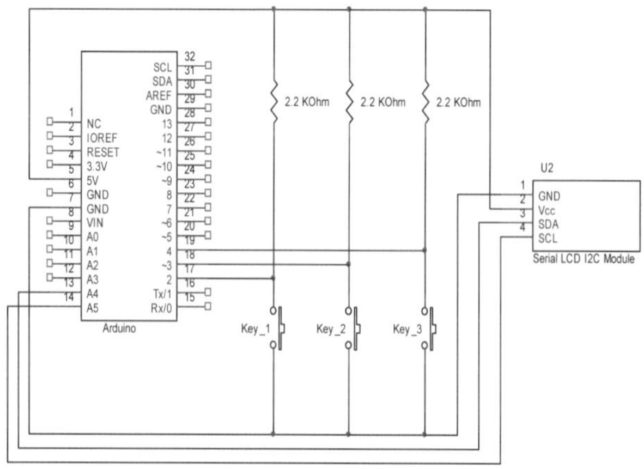

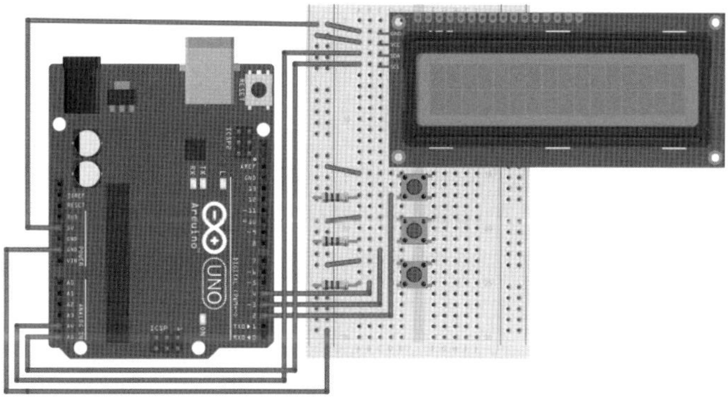

| 그림 7.3.1 | Serial LCD I2C Module을 사용한 회로

다음은 Timer Class와 main program이다.

Timer.h와 Timer.cpp는 main program과 동일한 디렉터리에 있어야 한다.

```
=================Timer.h=====================
#include "arduino.h"
class Timer{
public:
  int mSec ;
  int Sec ;
  int Min ;
  int pmSec ;
  int pSec ;
  int pMin ;
  long PreTime ;
  long NowTime ;
  void Init() ;
  void Ready(Timer* Pt) ;
  void MakeTime() ;
};
```

- pmSec, pSec, pMin는 Timer의 시작 시간을 저장한다.
- mSec, Sec, Min는 Timer의 현재 시간이다.
- 종료되면 현재 시간을 더 이상 바꾸지 않으므로 현재 시간 값이 종료시간으로 사용된다.

```
=====================Timer.cpp=======================
#include "Timer.h"
void Timer::Init(){                              // 변수를 초기화하는 함수
  mSec = 0 ;
  Sec = 0 ;
  Min = 0 ;
  pmSec = 0 ;
  pSec = 0 ;
  pMin = 0 ;
}
void Timer::Ready(Timer* Pt){                    // Timer의 시작시간을 보관하는 함수
  pmSec = Pt->mSec ;
  pSec  = Pt->Sec  ;
  pMin  = Pt->Min  ;
  PreTime = millis() ;
}
void Timer::MakeTime(){                          // Interval 시간 값을 계산하는 함수
  NowTime = millis() ;
  long tdif = NowTime - PreTime ;
  long dif = tdif / 100 ;
  mSec = dif % 10 ;
  dif /= 10 ;
  Sec = dif % 60 ;
  dif /= 60 ;
  Min = dif ;
}
=====================Main Program===================
#include <LiquidCrystal_I2C.h>                        // ………………… ❶
#include "Timer.h"                                    // ………………… ❷
#define VChat 300
#define Key_1 2
#define Key_2 3
#define Key_3 4
long PreTime ;
Timer *pTme ;                                         // ………………… ❸
Timer *sTme ;                                         // ………………… ❹
Timer mTime ;                                         // ………………… ❺
Timer Wtch[5] ;                                       // ………………… ❻
int tPos ;
long K2Time ;
```

```
LiquidCrystal_I2C lcd(0x27,16,2);                    // ··················· ❼
void setup() {
  lcd.init() ;
  InitLcd() ;                                        // ··················· ❽
  tPos = 0 ;
}

void loop(){
  char TimeVal[16] ;
  long NTime ;
  long DTime ;
  if(digitalRead(Key_1)==LOW){                       // ··················· ❾
     InitLcd() ;
     for(int i=0;i<5;++i) Wtch[i].Init() ;           // ··················· ❿
     tPos = 0 ;
     NTime = millis() ;                              // ··················· ⓫
     mTime.PreTime = NTime ;
     pTme = &mTime ;                                 // ··················· ⓬
     while(true){
       NTime = millis() ;
       DTime = NTime-K2Time ;                        // ··················· ⓭
       if(DTime>VChat){
         if(digitalRead(Key_2)==LOW){                // ··················· ⓮
            if(tPos<5){
               K2Time = millis() ;                   // ··················· ⓯
               sTme = &Wtch[tPos] ;                  // ··················· ⓰
               sTme->Ready(pTme) ;
            }
            tPos++ ;
         }
       }
       if(digitalRead(Key_3)==LOW){                  // ··················· ⓱
          delay(VChat) ;                             // ··················· ⓲
          tPos = 0 ;
          break ;
       }
       pTme->MakeTime() ;                            // ··················· ⓳
       lcd.setCursor(0,0);
       ShowTime(pTme,0) ;                            // ··················· ⓴
       if(tPos>0 && tPos<6){
```

```
                sTme->MakeTime() ;                            // ..................... ㉑
                lcd.setCursor(0,1);
                ShowTime(sTme,1) ;                            // ..................... ㉒
            }
        }
    }
    if(digitalRead(Key_3)==LOW){                              // ..................... ㉓
        lcd.clear() ;
        delay(VChat) ;                                        // ..................... ㉔
        if(tPos>=5){
            lcd.clear() ;
            ShowTime(pTme,0) ;                                // ..................... ㉕
            tPos = 0 ;
        }
        else{
            sTme = &Wtch[tPos] ;                              // ..................... ㉖
            ShowSubTime(sTme,tPos) ;                          // ..................... ㉗
            tPos++ ;
        }
    }
}

void InitLcd(){                                               // ..................... ㉘
    lcd.clear() ;
    lcd.setCursor(0,0);
    lcd.print("Hit Key_1 : Main") ;
    lcd.setCursor(0,1);
    lcd.print("Hit Key_2 : Sub ") ;
}

void ShowTime(Timer *Pt,int Pnt){                             // ..................... ㉙
        char TimeVal[16] ;
        char str[5] ;
        if(Pnt==0) sprintf(str,"Main") ;
        else sprintf(str,"Sub ") ;
        sprintf(TimeVal,"%s : %03d:%02d.%01d       ",str, Pt->Min,
                        Pt->Sec,Pt->mSec) ;
        lcd.print(TimeVal);
}
void ShowSubTime(Timer *Pt,int Pos){                          // ..................... ㉚
```

```
    char TimeVal[16] ;
    lcd.setCursor(0,0);
    sprintf(TimeVal,"%d)Start :%02d:%02d.%01d",Pos+1,  Pt->pMin,
            Pt->pSec, Pt->pmSec) ;
    lcd.print(TimeVal);
    lcd.setCursor(0,1);
    sprintf(TimeVal,"Interval:%02d:%02d.%01d",Pt->Min,Pt->Sec,
            Pt->mSec) ;
    lcd.print(TimeVal);
}
```

❶ I2C Lcd 라이브러리를 사용하기 위하여 LiquidCrystal_I2C.h를 include한다.

❷ Timer.h를 include하여 Timer Class를 사용할 수 있도록 한다.

❸ Main Timer를 위한 Timer Class의 Pointer이다.

❹ Sub Timer를 위한 Timer Class의 Pointer이다.

❺ Main Timer Class Object mTime를 생성한다. 통일된 작업을 하기 위하여 mTime Object를 직접 사용하지 않고 Class의 Pointer를 대신 사용한다.

❻ Sub Timer Class Object의 Array이다.

❼ LiquidCrystal_I2C Object lcd를 생성한다.

❽ Lcd 화면을 초기화한다.

❾ Key_1 입력을 검토한다.

❿ Sub Timer Class를 모두 초기화한다.

⓫ 현재 시간값을 읽어서 Main Timer Class에 저장한다.

⓬ pTme를 Main Timer Class의 Pointer로 지정한다.

⓭ K2Time은 Key_2 Key가 눌렸을 때의 시간값이다. Key_2가 눌려진 이후 지나온 시간이 VChat 보다 길어야 Key_2 검출을 허용한다. Key_2 Key의 Chattering을 방지하기 위한 수단이다.

⓮ Key_2 Key를 검출한다.

⓯ Key_2 Key가 검출된 시점의 시간을 K2Time에 보관한다.

⓰ Sub Timer Class의 Pointer를 sTme으로 하고, sTime을 이용하여 Sub Timer Class의 Timer를 구동할 준비를 한다.

⓱ Key_3 Key를 검출한다.

⓲ Key_3 Key Chattering을 방지하기 위한 Delay이다.

⓳ 시작 이후 현재 시간까지의 시간 값을 분, 초로 변형한다.

⓴ Lcd 상단에 Main Timer의 시간 값을 표시한다.

㉑ Key_2로 Sub Timer Class가 동작을 시작하였으면, 시간 값을 분, 초로 변형한다.
㉒ Lcd 하단에 Sub Timer의 시간 값을 표시한다.
㉓ Timer 동작이 완료된 상태에서, Key_3가 검출되면 Sub Class Timer의 값을 차례로 lcd에 나타낸다.
㉔ Key_3 Key의 Chattering을 방지하기 위한 delay이다.
㉕ Lcd 상단에 Main Timer의 시간 값을 표시한다.
㉖ sTme가 Sub Timer Class중 하나의 Class를 Point하도록 한다.
㉗ Sub Timer Class의 값을 Lcd에 나타낸다.
㉘ Lcd 화면 초기화 함수
㉙ Timer Class의 시간값을 표시하는 함수
㉚ Sub Timer Class의 시간값을 표시하는 함수

7.4 생산 현황판

생산 현황판은 생산라인에서 생산되는 제품의 개수를 총합하기 위한 장비이다.

쉽게 생각하여 생산되는 물건을 Count만 하면 될 것 같지만, 내면을 들여다보면 그렇게 간단하지만은 않다.

생산 현황판은 생산 관리와 연동되기 때문에, 흐름 생산, 생산추이, 통합관리 등 고려해야할 사항이 대단히 많은 제품이다.

하지만 여기서는 간략화하여 생산품에 ID를 부여하고, 생산시간을 보관하는 정도로 하자. 생산되는 제품의 Count 방법은 센서가 제품을 감지하는 시간을 환산하여 계산하는 방법도 있고, 센서가 감지한 다음 특정 시간 동안 센서에 제품이 감지되지 않아야 Count를 증가하는 방법 등이 있는데, 여기서는 컨베이어 벨트가 없는 조건이므로, 센서가 제품을 1 sec 이상 감지하여야 제품으로 간주하며, 제품이 감지된 후에는, 센서가 최소한 1 sec 동안은 제품을 감지하지 않아야, Count를 1만큼 증가하는 방법을 사용하기로 하자.

LCD는 바라보는 각도에 따라 선명도가 달라지므로, 생산된 제품의 개수는 FND로 표시하기로 하고, 제품의 생산 시각과 Lot 번호는 SD 메모리에 보관하도록 하자.

[그림 7.4.1] 회로는 생산 현황판의 회로도이다.

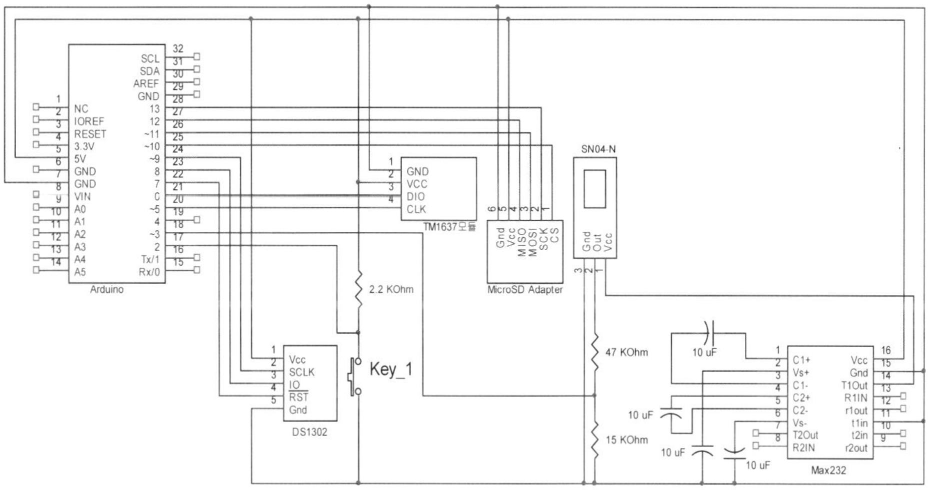

| 그림 7.4.1 | 생산 현황판 회로

회로에서 Key_1은 생산 결과를 시리얼 모니터로 전송하는 목적으로 사용하였다. Key_1을 누르면 그 시점까지 생산된 결과를 시리얼 모니터로 전송하여 생산량을 확인할 수 있도록 하였다. Key_1은 interrupt를 사용하자.

다음은 작성된 프로그램이다.

프로그램에서 변수 State를 사용하여, State 값에 따라 서로 다른 작업을 하는 프로그래밍 방법을 적용하였는데, Multiprocessor 프로그램에서 자주 사용하는 방법이다. 주의 깊게 검토해 보기 바란다.

```
#include <SPI.h>                                    // ..................... ❶
#include <SD.h>
#include <TM1637Display.h>
#include <DS1302.h>
#define  Key_1   2
#define  Stuff   3
#define  CLK     5
#define  DIO     6
#define  Rst     7
#define  Io      8
#define  Sclk    9
#define  CS      10
#define  VChat   500                                // ..................... ❷
```

```
TM1637Display FND(CLK,DIO) ;                        // ..................... ❸
DS1302 rtc(Rst, Io, Sclk);                          // ..................... ❹
char DateFile[30] ;
int LotNo ;
int Intr ;
long Chat ;
int State ;

void setup() {
  InitHardware() ;                                  // ..................... ❺
  Chat = millis() - VChat ;
  ClearFnd() ;
  LotNo = 0 ;
  Time tm = rtc.time() ;                            // ..................... ❻
  sprintf(DateFile,"P%02d_%02d.txt",tm.mon,tm.date) ; // ..................... ❼
  if(SD.exists(DateFile)==true){
    SD.remove(DateFile) ;
  }
  Intr = 0 ;
  State = 0 ;
}

void loop(){
  char product[20] ;
  long PreTime ;
  long NowTime ;
  if(Intr==1){                                      // ..................... ❽
     Intr = 0 ;
     FileAccess(DateFile) ;                         // ..................... ❾
  }
  FND.showNumberDec(LotNo, false) ;                 // ..................... ❿
  switch(State){                                    // ..................... ⓫
    case 0 :                                        // ..................... ⓬
        if(digitalRead(Stuff)==LOW){
          State = 1 ;
          PreTime = millis() ;
        }
        break ;
    case 1 :                                        // ..................... ⓭
        NowTime = millis() ;
```

```
        NowTime -= PreTime ;
        if(NowTime >= 1000) State = 2 ;
        else{
          if(digitalRead(Stuff)==HIGH){
            State = 0 ;
            PreTime = millis() ;
          }
        }
        break ;
    case 2:                                          // ..................... ⓮
        if(digitalRead(Stuff)==LOW) PreTime = millis() ;
        else{
          NowTime = millis() ;
          NowTime -= PreTime ;
          if(NowTime>1000)  State = 3 ;
          break ;
        }
        break ;
    case 3:                                          // ..................... ⓯
        LotNo++ ;
        Time tm = rtc.time() ;
        sprintf(product,"%04d_%02d_%02d_%02d",LotNo,tm.hr,
                       tm.min,tm.sec) ;
        AppendFile(DateFile,product) ;
        State = 0 ;
        break ;
  }
}

void ClearFnd(){                                     // ..................... ⓰
  byte Dta[]={ 0x0, 0x0, 0x0, 0x0 } ;
  FND.setSegments(Dta) ;
}

void InitHardware(){                                 // ..................... ⓱
  pinMode(Key_1,INPUT) ;
  pinMode(Stuff,INPUT) ;
  pinMode(CS,OUTPUT) ;
  Serial.begin(9600) ;
  FND.setBrightness(7) ;
```

```
  bool Tst = SD.begin(CS) ;
  if(Tst==false){
    Serial.println("SD not exist!!!") ;
    while(1) ;
  }
  rtc.halt(false);
  interrupts() ;
  attachInterrupt(digitalPinToInterrupt(Key_1), K1_Hit, FALLING);
}
void AppendFile(char * FName, char * Product){              // ………………… ⑱
  File WrtObject = SD.open(FName,FILE_WRITE) ;
  WrtObject.println(Product) ;
  WrtObject.flush() ;
  WrtObject.close() ;
}

void FileAccess(char* FlName){                              // ………………… ⑲
  File fileObject = SD.open(FlName) ;
  if(fileObject==false){
    Serial.println("File이 없습니다") ;
    return ;
  }
  fileObject.seek(0) ;
  String Txt ;
  while (true){
    Txt = fileObject.readString() ;
    if(Txt=="") break ;
    Serial.println(Txt) ;
  }
  fileObject.close() ;
}

void K1_Hit(){                                              // ………………… ⑳
  delay(VChat) ;
  Intr = 1 ;
}
```

❶ 필요한 Library를 모두 include한다.

❷ interrupt Chattering Time이다

❸ TM1637Display의 Object를 생성한다.
❹ DS1302 Object를 생성한다.
❺ 하드웨어를 초기화한다.
❻ rtc object를 생성한다.
❼ SD Memory에 기록할 Data File의 이름을 만든다.
❽ interrupt이 발생하면 intr의 값이 1이 되므로, interrupt의 발생을 감지할 수 있다.
❾ SD Memory에 저장된 File의 내용을 시리얼 모니터로 전송한다.
❿ FND에 Lot 번호를 표시한다.
⓫ State 값에 따라 다른 동작을 하기 위한 수단이다.
⓬ 접촉 센서의 신호를 감지한다.
⓭ 접촉 센서에 1 sec 이상의 LOW 신호가 감지되는 지를 검토한다.
⓮ 접촉 센서의 신호가 입력되지 않는 상태가 1 sec 이상인지를 검토한다.
⓯ 생산 데이터를 SD Memory에 있는 File에 저장한다.
⓰ FND 화면을 모두 지우는 함수이다.
⓱ 하드웨어적으로 초기화하는 함수이다
⓲ 생산 데이터를 File에 저장하는 함수이다.
FILE_WRITE으로 File을 open하면, File이 없으면 File을 생성하지만 File이 있으면 File에 Append된다.
⓳ File의 내용을 읽어서 시리얼 모니터로 전송하는 함수이다.
⓴ Interrupt 처리 함수이다. intr 값을 1로 만든다.

7.5 지능형 행동 구현

지능형이란 현재로서는 스스로 판단까지 하는 능력을 말하지만, 산업 현장에서의 지능형이란 사람이 부여한 행동을 상태별로 보관해 두고, 그 중 하나를 그대로 재연하는 정도에 불과하다.

여기서는 초보적이지만 다음과 같은 지능형 제어시스템을 만들어 보자.

현재 상태에서 독자들이 가지고 있는 것은 가변 저항과 LED이다.

가변 저항을 이용하여 전압을 가변 할 수 있고, 전압의 변화는 LED의 밝기로 표현할 수 있으므로, 다음과 같은 지능형 제어 시스템을 구현해 보자.

[그림 7.5.1] 회로는 지능형 행동 구현회로이다.

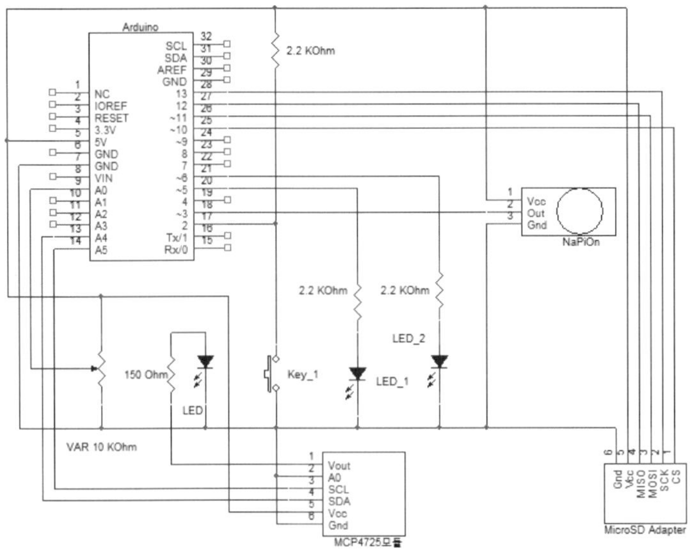

| 그림 7.5.1 | 지능형 행동 구현회로

① 일정 시간동안 가변 저항을 이용하여 전압을 가변하고

② 시간에 따른 전압의 변화를 메모리에 저장한 다음

③ 다른 사람이 나타나면 저장해 두었던 전압의 변화를 그대로 재현하는 프로그램을 작성해 보자.

Key_1과 동작 감지 센서로 사람을 감지하였을 때 해야 할 일을 정리하면 Key_1을 누르면

① LED_1을 ON하고

② A0 Port의 아날로그 데이터를 10 msec마다 읽는다.

③ 입력된 아날로그 데이터 값을 DA Converter로 출력하여 Led의 밝기로 입력 값을 표시하면서

④ 아날로그 데이터 값을 File에 저장한다.

⑤ Key_1을 다시 누를 때 까지 계속 데이터를 저장을 하며

⑥ Key_1을 다시 누르면 LED_1을 OFF하고

⑦ EEPROM에 데이터의 개수를 저장하며

⑧ 아날로그 데이터를 읽고 기록하는 동작을 종료한다.

사람의 등장으로 동작 감지 센서가 동작을 하면
① LED_2를 ON하고
② EEPROM으로부터 데이터의 개수를 읽고
③ 데이터의 개수만큼의 아날로그 데이터를 읽고
④ D/A로 출력하는 작업을 10 msec마다 한 빈씩 실행한다.
⑤ 데이터 개수만큼 출력작업을 하였으면 LED_2를 OFF하고
⑥ 재생 작업을 종료한다.

비휘발성 메모리에 데이터를 저장하였기 때문에 한번 저장된 데이터는 변경하지 않는 한 동작감지 센서를 감지할 때마다 동일한 작업을 실행한다.

작성된 프로그램은 다음과 같다.

```
#include <SPI.h>                                              // ………………… ❶
#include <SD.h>
#include <Wire.h>
#include <EEPROM.h>
#define   Key_1    2
#define   H_Man    3                                          // ………………… ❷
#define   LED_1    5
#define   LED_2    6
#define   CS       10
#define   VChat    300
#define   Ad0      0
char DateFile[30] ;

void setup() {
  InitHardware() ;                                            // ………………… ❸
  Wire.setClock(100000) ;                                     // ………………… ❹
  Wire.begin() ;
  sprintf(DateFile,"AdData.bin") ;                            // ………………… ❺
}

void loop(){
  if(digitalRead(Key_1)==LOW) SaveData() ;                    // ………………… ❻
  if(digitalRead(H_Man)==HIGH) ReAppear() ;                   // ………………… ❼
}
```

```
void InitHardware(){                                    // ················· ❽
  pinMode(Key_1,INPUT) ;
  pinMode(H_Man,INPUT) ;
  pinMode(LED_1,OUTPUT) ;
  pinMode(LED_2,OUTPUT) ;
  bool Tst = SD.begin(CS) ;
  if(Tst==false){
    digitalWrite(LED_1,HIGH) ;
    digitalWrite(LED_2,HIGH) ;
    while(1) ;
  }
}
void I2CWrite(int Vl){                                  // ················· ❾
  byte bDta ;
  int Val = Vl % 0x1000 ;
    Wire.beginTransmission(0x60) ;
    bDta = Val/0x100 ;
    Wire.write(bDta) ;
    bDta = Val%0x100 ;
    Wire.write(bDta) ;
    bDta = Val/0x100 ;
    Wire.write(bDta) ;
    bDta = Val%0x100 ;
    Wire.write(bDta) ;
    Wire.endTransmission() ;
}

void SaveData(){                                        // ················· ❿
  byte wDta ;
  int Dta ;
  int Size ;
  digitalWrite(LED_1,HIGH) ;
  if(SD.exists(DateFile)==true) SD.remove(DateFile) ;   // ················· ⓫
  File WrtObject = SD.open(DateFile,FILE_WRITE) ;
  Size = 0 ;                                            // ················· ⓬
  for(int i=0;i<200;++i){                               // ················· ⓭
    Dta = analogRead(Ad0) ;                             // ················· ⓮
    Dta *= 4 ;
    I2CWrite(Dta) ;                                     // ················· ⓯
    wDta = Dta % 0x100 ;                                // ················· ⓰
```

```
    WrtObject.write(wDta) ;
    wDta = Dta  / 0x100 ;
    WrtObject.write(wDta) ;
    Size++ ;
    delay(10) ;
  }
  while(true){                                   // ................... ⑰
    Dta = analogRead(Ad0) ;
    Dta *= 4 ;
    I2CWrite(Dta) ;
    wDta = Dta % 0x100 ;
    WrtObject.write(wDta) ;
    wDta = Dta  / 0x100 ;
    WrtObject.write(wDta) ;
    Size++ ;
    if(digitalRead(Key_1)==LOW)  break ;         // ................... ⑱
    delay(10) ;
  }
  WrtObject.flush() ;
  WrtObject.close() ;
  EEPROM.put(0,Size) ;                           // ................... ⑲
  delay(500) ;
  digitalWrite(LED_1,LOW) ;
}

void ReAppear(){                                 // ................... ⑳
  byte wDta ;
  int Dta ;
  int Size ;
  EEPROM.get(0,Size) ;                           // ................... ㉑
  if(Size==0) return ;
  digitalWrite(LED_2,HIGH) ;
  File RdObject = SD.open(DateFile) ;            // ................... ㉒
  RdObject.seek(0) ;                             // ................... ㉓
  while(true){                                   // ................... ㉔
    Dta = RdObject.read() ;
    wDta = RdObject.read() ;
    Dta += (wDta * 0x100) ;
    I2CWrite(Dta) ;
    delay(10) ;
```

```
        Size-- ;
        if(Size==0) break ;
    }
    RdObject.close() ;
    digitalWrite(LED_2,LOW) ;
}
```

❶ 필요한 Library를 include한다.
❷ 동작 감지 센서의 Port이다.
❸ 하드웨어를 초기화한다.
❹ I2C 통신 속도는 100kHz이다
❺ SD 메모리에 저장할 데이터 파일의 이름은 "AdData.bin"으로 한다.
❻ Key_1을 검출하면 SaveData() 함수를 실행한다.
❼ 동작 감지 센서를 검출하면 ReAppear() 함수를 실행한다.
❽ 하드웨어를 초기화 하는 함수이다.
❾ I2C 통신을 이용하여 D/A Converter로 아날로그 데이터를 출력하는 함수이다.
❿ A/D Port 0로 읽은 데이터를 File에 저장하는 함수이다.
⓫ File을 지우지 않으면 데이터가 기존 파일에 Append 된다.
⓬ Size는 0부터 시작한다.
⓭ 초기 200개(2 sec) 동안은 Key_1 입력을 수신하지 않는다. Chattering을 방지하기 위해서이다.
⓮ A/D Port 0 로부터 아날로그 데이터를 수신한다.
⓯ D/A Converter로 Ananlog 데이터를 출력한다.
⓰ 아날로그 데이터를 File에 저장한다.
⓱ Key_1을 감지할 때 까지 아날로그 데이터를 읽고 저장하는 작업을 계속 실행한다.
⓲ Key_1을 감지하면 작업을 종료한다.
⓳ EEPROM에 수신 개수를 저장한다.
⓴ 아날로그 출력을 재생하는 함수이다.
㉑ 재생할 데이터의 개수를 EEPROM으로부터 읽는다.
㉒ File을 Open한다,
㉓ File Pointer를 처음 위치로 가지고 온다.
㉔ SD 메모리에 저장된 데이터를 이용하여 출력 파형을 재생한다.

- 전압의 변화등을 정확하게 측정하려면 오실로스코프 등의 장비가 필요하지만 Led의 밝기 변화를 관찰하는 것도 나쁘지 않은 방법이다.
- 동작 감지 센서가 입력되면 SD Memory에 있는 데이터를 DA로 출력하는 프로그램이다. 따라서 SD Memory에 데이터 값을 컴퓨터에서 만들어 저장하면 그 값이 출력된디. 물론 데이디의 게수를 EEPROM에 기록헤야 한다.
- 저자는 Computer를 이용하여 SD Memory의 File에 정현파 파형의 값을 계산하여 저장하고 D/A Converter를 이용하여 정현파 파형도 출력해 보았다.

7.6 각가속도 감지기

이 절에서는 Pointer를 이용하여 프로그래밍을 작성하는 예를 보이고자 마련하였다. 이 절에서 Pointer를 사용하는 방법은 상당히 구세대적인 방법론 이며, 현대 프로그래밍 방법론의 관점으로 보면 모듈의 독립성을 저해하기 때문에 좋은 방법은 아니지만, 전문 프로그래머가 아니라면 한번쯤은 경험해 볼 필요가 있는 방법이다.

자이로 센서 GY-50을 사용하면 각가속도의 변화를 측정할 수 있다. X 방향의 각가속도의 값이 1500보다 크면 LED_1이 500 msec 단위로 10 sec 동안 On-OFF(Blink)하고, 3000 보다 크면 100msec 단위로 10sec 동안 ON-OFF하며, Y 방향에 대해서는 LED_2가, Z 방향에 대해서는 LED_3가 동일하게 동작하도록 프로그램을 작성하자.

[그림 7.6.1]은 각가속도 감지 회로이다.

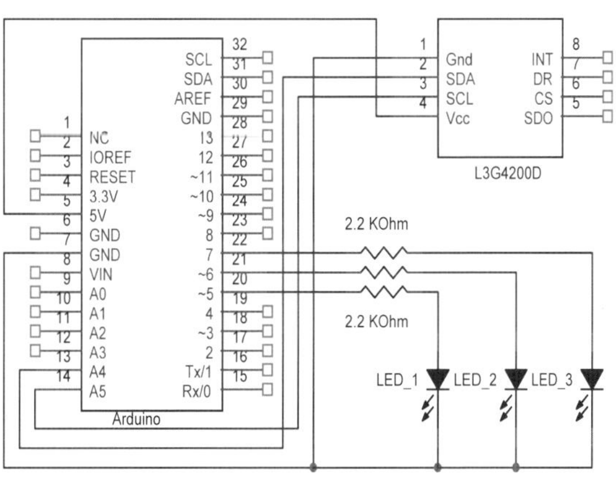

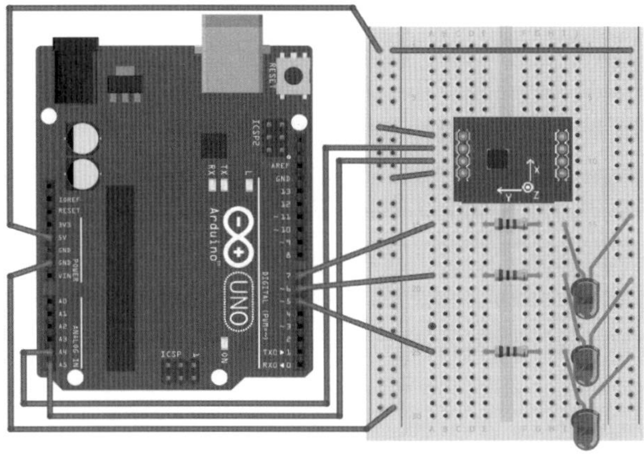

| 그림 7.6.1 | 각가속도 감지 회로

이 프로그램을 작성하려면 다음 조건을 만족하여야 한다.

① GY-50과 휴지시간 없이 지속적으로 통신을 하고 있어야 한다.

② 각가속도의 값이 특정한 값보다 크면 LED를 지정한 시간의 간격(500 msec 혹은 100 msec)으로 ON-OFF를 하여야 한다.

③ LED의 ON-OFF(Blink) 지속 시간은 10 sec라야 한다. 10 sec 이후는 Blink를 하지 말아야 한다.

④ 2,3번 과정은 X, Y, Z 방향에 대하여 독립적으로 처리되어야 한다.

다음은 작성된 프로그램이다.

```
#include <Wire.h>                                    // ····················· ❶
#define LED_1    5
#define LED_2    6
#define LED_3    7
#define Slow     500
#define Rapid    100

int State1, State2, State3 ;
int Count1, Count2, Count3 ;
int Tme1, Tme2, Tme3 ;
long Pre1, Pre2, Pre3 ;

void setup() {
```

```
  pinMode(LED_1,OUTPUT) ;
  pinMode(LED_2,OUTPUT) ;
  pinMode(LED_3,OUTPUT) ;
  Serial.begin(9600) ;
  Wire.setClock(100000) ;                              // ..................... ❷
  Wire.begin() ;
  if(Init_L3G4200d()==false)
        Serial.println("Error : 하드웨어를 점검하기 바랍니다!!!") ;
  else Serial.println("L3G4200d가 초기화되었음!!!!!!!") ;
  State1 = 0 ;
  State2 = 0 ;
  State3 = 0 ;
  Count1 = -1 ;
  Count2 = -1 ;
  Count3 = -1 ;
  Tme1 = -1 ;
  Tme2 = -1 ;
  Tme3 = -1 ;
}
void loop() {
  ReadGy50(0) ;                                        // ..................... ❸
  LedWork(&State1,&Pre1,&Count1,LED_1,Tme1) ;          // ..................... ❹
  LedWork(&State2,&Pre2,&Count2,LED_2,Tme2) ;
  LedWork(&State3,&Pre3,&Count3,LED_3,Tme3) ;
  RepairCount(&Tme1,&Count1) ;                         // ..................... ❺
  RepairCount(&Tme2,&Count2) ;
  RepairCount(&Tme3,&Count3) ;
}

void RepairCount(int *Tme,int*Count){                  // ..................... ❻
  if(((*Tme) * (*Count))>5000){
    *Tme = -1 ;
    *Count = -1 ;
  }
}

void ReadGy50(int Adr){                                // ..................... ❼
  String str ;
  int Val = ReadAxis(0x28) ;                           // ..................... ❽
  if(Val>1500){                                        // ..................... ❾
```

```
    Count1 = 0 ;
    if(Tme1<0) Tme1 = Slow ;                          // ..................... ❿
  }
  if(Val>3000) Tme1 = Rapid ;                         // ..................... ⓫
  Val = ReadAxis(0x2A) ;                              // ..................... ⓬
  if(Val>1500){
    Count2 = 0 ;
    if(Tme2<0) Tme2 = Slow ;
  }
  if(Val>3000) Tme2 = Rapid ;
  Val = ReadAxis(0x2C) ;                              // ..................... ⓭
  if(Val>1500){
    Count3 = 0 ;
    if(Tme3<0) Tme3 = Slow ;
  }
  if(Val>3000) Tme3 = Rapid ;
}

void LedWork(int* State, long* Pre,int *Count, int Led , int Tme){
                                                      // ..................... ⓮
  long Now ;
  if(*Count<0) return ;
  switch(*State){                                     // ..................... ⓯
    case 0: *Pre = millis() ;
            *State = 1 ;
            digitalWrite(Led,HIGH) ;
            break ;
    case 1: Now = millis() ;
            Now -= *Pre ;
            if(Now>Tme){
              *State = 2 ;
              digitalWrite(Led,LOW) ;
              *Count= *Count + 1 ;
              *Pre = millis() ;
            }
    case 2: Now = millis() ;
            Now -= *Pre ;
            if(Now>Tme){
              *State = 0 ;
            }
```

```
  }
}

bool Init_L3G4200d()                                     // ................... ⑯
{
  Wire.beginTransmission(0x69) ;
  Wire.write(0x0f) ;
  Wire.endTransmission() ;
  Wire.requestFrom(0x69,1) ;
  byte Val = Wire.read() ;
  if(Val != 0xd3) return false ;
  Wire.beginTransmission(0x69) ;
  Wire.write(0x20) ;
  Wire.write(0x0F) ;
  Wire.endTransmission() ;
  return true ;
}

int ReadAxis(int Adr){                                   // ................... ⑰
    byte Val1, Val2 ;
  Wire.beginTransmission(0x69) ;
  Wire.write(Adr) ;
  Wire.endTransmission() ;
  Wire.requestFrom(0x69,1) ;

  Val1 = Wire.read() ;
  Wire.beginTransmission(0x69) ;
  Wire.write(Adr+1) ;
  Wire.endTransmission() ;
  Wire.requestFrom(0x69,1) ;
  Val2 = Wire.read() ;

  int Val = (int)(Val2*0x100+Val1) ;
  return Val ;
}
```

❶ I2C 통신을 위하여 Wire Library를 사용한다.

❷ I2C 통신 포트를 초기화한다.

❸ GY-50 모듈을 초기화한다.

❹ Led가 Blink를 하지 못하도록 한다.
❺ Led ON-OFF 작업이 10 sec 동안 지속되었으면 Led ON-OFF 직업을 중단한다.
❻ ON-OFF 작업이 10 sec가 되면 ON-OFF 작업을 중단하기 위한 함수(*Tme) × (*Count) 값이 5000 보다 크면 종료한다.
❼ GY-50 내부 레지스터 값을 읽는 함수
❽ X 방향 각 가속도를 읽는다.
❾ 각 가속도 값이 1500 보다 크면 ON-OFF 작업을 시작한다. Count 값이 (-)음수가 아니면 ON-OFF를 시작한다.
❿ Tme 값이 양수이면 이미 초기화되었음을 나타낸다.
⓫ 각 가속도의 값이 3000을 넘어서면 Tme 값을 Rapid로 설정한다.
⓬ Y 방향 각 가속도를 읽는다.
⓭ Z 방향 각 가속도를 읽는다.
⓮ Led의 ON-OFF 작업을 처리하는 함수
⓯ State 값에 따라 0 → 1 → 2 → 0...을 순항하면 Led가 ON-OFF한다.
⓰ GY-50 모듈을 초기화한다.
⓱ GY-50 모듈의 레지스터로부터 지정된 좌표의 각 가속도를 읽는다.

7.7 적외선 통신으로 서보모터 제어하기

원격으로 System을 제어하는 방법도 구현해 보자. 실내이고 근거리라 가정하면 적외선 통신 방법이 좋은 방법이다. 리모컨을 사용하여 서보모터를 제어하는 방법 구현해 보기로 하다. 리모컨은 4.5절에서 사용한 리모컨을 이용하자.

저자는 4.5절에서 LG TV를 제어하는 리모컨을 실험하였다.

4.5절에서 측정한 리모컨의 번호키 값은 다음과 같다.

```
'1' : 4. 251, 17, 238
'2' : 4, 251, 18, 237
'3' : 4, 251, 19, 236
```

다음과 같은 프로그램을 작성하자(사용하려는 리모컨의 각도는 0~180°이다.).

리모컨 번호키 '1'을 누르면 서보모터가 −1° 회전하고
리모컨 번호키 '2'를 누르면 서보모터가 90° 위치(중심점)가 된다.
리모컨 번호키 '3'을 누르면 서보모터가 1° 회전하며
서보모터가 회전할 때 마다 서보모터의 위치값을 측정하여 시리얼 모니터로 전송한다.

[그림 7.7.1] 회로는 리모컨 제어 회로이다.

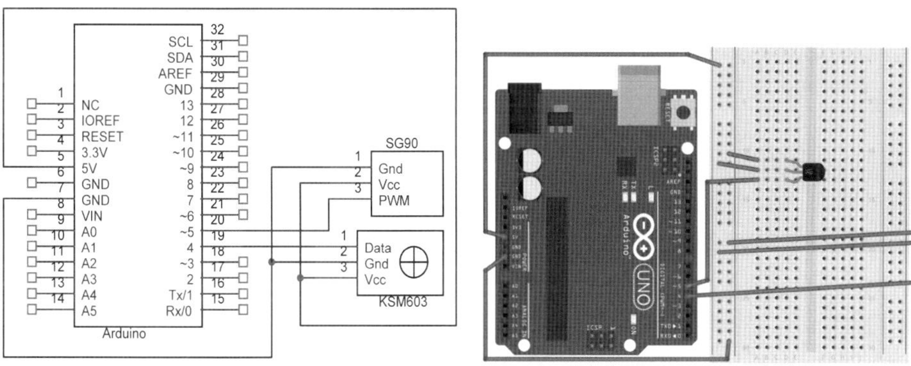

| 그림 7.7.1 | 리모컨 제어 회로

다음은 작성된 프로그램이다(프로그램은 4.5절의 적외선 통신 부분과 6.14절의 서보모터 제어를 참고하기 바란다.).

```
#include <Servo.h>                                  // ··················· ❶
#define         IrPort      4
#define         Motor     5
#define  BitOver  2000
#define  BitHigh  1000
Servo   SMotor ;                                    // ··················· ❷
byte     Dta[10] ;
void setup() {
  Serial.begin(9600) ;
  pinMode(IrPort,INPUT) ;
  SMotor.attach(Motor) ;
  SMotor.write(90) ;                                // ··················· ❸
}
```

```
void loop(){
  int Pos = IrReceive() ;                    // ·················· ❹
  Parsing(Pos) ;                             // ·················· ❺
}

int IrReceive() {                            // ·················· ❻
  int no,Pos,bt ;
  long Rcv[100],Pre,Now ;
  while(true){
    Rcv[0] = pulseIn(IrPort,HIGH) ;
    if(Rcv[0]>BitOver) break ;
  }
  for(no=1;no<100;++no){
    Pre = micros() ;
    Rcv[no] = pulseIn(IrPort,HIGH) ;
    Now = micros() ;
    Now -= Pre ;
    if(Now>4*BitOver) break ;
  }
  Dta[0]=Pos=bt=0 ;
  for(int i=1;i<no;++i){
    if(Rcv[i]>BitOver){
      Dta[Pos]=bt=0 ;
      continue ;
    }
    if(Rcv[i]>BitHigh) bitSet(Dta[Pos],bt) ;
    bt++ ;
    if(bt>=8){
      Pos++ ;
      Dta[Pos]=bt=0 ;
      continue ;
    }
  }
  return Pos ;
}

void Parsing(int Pos){                       // ·················· ❼
    if(Pos<4) return 0 ;
    if(Dta[0] != 4) return 0 ;
    if(Dta[1] != 251) return 0 ;
```

```
    int Val = Dta[2]+Dta[3] ;
    if(Val != 255) return 0 ;
    switch(Dta[2]){
      case 17: Rotate(10) ;;
                 break ;
      case 18: Rotate(900) ;
                 break ;
      case 19: Rotate(-10) ;
                 break ;
    }
}
void Rotate(int The){                          // ...................... ❽
  int Ang ;
  if(The>180){
    Ang = The / 10 ;
      SMotor.write(Ang) ;
      ShowAngle() ;
      return ;
  }
  Ang = SMotor.read() ;
  Ang += The ;
  if(Ang <= 0) Ang = 0 ;
  if(Ang >= 180) Ang = 180 ;
    SMotor.write(Ang) ;
    ShowAngle() ;
}

void ShowAngle(){                              // ...................... ❾
    Serial.print("현재 위치 : ") ;
    Serial.println(SMotor.read()) ;
}
```

❶ Servo Library를 사용한다.

❷ Servo Library의 Object를 생성한다.

❸ 서보모터의 초기 위치를 90˚로 한다.

❹ Remocon Bit 데이터를 수집한다.

❺ Remocon Bit 데이터를 분석한다.

❻ Remocon Bit 데이터를 수집하는 함수.

❼ Remocon Bit 데이터를 분석하는 함수

❽ The 값이 180보다 크면 The/10을 절대 각도의 값으로 처리하고 180 보다 작으면 변위 각도의 값으로 처리하도록 만든 함수이다.

❾ 서보모터의 위치값을 읽고 시리얼 모니터로 전송하는 함수

7.8 DC Motor 제어

DC모터는 PWM으로 제어하는 방법을 많이 사용하지만, DC 모터를 좀더 정교하게 제어하려면, 모터에 DC 전압을 인가하고 DC 전압의 크기를 가변하는 것이 좀더 좋은 방법이다.

6.13절에서 DC 모터 제어 2에서 Slow_Start와 Slow_Stop 개념을 설명하였다. 이절에서는 PWM 방법을 사용하지 않고 DC 전압을 직접 변경하여, DC 모터를 제어하는 방법을 구사해 보기로 하며

Slow_Start와 Slow-Stop 개념을 DC 모터 구동에 구현해 보자.

양방향 구동을 하려면 D/A가 2개 필요하고, Current path를 고려하여야 하기 때문에 회로가 조금 복잡해진다. 그렇기 때문에 단방향 회로를 실험하기로 하였지만 양방향인 경우에도 동일한 방법을 적용할 수 있다.

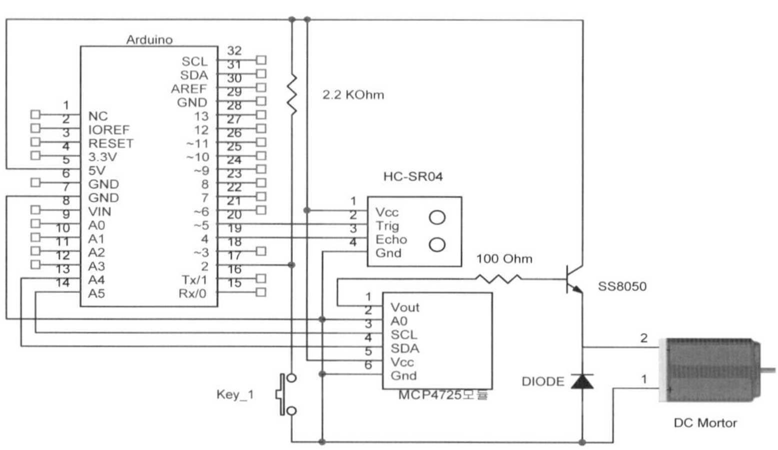

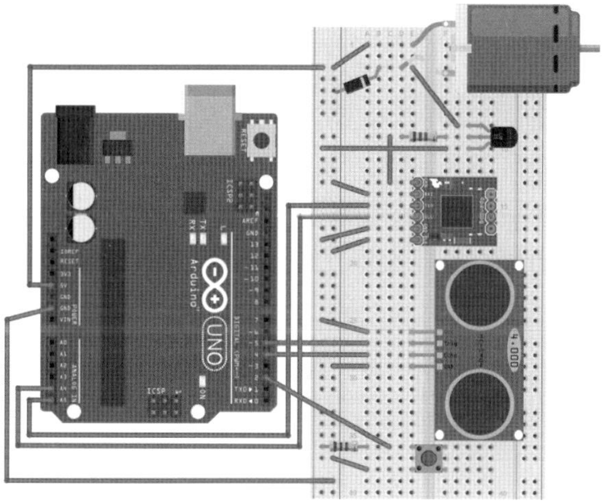

| 그림 7.8.1 | DC 모터 회로

[그림 7.8.1] 회로는 실험에 사용할 DC 모터 회로이다.

[그림 7.8.1] 회로에서 사용된 Tr. SS8050은 D/A Converter MCP4725의 출력 전류를 증폭하기 위해 사용한 에미터 팔로워 회로이다.

HC-SR04는 4M까지 측정 가능한 초음파 센서이다(6.11절 참조).

프로그램을 작성하기 전에 고려할 사항은

① DC 모터의 회전력은 입력 전압에 비례한다.

② DC 모터의 토크는 입력 전류에 비례한다.

③ DC 모터는 정해진 문턱 전압 보다 높아야 구동을 시작한다.

④ DC 모터가 일단 구동을 시작하면 문턱 전압보다 낮은 전압에서도 구동을 한다.

일반적으로 DC모터의 Slow-Start와 Slow-Stop은 지수 함수적으로 속도를 증가하거나 속도를 감소하는 방법을 많이 사용하고 있다.

DC 모터를 구동하는 방법은

① DC 모터를 구동할 수 있는 전압을 처음 인가하여 DC모터를 구동한다.

② DC 모터가 안정 될 때까지 기다린 다음

③ Slow_Start를 구현하여 DC 모터의 최고 속도까지 되도록 하며

④ 초음파 센서를 사용하여 종료 지점의 위치를 검출하고

⑤ 종료 지점에 도달하면 Slow_Stop을 구현하여 DC 모터를 정지하도록 한다.

저자가 사용하는 DC Motor는 소형이고 하중이 작으므로 1m를 종료 지점으로 선택하고 30cm 부근에서 정지하도록 하였다.

프로그램을 작성할 때 고려해야 할 사항은, 모터가 전진 하는 중 일시적으로 방해물이 모터의 앞을 가로 질러 가는 경우도 있을 수 있다고 생각해 두어야 한다. 예를 들면 방해물로 인하여 60cm 앞에 물체가 감지되었다가, 물체가 사라지면 다시 거리가 100cm 이상이 될 수 있다는 뜻이다

초음파 센서의 출력은 pulse의 길이로 표현되므로, 주변 환경으로 인한 전기적 노이즈 등으로 인하여 거리 측정에 일시적인 오류가 발생할 수 있다. 따라서 Slow-Stop 함수는 모터가 정지되기 전까지는, 계속 거리를 측정하여 기준 거리 이내에서 동작하고 있는지를 확인하여야 한다.

다음은 작성된 프로그램이다.

```
#include <Wire.h>                                   // ………………… ❶
#define Key_1 2
#define Trig  5
#define Echo  4

void setup() {
  pinMode(Key_1,INPUT) ;
  pinMode(Trig,OUTPUT) ;
  pinMode(Echo,INPUT) ;
  Wire.setClock(100000) ;                           // ………………… ❷
  Wire.begin() ;
  I2CWrite(0) ;                                     // ………………… ❸
}
void loop() {
  if(digitalRead(Key_1)==LOW){                      // ………………… ❹
      StartMotor() ;                                // ………………… ❺
      while(true){
          float Dist = Distance() ;                 // ………………… ❻
          if(Dist<=100){
             if(StopMotor()==true) break ;          // ………………… ❼
          }
      }
  }
}
```

```
void I2CWrite(int Vl){                                  // ………………… ❽
  byte bDta ;
  int Val = Vl % 0x1000 ;
    Wire.beginTransmission(0x60) ;
    bDta = Val/0x100 ;
    Wire.write(bDta) ;
    bDta = Val%0x100 ;
    Wire.write(bDta) ;
    bDta = Val/0x100 ;
    Wire.write(bDta) ;
    bDta = Val%0x100 ;
    Wire.write(bDta) ;
    Wire.endTransmission() ;
}

bool StopMotor(){                                       // ………………… ❾
    float Stop[] = {3000, 2048, 2000, 1500,1200 } ;
    float Dist =100 ;
    I2CWrite(Stop[0]) ;
    if(Rotate(70)==false){                              // ………………… ❿
        I2CWrite(4095) ;
        return false;
    }
   I2CWrite(Stop[1]) ;
   if(Rotate(50)==false){                               // ………………… ⓫
        I2CWrite(4095) ;
        return false;
   }
   I2CWrite(Stop[2]) ;
   if(Rotate(40)==false){                               // ………………… ⓬
        I2CWrite(4095) ;
        return false;
   }
   I2CWrite(Stop[3]) ;
   if(Rotate(35)==false){                               // ………………… ⓭
        I2CWrite(4095) ;
        return false;
   }
   I2CWrite(Stop[4]) ;
   if(Rotate(30)==false){                               // ………………… ⓮
```

```
            I2CWrite(4095) ;
            return false;
        }
        I2CWrite(0) ;                                   // ····················· ⓯
        return true ;
}

bool Rotate(int Max){                                   // ····················· ⓰
      float Dist = Distance() ;
      while(Dist>Max){
        Dist = Distance() ;
        if(Dist>100){                                   // ····················· ⓱
          I2CWrite(4095) ;
          return false;
        }
      }
      return true ;
}

void StartMotor(){                                      // ····················· ⓲
   float Start[] = {2048, 2300, 3000, 4095 } ;
      I2CWrite(Start[0]) ;
      delay(2000) ;
      I2CWrite(Start[1]) ;
      delay(1000) ;
      I2CWrite(Start[2]) ;
      delay(200) ;
      I2CWrite(Start[3]) ;
}
float Distance(){                                       // ····················· ⓳
   long Now,Tme ;
   delay(10) ;
   Now = micros() ;
   Tme = Now+10 ;
   digitalWrite(Trig,HIGH) ;
   while(true){
      Now = micros() ;
      if(Now>=Tme) break ;
   }
   digitalWrite(Trig,LOW) ;
```

```
    long Length = pulseIn(Echo,HIGH) ;
    float Distance = Length * 0.017241 ;
    return Distance ;
}
```

❶ I2C 통신을 위하여 Wire Library를 사용한다.

❷ Clock 주파수 100kHz으로 I2C 통신 Port를 초기화한다.

❸ DC 모터를 정지한다.

❹ Key_1의 상태를 검사한다.

❺ Key_1이 눌렸으면 Slow-Start를 시작한다.

❻ 100cm에 도달하기까지 계속 거리를 측정한다.

❼ 100cm 이내의 거리에 도달하였으면 Slow_Stop을 시작한다.
return 값이 true이면 Slow_Stop이 정상적으로 완료되었음을 의미한다.
false이면 ❻번 과정을 다시 실행한다.

❽ I2C 통신으로 D/A Converter MCP4725으로 D/A 출력값을 전송하는 함수이다.

❾ Slow_Stop을 실행하는 함수이다. 정상적으로 종료되었으면 true를 리턴 하지만 비정상적인 상태인 경우는, 방해가 발생한 경우이므로 모터의 속도를 최대 속도로 만든 다음 false를 return한다. 이 함수에서 정의한 변수 Stop[]의 값은 저자가 시험적으로 설정한 값이다. 독자들의 Motor 상태와 다르기 때문에 이 값들은 독자들의 Motor 조건에 따라 변경되어야 한다.

❿ 거리가 70cm보다 작거나 같으면 true가 return된다. 오류인 경우에는 false가 return되어 Slow_Stop 이전의 상태로 복귀한다.

⓫ 거리가 50cm보다 작거나 같으면 true가 return된다. 50cm 보다 크면 False를 return한다.

⓬ 거리를 40cm로 검사한다.

⓭ 거리를 35cm로 검사한다.

⓮ 거리를 30cm로 검사한다.

⓯ 30cm의 거리에 도착하였으므로 모터를 정지한다.

⓰ 지정한 거리에 도달할 때까지 계속 거리를 측정하는 함수이다. 정상적으로 지정한 거리에 도달하였으면 true를 return하고 error가 발생(100cm 보다 큰 경우)을 감지하면 모터의 속도가 최댓값이 되도록 한다. 지정값보다 크면 false를 return한다.

⓱ 거리가 100cm를 넘는다면 Error이다. 따라서 모터의 속도를 최댓값으로 변경하고 false를 return한다.

⓲ Slow_Start를 실행하는 함수이다. 이 함수에서 정의한 변수 Start[]의 값은 저자가 시

험적으로 설정한 값이다. 독자들의 Motor 상태와 다르기 때문에 이 값들은 독자들의 Motor 조건에 따라 변경되어야 한다.

⑲ 초음파 센서로 부터 거리를 측정하는 함수이다.

7.9 Step Motor 구동

Step Motor 구동은 Function Pointer를 사용하는 예를 보여주기 위하여 마련하였으며, 동시에 Bit 제어 기법을 사용하는 예도 보이고자 하였다.

6.15절에서 Step Motor를 구동하기 위하여 Stepper Library를 사용하였다.

Stepper Library는 쉽게 사용할 수 있지만, 2상 여자 방식만 허용되며, 제어 방법이 단순하기 때문에 정교한 제어가 필요하거나, 복합된 기능을 수행하기에는 무리가 있어 보인다.

이 절에서는 Bit 제어 방식을 이용하여 Step Motor를 구동해 보자.

Bit 제어 방식으로 Step Motor를 제어하면, Step Motor를 제어하는 데 필요하 거의 모든 조건을 만족 시킬 수 있으므로 Step Motor의 3가지 구동 방식을 모두 구사할 수 있으며, Slow-Start, Slow-Stop을 구사하는데도 문제가 없다.

Step Motor 관련 사항은 6.15절을 참고하기 바라며, 다음과 같은 프로그램을 작성해 보자.

Key_1을 누르면 StepMotor의 여자 방법을 변경한다.

"1상여자방식" → "1-2상 여자방식" → "2상여자방식" → "1상여자방식"...와 같은 순으로 변경 된다.

Step Motor의 여자방식은 LED로 표시한다.

LED_1 : 1상 여자방식
LED_2 : 1-2상 여자방식
LED_3 : 2상 여자방식

Key_2를 Slow-Start를 시작하여 최고 속도까지 속도를 높이며 Step Motor가 구동하는 상태에서 Key_2를 누르면 Slow-Stop을 구현한다.

Step Motor가 구동되는 상태에서는 여자방법을 변경하지 못한다.

[그림 7.9.1]은 Step Motor를 구동하기 위한 회로이다.

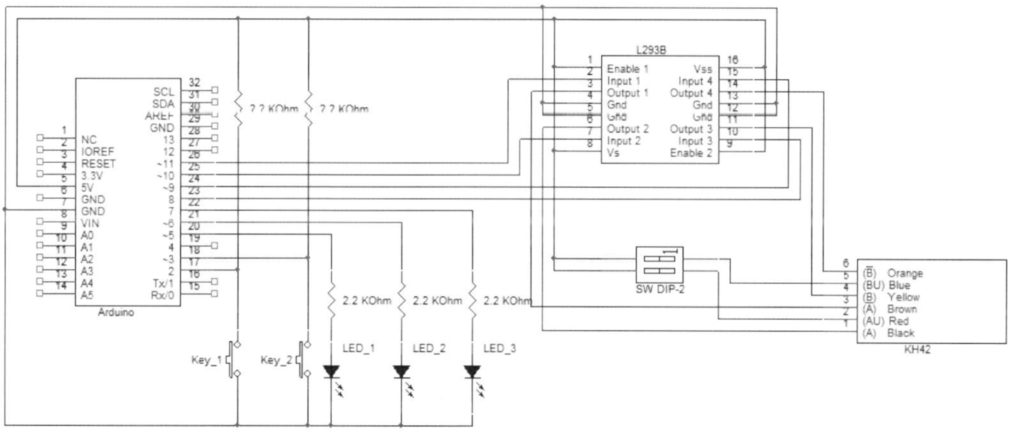

| 그림 7.9.1 | Step Motor 구동 회로

프로그램을 작성하기 전에 Step Motor의 3가지 여자방식을 구동하는 순서에 따라 분석하여 전압 상태를 [Table 7.9.1]과 같이 분석하고 [Table 7.9.2]의 상태 값 변환 표를 사용하여 [Table 7.9.3]의 상태 천이 표를 만들어서, 프로그램을 작성하였다. (6.15절 참조)

	Port	1	2	3	4	5	6	7	8
1상 여자방식	A상	1	0	0	0	1	0	0	0
	B상	0	1	0	0	0	1	0	0
	-A상	0	0	1	0	0	0	1	0
	-B상	0	0	0	1	0	0	0	1
1-2상 여자방식	A상	1	0	0	0	0	0	1	1
	B상	1	1	1	0	0	0	0	0
	-A상	0	0	1	1	1	0	0	0
	-B상	0	0	0	0	1	1	1	0
2상 여자방식	A상	1	0	0	1	1	0	0	1
	B상	1	1	0	0	1	1	0	0
	-A상	0	1	1	0	0	1	1	0
	-B상	0	0	1	1	0	0	1	1

| Table 7.9.1 | 여자 방식에 따른 Step 변화

1,2상 여자방식은 4-Step이 1주기지만 1-2상 여자방식이 8-Step이므로 1,2상도 8-Step으로 표현하였다. [Table 7.9.1]을 [Table 7.9.2]의 상태값 변환 표를 이용하여 변환하면 [Table 7.9.3]과 같은 State Table을 만들었다.

	S1	S2	S3	S4	S6	S8	S9	SC
A상	1	0	1	0	0	0	1	0
B상	0	1	1	0	1	0	0	0
-A상	0	0	0	1	1	0	0	1
-B상	0	0	0	0	0	1	1	1

| Table 7.9.2 | 상태값 변환 표

	1	2	3	4	5	6	7	8
1상 여자방식	S1	S2	S4	S8	S1	S2	S4	S8
1-2상 여자방식	S3	S2	S6	S4	SC	S8	S9	S1
2상 여자방식	S3	S6	SC	S9	S3	S6	SC	S9

| Table 7.9.3 | 여자 방식에 따른 상태 천이 표

Slow_Start와 Slow-Stop의 속도의 가변값은 e^x의 지수값을 기반으로 만들었는데, 수학적인 함수를 사용하여 속도를 가변하는 예를 보이기 위한 임의의 함수에 불과하다. 따라서 어떤 의미가 있는 함수는 아니다(일반적으로 지수함수적으로 가변하는 경우가 많다.).

프로그램은 다음 사항을 고려하고 프로그램을 분석해 보기 바란다.

① Motor의 운영 방식은 Phase 변수로 결정하도록 하였다.

② Phase의 값은 Motor 운영 중에는 교체할 수 없도록 하였다.

③ Motor의 회전방향은 Step 1→Step 8 방향 이면 순방향 회전이고, Step 8→Step 1이면 역방향이다.

④ Motor가 회전을 하려면 다음 Step을 순방향 혹은 역방향을 결정하여야 한다. 따라서 Direct 변수를 두어서 다음 Step을 결정하도록 하였다.

⑤ *pDirect는 Direct 변수에 의해 Forward 혹은 Backward를 가져온다.

⑥ Motor의 회전속도는 인가하는 Pulse의 폭으로 결정된다. 하지만 Pulse의 폭이 너무 짧으면, 기계적인 움직임이 따라오지 못하므로 Motor가 회전을 하지 못한다.

⑦ Pulse의 폭은 Speed 값을 사용하여 계산된 Dta 값으로 결정된다.

⑧ Vellocity 변수의 값이 1이면 Motor의 속도는 최고 속도가 될 때까지 속도를 증가하며, 0이면 정지될 때까지 속도를 감쇄한다.

⑨ *pSpeed는 Vellocity의 값에 의해, IncSpeed 혹은 DecSpeed를 선택한다.

⑩ 1-2상 여자 방식은 1회전이 8Step이므로, 1상과 2상 보다 2배로 빠른 속도로 제어해야, 1, 2상의 속도와 동일한 속도가 된다.

⑪ Interrupt 처리 함수는 프로그램이 OS상에서 수행되고 있는 레벨(OS에서는 하위레벨 혹은 특권 레벨이라 부른다)이 다르기 때문에 Interrupt 처리 함수에서 사용할 수 있는 함수는 제한을 받는다. 그렇기 때문에 interrupt 발생을 알 수 있도록 하는 변수 Intr1과 Intr2를 두어서 Interrupt가 발생하였음을 감지하도록 하였다.

⑫ Chattering 방시 기능은, ChkKey_1()과 ChkKey_2() 함수에서 처리하였다.

다음은 작성된 프로그램이다.

```
#define    Key_1   2
#define    Key_2   3
#define    Key_3   4
#define    LED_1   5
#define    LED_2   6
#define    LED_3   7
#define    A       8
#define    _A      9
#define    B       10
#define    _B      11
#define    BuiltIn 13                          // ..................... ❶

#define    VChat    100
int Step    ;
int Speed   ;
void (* pRun)(int Step) ;                      // ..................... ❷
void (* pDirect)() ;                           // ..................... ❸
int  (* pSpeed)() ;                            // ..................... ❹

int Phase ;                                    // ..................... ❺
byte Direct ;
byte Velocity ;
byte Intr1, Intr2 ;

long Pre1 , Pre2 ;
void setup() {
```

```
  Serial.begin(9600) ;
  pinMode(Key_1,INPUT) ;
  pinMode(Key_2,INPUT) ;
  pinMode(LED_1,OUTPUT) ;
  pinMode(LED_2,OUTPUT) ;
  pinMode(LED_3,OUTPUT) ;
  pinMode(BuiltIn,OUTPUT) ;
  pinMode(A,OUTPUT) ;
  pinMode(_A,OUTPUT) ;
  pinMode(B,OUTPUT) ;
  pinMode(_B,OUTPUT) ;
  attachInterrupt(digitalPinToInterrupt(Key_1), K1_Hit, FALLING);
                                                    // ………………… ❻
  attachInterrupt(digitalPinToInterrupt(Key_2), K2_Hit, FALLING);
  MotorStop() ;                                     // ………………… ❼
  Phase = 0 ;
  GetPhase() ;
  Step = 1 ;
  Velocity = 0 ;
  Direct = 0 ;
  Speed  = 0 ;
}

void loop() {
  if(digitalRead(Key_3)==LOW){                      // ………………… ❽
    long Pre = millis() ;
    while(true){                                    // ………………… ❾
      if(digitalRead(Key_3)==LOW) Pre = millis() ;
      long Now = millis() ;
      Now -= Pre ;
      if(Now>VChat){
        Phase++ ;
        if(Phase>2) Phase = 0 ;
        GetPhase() ;
        break ;
      }
    }
  }
  while(true){                                      // ………………… ❿
      ChkKey_1() ;                                  // ………………… ⓫
```

```
        ChkKey_2() ;
        if(Speed==0 && Velocity==0) break ;          // ..................... ⑫
        double Dta = 12000*pow(2.718,0.03* Speed) ;  // ..................... ⑬
        if(Phase==1) Dta /= 2 ;                      // ..................... ⑭
        for(int i=0;i<8;++i){
          pRun(Step) ;                               // ..................... ⑮
          if(Direct==1) pDirect=Backward ;           // ..................... ⑯
          else pDirect=Forward ;
          pDirect() ;                                // ..................... ⑰
          Wait(Dta) ;                                // ..................... ⑱
        }
        if(Velocity==0) pSpeed = DecSpeed ;          // ..................... ⑲
        else pSpeed = IncSpeed ;
        pSpeed() ;
    }
}

void ChkKey_1(){                                     // ..................... ⑳
    if(Intr1==0) Pre1 = millis() ;
    else{
      if(digitalRead(Key_1)==LOW) Pre1 = millis() ;
      else{
        long Now = millis() ;
        Now -= Pre1 ;
        if(Now>VChat){
          Intr1 = 0 ;
          if(Velocity == 0) Velocity = 1 ;
            else Velocity = 0 ;
        }
      }
    }
}

void ChkKey_2(){                                     // ..................... ㉑
    if(Intr2==0) Pre2 = millis() ;
    else{
      if(digitalRead(Key_2)==LOW) Pre2 = millis() ;
      else{
        long Now = millis() ;
        Now -= Pre2 ;
```

```
        if(Now>VChat){
          Intr2 = 0 ;
          if(Direct == 0) Direct = 1  ;
          else Direct = 0 ;
        }
      }
    }
}

void Forward(){                                    // ………………… ㉒
  digitalWrite(BuiltIn,LOW) ;
  Step++ ;
  if(Step>8) Step = 1 ;
}

void Backward(){                                   // ………………… ㉓
  digitalWrite(BuiltIn,HIGH) ;
  Step-- ;
  if(Step<=0) Step = 8 ;
}

int IncSpeed(){                                    // ………………… ㉔
  if(Speed>-50)  --Speed ;
  return Speed ;
}

int DecSpeed(){                                    // ………………… ㉕
  if(Speed<0)  ++Speed ;
  return Speed ;
}

void K1_Hit(){                                     // ………………… ㉖
  Intr1 = 1 ;
}
void K2_Hit(){                                     // ………………… ㉗
  Intr2 = 1 ;
}

void GetPhase(){                                   // ………………… ㉘
  if(Phase>2) Phase = 0 ;
```

```
  switch(Phase){
    case 0 :    pRun = Phase_1 ;
                digitalWrite(LED_1,HIGH) ;
                digitalWrite(LED_2,LOW) ;
                digitalWrite(LED_3,LOW) ;
                return ;
    case 1 :    pRun = Phase_12 ;
                digitalWrite(LED_1,LOW) ;
                digitalWrite(LED_2,HIGH) ;
                digitalWrite(LED_3,LOW) ;
                return ;
    case 2 :    pRun = Phase_2 ;
                digitalWrite(LED_1,LOW) ;
                digitalWrite(LED_2,LOW) ;
                digitalWrite(LED_3,HIGH) ;
                return ;
  }
}

void Wait(int Val){                                  // ····················· ㉙
  long Pre = micros() ;
  while(true){
    long Now = micros() ;
    Now -= Pre ;
    if(Now>Val) break ;
  }
}

void MotorStop(){                                    // ····················· ㉚
  digitalWrite(A,LOW) ;
  digitalWrite(B,LOW) ;
  digitalWrite(_A,LOW) ;
  digitalWrite(_B,LOW) ;
  Step = 0 ;
}

void Phase_1(int Step){                              // ····················· ㉛
  switch(Step){
    case 1 : S_1() ;
             break ;
```

```
      case 2 : S_2() ;
               break ;
      case 3 : S_4() ;
               break ;
      case 4 : S_8() ;
               break ;
      case 5 : S_1() ;
               break ;
      case 6 : S_2() ;
               break ;
      case 7 : S_4() ;
               break ;
      case 8 : S_8() ;
               break ;
    }
}

void Phase_12(int Step){                                   // ..................... ㉜
  switch(Step){
      case 1 : S_3() ;
               break ;
      case 2 : S_2() ;
               break ;
      case 3 : S_6() ;
               break ;
      case 4 : S_4() ;
               break ;
      case 5 : S_C() ;
               break ;
      case 6 : S_8() ;
               break ;
      case 7 : S_9() ;
               break ;
      case 8 : S_1() ;
               break ;
    }
}
void Phase_2(int Step){                                    // ..................... ㉝
  switch(Step){
      case 1 : S_3() ;
```

```
                break ;
        case 2 : S_6() ;
                break ;
        case 3 : S_C() ;
                break ;
        case 4 : S_9() ;
                break ;
        case 5 : S_3() ;
                break ;
        case 6 : S_6() ;
                break ;
        case 7 : S_C() ;
                break ;
        case 8 : S_9() ;
                break ;
    }
}
void S_1(){                                             // ..................... ㉞
  digitalWrite(A,HIGH) ;
  digitalWrite(B,LOW) ;
  digitalWrite(_A,LOW) ;
  digitalWrite(_B,LOW) ;
}
void S_2(){
  digitalWrite(A,LOW) ;
  digitalWrite(B,HIGH) ;
  digitalWrite(_A,LOW) ;
  digitalWrite(_B,LOW) ;
}
void S_3(){
  digitalWrite(A,HIGH) ;
  digitalWrite(B,HIGH) ;
  digitalWrite(_A,LOW) ;
  digitalWrite(_B,LOW) ;
}
void S_4(){
  digitalWrite(A,LOW) ;
  digitalWrite(B,LOW) ;
  digitalWrite(_A,HIGH) ;
  digitalWrite(_B,LOW) ;
```

```
}
void S_6(){
  digitalWrite(A,LOW) ;
  digitalWrite(B,HIGH) ;
  digitalWrite(_A,HIGH) ;
  digitalWrite(_B,LOW) ;
}
void S_8(){
  digitalWrite(A,LOW) ;
  digitalWrite(B,LOW) ;
  digitalWrite(_A,LOW) ;
  digitalWrite(_B,HIGH) ;
}
void S_9(){
  digitalWrite(A,HIGH) ;
  digitalWrite(B,LOW) ;
  digitalWrite(_A,LOW) ;
  digitalWrite(_B,HIGH) ;
}
void S_C(){
  digitalWrite(A,LOW) ;
  digitalWrite(B,LOW) ;
  digitalWrite(_A,HIGH) ;
  digitalWrite(_B,HIGH) ;
}
```

❶ Builtin Led를 사용해 보자. Motor의 회전 방향이 역방향이면 Led에 불이 들어오도록 하였다.

❷ Motor를 회전하는 함수를 선택하기 위한 함수 Pointer, Pointer가 선택한 함수에 의해 Motor가 회전한다.

❸ Next Step을 지정하는 함수에 대한 함수 Pointer. Pointer가 선택한 함수에 따라 순방향 혹은 역방향으로 Motor가 회전한다.

❹ 속도를 가변하는 함수를 지정하는 함수 Pointer, Pointer가 선택한 함수에 따라 속도가 증가하기도 하고 감소하기도 한다.

❺ Pointer가 함수를 지정할 수 있도록 선택의 기준이 되는 변수. 예를 들면 Phase=0이면 1상 여자 방식으로 운행하며, 1이면 1-2상, 2면 2상 여자 방식이 선택된다. Direct는 방향을 선택하도록 하며, Velocity는 속도의 증감을 선택한다.

❻ Key_1과 Key_2는 interrupt을 사용한다.

❼ Motor는 정지 상태로 시작한다.

❽ Key_3를 검출하는 루틴

❾ Key_3 채터링을 방지하는 루틴이다.

❿ Motor를 회전하는 루틴이다. Motor가 정지되면 While 구문을 탈출한다.

⓫ Key_1, 과 Key_2의 채터링을 방지하기 위한 함수, Key_1과 Key_2에서
1) interrupt이 발생하면 intr1과 Intr2로 Interrupt의 발생을 알리고,
2) interrupt 발생을 감지하였으면 Key_1과 Key_2가 안정된 상태인지 확인한 후
3) interrupt과 관련된 값을 수정한다.

⓬ Motor가 정지 상태면 while 구문을 탈출하는 명령

⓭ Speed 값을 사용하여 Pulse의 지연 시간을 계산한다. 함수 자체에 의미를 둘 필요는 없다. 저자의 장비에 맞도록 임의로 선택한 함수이다.

⓮ 1-2 상은 1, 2상 여자 방식 보다 2배의 Step수를 운행하기 때문에 Pulse의 길이를 반으로 줄여야 같은 속도가 나온다.

⓯ Motor를 회전하는 함수

⓰ Direct 값에 의해 pDirect Pointer를 지정한다.

⓱ Next Step의 값을 결정한다(순방향 혹은 역방향).

⓲ Dta 값만큼 출력 Pulse를 지연한다.

⓳ Velocity 값에 의해 속도의 증감을 결정한다.

⓴ Key_1의 인터럽을 감지하고 Key_1의 입력 상태가 안정될 때까지 기다린 다음, Velocity 값을 변경한다.

㉑ Key_2의 인터럽을 감지하고 Key_2의 입력 상태가 안정될 때까지 기다린 다음, Direct 값을 변경한다.

㉒ Motor가 순방향으로 회전하도록 Next Step의 값을 지정하는 함수이다.

㉓ Motor가 역방향으로 회전하도록 Next Step의 값을 지정하는 함수이다.

㉔ Motor의 속도를 최고 속도까지 증가시키는 함수이다.

㉕ Motor의 속도를 정지 상태가 될 때까지 감쇄하는 함수이다.

㉖ Key_1 인터럽 함수

㉗ Key_2 인터럽 함수

㉘ Motor의 운행 방식을 결정하는 함수이다.

㉙ 특정시간 동안 대기하는 함수이다.

㉚ Motor를 정지 상태가 되도록 만드는 함수이다.

㉛ 1상 여자 방식으로 motor를 운행하는 함수이다.

㉜ 1-2상 여자 방식으로 motor를 운행하는 함수이다.
㉝ 2상 여자 방식으로 motor를 운행하는 함수이다.
㉞ Motor의 Step에 따라 출력 값을 결정하는 함수이다.

7.10 구동장치의 위치 정밀 측정기

7.10절은 Digital 하드웨어를 설계할 때 고려해야 하는 문제를 다루기 위하여 마련하였다. ESP8266의 매뉴얼에 의하면 ESP8266 I/O Port로 출력되는 전압은 3.3V이며 최대 전류는 12mA, WiFi 통신을 할 때 소모되는 전류는 120mA~170mA 정도이므로, 모터를 구동할 때 필요한 소비 전류를 고려하면 SZH-EK080 Board를 이용하여, WiFi 통신을 하면서 모터를 구동한다는 것은 사실상 어렵기 때문에 모터의 전원은 내부 전원과 분리된 외부 전원을 사용하여 설계하는 것이 일반적인 방법이다.

이와 같이 분리된 외부전원을 사용하여 회로를 설계할 때 고려해야 할 사항 중 하나는 모터 회로와 같이 강한 전류가 흐르는 Board는 대단히 많은 전자기적인 잡음원을 가지고 있으며, 여기서 발생하는 노이즈는, 대부분의 경우 Filter만으로는 해결되지 않기 때문에 노이즈를 방어하기 위하여 여러 가지 방법을 사용해 보지만 쉽지는 않다. 그것은 고려해야할 대상이 전기적 노이즈만 있는 것이 아니라 자기적 노이즈도 발생하기 때문이다.

전자에서 이러한 회로의 노이즈를 해결하기 위한 방법으로 자주 사용하는 방법중하나는 전원뿐 아니라 Ground도 같이 분리하는 방법이다.

물론 노이즈를 모두 해결 할 수 있는 방법은 아니지만, Ground를 분리하는 방법은, 아날로그 그라운드와 디지털 그라운드를 분리하여 설계하는 방법, Transformer를 사용하는 방법, 광통신을 이용하는 방법 등 여러 가지 방안을 생각할 수 있지만, CPU를 사용하는 회로와 같이 전류 소비가 적으며, Port의 입출력 속도가 비교적 낮은 경우에는 Photo Coupler를 사용하여 전원과 Ground를 분리하는 방법이 많이 사용되고 있다.

[그림 7.10.1]은 Photo Coupler의 내부 구조이다.

[그림 7.10.1]에서 보는 바와 같이 Photo Coupler는 입력과 출력이 광으로 결합되어있기 때문에, 입력단과 출력단이 전기적으로 분리되어 있으며, 출력 측 노이즈가 입력 측으로 전달될 수 없는 구조지만, Led를 사용하기 때문에 반응속도는 늦은 편이라 보아야 한다.

[그림 7.10.2] 회로는 Photo Coupler를 사용하여 전원과 그라운드를 모두 분리한 회

로이다.

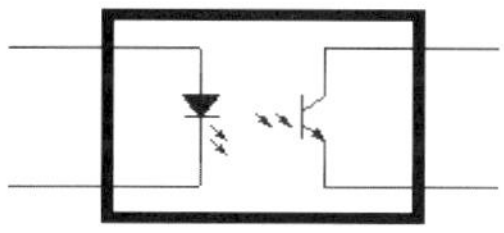

| 그림 7.10.1 | Photo Coupler 내부 구조

모터를 사용한 구동장치는 모터의 slip 혹은 기계적인 부정합 등으로 인하여 위치 오차가 발생하기 때문에, 정밀 기계를 제작할 때 기계의 미세 조정을 위하여 위치 오차를 정확하게 측정할 수 있는 장비가 필요하다. 대단히 높은 정밀도를 요구하는 장비이므로 구현하기 쉽지는 않다. 하지만 실험 대상을 Step Motor로 하고, 측정은 육안 검사로 한다면 비슷한 장비는 만들 수 있을 것 같다.

Step Motor를 +방향으로 500 회전을 하고, -1000 회전을 한 다음 다시 500 회전을 하면 0의 위치로 복귀해야 한다. 이때 0 위치와 달라진 거리가 위치 오차이다. 부 정확하지만 오차값은 눈으로 감지하는 것으로 하자.

Step Motor가 정상적인 속도로 구동되고 Step Motor에 다른 기계적 장치가 부착되지 않았다면 이정도 실험에서는 거의 오차가 발생하지 않는다. 하지만 이정도 실험에서도 오차가 감지될 정도면, 대부분의 경우 과도하게 높거나 낮은 RPM으로 구동하고 있기 때문이라 생각되지만, 그것이 아니라면 Motor와 기계적 장치와의 Matching 부분을 재검토해야할 것으로 보인다. 또 다른 관점으로 생각해 보면, Motor의 Toque와 Speed는 반비례 관계이므로, 최적 속도를 검출하기 위한 장치도 필요하므로, 모터를 구동할 때 적용할 수 있는 최적 속도를 측정하는 장치를 만든다고 생각해도 좋을 것 같다.

[그림 7.10.2]의 회로는 전원을 분리한 Step Motor의 회로도이다.

[그림 7.10.2] 회로에서는 WiFi 통신을 위하여, SZH-EK080 Board를 사용하였으며, Photo Coupler pc817을 사용하여 Step Motor 구동회로와 전원이 분리되도록 설계한 회로이다.

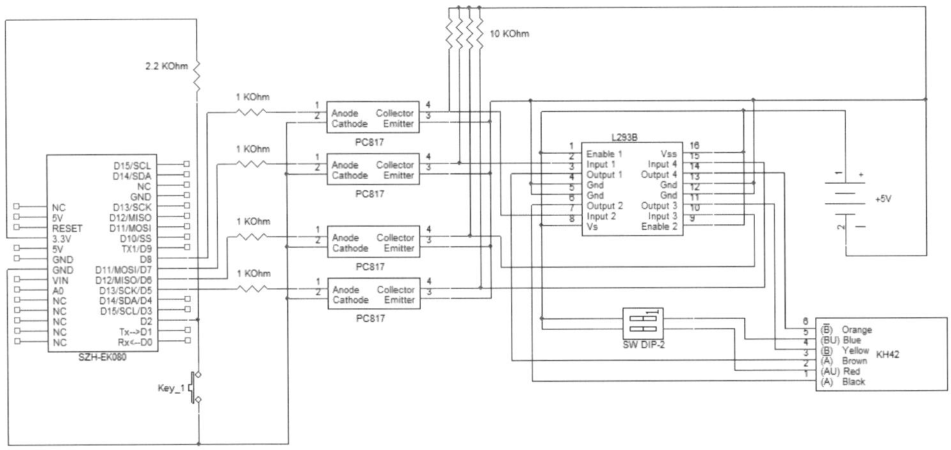

| 그림 7.10.2 | Step Motor 회로

전원 분리를 위하여 Step Motor 회로는 외부 독립 전원 5V를 사용하였다.

참고로 5V의 외부전원은 전류 허용량이 1A 이상되는 전원을 사용하는 것이 좋으며, 전원장치가 없는 독자들은 6V(1.5V × 4 = 6V)를 사용하여도 될 것 같다.

SW DIP2는 Step Motor의 운영 방식을 Unipolar 방식과 Bipolar 방식을 선택하기 위한 Switch이다. SW Dip2의 2단자를 모두 Off로 하면 Red와 Blue가 Open 상태가 되므로 Bipolar 방식으로 동작하고, SW Dip2의 2단자를 모두 On으로 바꾸면 Blue와 Red에 5V가 인가되므로 Unipolar 방식으로 구동한다.

SW Dip2는 2단자가 동시에 Off 상태이거나 On 상태가 되도록 해야 한다.

[그림 7.10.3] 회로는 정밀도를 측정하기 위한 실험 장치이다.

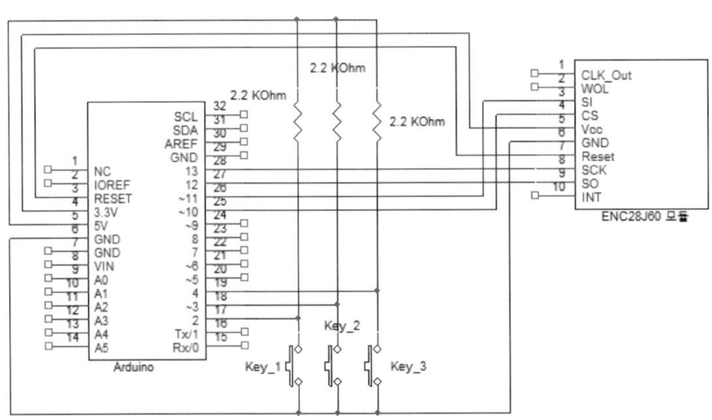

| 그림 7.10.3 | Step Motor 측정 회로

Step Motor회로는 WiFi 통신을 하며 Client로 접속하며. 측정 회로는 Ethnet 통신을 하며 Server의 역할을 하도록 하자.

Client 회로의 동작은 다음과 같다.

① Client 회로의 Key_1을 누르면 Server와 접속을 한다.

② Server와 접속이 되면, 변수 TotalStep=0로 초기화하고 Step Motor를 제어하는 Pulse의 길이와 숫자 0을 Server로 전송한다.

③ Server로부터 문자를 수신하면 수신된 문자열을 분석하여 Step Motor를 구동한다.

- "+숫자" : 순방향으로 수신한 숫자만큼 Step을 진행한다.

  예 "+123" : 순방향으로 123 Step 진행한다.

- "−숫자" : 역방향으로 수신한 숫자만큼 Step을 진행한다.

  예 "−345" : 역방향으로 345 Step 진행한다.

- "S숫자" : Step Motor의 Step pulse의 길이를 변경하여 Step Motor의 속도를 변경한다.

  예 "S1200" : Step Pulse의 길이를 1200 usec로 한다.

④ Step Motor의 구동을 완료하였으면 Step Motor를 제어하는 Pulse의 길이와 TotalStep 값을 Server로 전송한다.

⑤ Server로부터 "Key_1"을 수신하면, "Key_1"을 다시 수신할 때까지 Step Motor를 순방향으로 회전하면서 진행한 Step 수를 TotalStep에 누적한다.

⑥ "Key_1"을 다시 수신하면 Step Motor의 회전을 중지하고 Pulse의 길이와 TotalStep의 값을 Server로 전송한다.

⑦ "Key_2" 값을 수신하면 5,6번 과정을 역방향으로 진행한다.

⑧ "Key_3"를 수신하면 TotalStep의 값이 0이 되도록 회전을 하고 Server로 Pulse의 길이와 TotalStep의 값(0)를 송신한다.

Server 회로의 동작은 다음과 같다.

① 시리얼 모니터로부터 문자를 수신하면 그 문자를 Client로 전송한다.

② Client로부터 수신한 숫자 데이터는 시리얼 모니터로 전송한다.

③ Key_1을 누르면 "Key_1"을 Client로 전송한다.

④ Key_2를 누르면 "Key_2"를 Client로 전송한다.

⑤ Key_3을 누르면 "Key_3"을 Client로 전송한다.

시리얼 모니터에서 Client로 전송하는 데이터는 다음 3가지 형식이다

① "+숫자" : 순방향으로 진행할 Step의 수

② "−숫자" : 역방향으로 진행할 Step의 수

③ "S숫자" : Step Motorfh 방출하는 Step Pulse의 길이(usec)

7.10.1 서버 프로그램

서버 프로그램을 Down Load하려면 아두이노 IDE에서 "툴" 메뉴를 사용하여 사용하는 Board가 UNO board임을 확인하고, 통신 Port도 확인하여야 한다.

```
#include <UIPEthernet.h>                                   // ···················· ❶
#include "utility/logging.h"
#define    Key_1 2
#define    Key_2 3
#define    Key_3 4
#define    VChat 100
EthernetServer server = EthernetServer(1004);              // ···················· ❷

void setup() {
  Serial.begin(9600) ;
  pinMode(Key_1,INPUT) ;
  pinMode(Key_2,INPUT) ;
  pinMode(Key_3,INPUT) ;
  uint8_t mac[6] = { 0x00,0x01,0x02,0x03,0x04,0x05};       // ···················· ❸
  uint8_t myIP[4] = {192,168,0,6};
  uint8_t myMASK[4] = {255,255,255,0};
  uint8_t myDNS[4] = {192,168,0,1};
  uint8_t myGW[4] = {192,168,0,1};
  Ethernet.begin(mac,myIP,myDNS,myGW,myMASK);               // ···················· ❹
  server.begin();                                           // ···················· ❺
  Serial.println("Server Start!!!!!!") ;
}

void loop() {
  int size;
  char Rcv[100] ;
  if (EthernetClient client = server.available())           // ···················· ❻
```

```
  {
      client.print("Conned") ;
      while(true){
        size = Serial.available() ;                        // ..................... ❼
        if(size>0){
          for(int i=0;i<size;++i) Rcv[i]=Serial.read() ;
          Rcv[size]=0 ;
          client.print(Rcv) ;
        }
        size = client.available() ;                        // ..................... ❽
        if(size>0){
          size = client.read(Rcv,size);
          Rcv[size]=0 ;
          Serial.println(Rcv) ;
        }
        if(KeyChk(Key_1)==1) client.print("Key_1") ;       // ..................... ❾
        if(KeyChk(Key_2)==1) client.print("Key_2") ;       // ..................... ❿
        if(KeyChk(Key_3)==1) client.print("Key_3") ;       // ..................... ⓫
      }
  }
}

int KeyChk(int Key){                                       // ..................... ⓬
  long Pre, Now ;
  if(digitalRead(Key)==HIGH) return 0 ;
  Pre = millis() ;
  while(true){
   if(digitalRead(Key)==LOW) Pre = millis() ;
   else{
         Now = millis() ;
         Now -= Pre ;
         if(Now>VChat) break ;
      }
   }
   return 1 ;
}
```

❶ Ethernet 통신을 위하여 UIPEthernet Library를 사용한다.

❷ 서버 Object를 생성하였다. 서버의 Port는 1004이다.

❸ Mac, IP등의 Address 값이다.
❹ Ethernet와 연결한다.
❺ Server를 시작한다.
❻ Client의 접속을 기다린다.
❼ 시리얼 모니터에서 송신하는 데이터를 수신한다. 수신한 값은 Client로 전송한다.
❽ Client에서 송신하는 데이터를 수신한다. 수신한 값은 시리얼 모니터로 전송한다.
❾ Key_1이 입력되면 "Key_1"을 Client로 전송한다.
❿ Key_2가 입력되면 "Key_2"를 Client로 전송한다.
⓫ Key_3가 입력되면 "Key_3"을 Client로 전송한다.
⓬ Key 입력을 감시하는 함수이다.

7.10.2 Client 프로그램

Client 프로그램을 Down Load하려면 아두이노 IDE에서 "툴" 메뉴를 사용하여 사용하는 Board가 "WeMos D1 R1"임을 확인해야 하고, 통신 Port도 확인해야 하며 모터가 비정상적으로 회전하거나, 프로그램이 Down되는 현상이 발생하면 외부 전원의 전류 구동 능력을 검토해 보아야 한다.

```
#include <ESP8266WiFi.h>                               // ………………… ❶
#define   VChat    100
#define   Key_1   16
#define   A         14
#define   _A        12
#define   B         13
#define   _B        0
const char* ssid       = "kshome";                      // ………………… ❷
const char* password = "khkim0701";
const char* host = "192.168.0.06";                     // ………………… ❸
int Step    ;
int Speed   ;
byte Direct ;
long TotalStep ;
WiFiClient client;

void setup() {
```

```
  Serial.begin(9600) ;
  ESP.wdtDisable();                              // ..................... ❹
  ESP.wdtEnable(WDTO_8S);
  pinMode(Key_1,INPUT) ;
  pinMode(A,OUTPUT) ;
  pinMode(_A,OUTPUT) ;
  pinMode(B,OUTPUT) ;
  pinMode(_B,OUTPUT) ;

  MotorStop() ;                                  // ..................... ❺
  Step = 1 ;
  Direct = 0 ;
  Speed  = 1200 ;
  TotalStep = 0 ;
  WiFi.begin(ssid, password);                    // ..................... ❻
  while (WiFi.status() != WL_CONNECTED) {
    delay(100);
    ESP.wdtFeed();                               // ..................... ❼
  }
}

void loop() {
  int sze ;
  long Val ;
  char Rcv[100] ;
  const int Port = 1004;
  if(digitalRead(Key_1)==LOW){                   // ..................... ❽
    while (!client.connect(host, Port)) {        // ..................... ❾
      Serial.println("connection failed");
      delay(100) ;
      ESP.wdtFeed();
    }
    Serial.println("connection!!!!!!!!!!");
    Report() ;                                   // ..................... ❿
    while(true){                                 // ..................... ⓫
      ESP.wdtFeed();                             // ..................... ⓬
      sze = client.available() ;                 // ..................... ⓭
      if(sze>0){
          sze = client.read((byte *)Rcv,sze);
           Rcv[sze]=0 ;
```

```
            Val = Parse(Rcv) ;
            Work(Val) ;                                    // ····················· ⓮
            if(Val !=0) Report() ;                         // ····················· ⓯
        }
      }
    }
}

long Parse(char *Rcv){                                     // ····················· ⓰
  int Pos =0 ;
  long Val ;
  for(int i=0;i<sizeof(Rcv);++i){
    if(Rcv[Pos]>0x20) break ;
    Pos++ ;
  }
  switch(Rcv[Pos]){
    case '+':
          Direct=0 ;
          Val = ParseNo(Rcv,Pos+1) ;
          if(Val==0) return 0 ;
          else return Val ;
          break ;
    case '-':
          Direct=1 ;
          Val = ParseNo(Rcv,Pos+1) ;
          if(Val==0) return 0 ;
          else return Val ;
          break ;
    case 'S':
          Val = ParseNo(Rcv,Pos+1) ;
          Speed = Val ;
          return 0 ;
          break ;
     case 'K':
          if(Rcv[Pos+1] != 'e') break ;
          if(Rcv[Pos+2] != 'y') break ;
          if(Rcv[Pos+3] != '_') break ;
          if(Rcv[Pos+4] == '1'){
              Direct = 0 ;
              return -1 ;
```

```
            }
            if(Rcv[Pos+4] == '2'){
                Direct = 1 ;
                return -2 ;
            }
            if(Rcv[Pos+4] == '3') return -3 ;
    }
    return 0 ;
}

long ParseNo(char* Rcv,int Pos){                                // ···················· ⑰
    long Val =0 ;
    for(int i=0;;++i){
        if(Rcv[Pos+i]==0) return Val ;
        Val *= 10 ;
        int Vl = GetVal(Rcv[Pos+i]) ;
        if(Vl<0) return -1 ;
        Val += Vl ;
    }
}

int GetVal(char ch){                                            // ···················· ⑱
    switch(ch){
        case '0': return 0 ;
        case '1': return 1 ;
        case '2': return 2 ;
        case '3': return 3 ;
        case '4': return 4 ;
        case '5': return 5 ;
        case '6': return 6 ;
        case '7': return 7 ;
        case '8': return 8 ;
        case '9': return 9 ;
    }
    return -1 ;
}

void Report(){                                                  // ···················· ⑲
    char Rcv[20] ;
    sprintf(Rcv,"%8d,%d",Speed,TotalStep) ;
```

```
    client.println(Rcv) ;
}

void Work(long Val){                                          // ………………… ⓴
    char Rcv[100] ;
    int sze ;
    if(Val==0) return ;
    if(Val>0){
      for(int i=0;i<Val;++i) MotorWork() ;                    // ………………… ㉑
    }
    if(Val==-1){                                              // ………………… ㉒
      while(true){                                            // ………………… ㉓
        MotorWork() ;                                         // ………………… ㉔
        sze = client.available() ;                            // ………………… ㉕
        if(sze>0){
            sze = client.read((byte *)Rcv,sze);
            Rcv[sze]=0 ;
          if(Parse(Rcv)==-1) break ;
        }
      }
    }
    if(Val==-2){                                              // ………………… ㉖
      while(true){
        MotorWork() ;
        sze = client.available() ;
        if(sze>0){
            sze = client.read((byte *)Rcv,sze);
              Rcv[sze]=0 ;
              if(Parse(Rcv)==-2) break ;
        }
      }
    }
    if(Val==-3){                                              // ………………… ㉗
      if(TotalStep==0) return ;
      while(TotalStep>0){
          Direct=1 ;
          MotorWork() ;
      }
      while(TotalStep<0){
          Direct=0 ;
```

```
        MotorWork() ;
      }
    }
}

void Forward(){                              // ···················· ㉘
  Step++ ;
  if(Step>4) Step = 1 ;
}

void Backward(){                             // ···················· ㉙
  Step-- ;
  if(Step<=0) Step = 4 ;
}

void Wait(long Val){                         // ···················· ㉚
  long Pre = micros() ;
  while(true){
    ESP.wdtFeed();
    long Now = micros() ;
    Now -= Pre ;
    if(Now>Val) break ;
  }
}

void MotorStop(){                            // ···················· ㉛
  digitalWrite(A,LOW) ;
  digitalWrite(B,LOW) ;
  digitalWrite(_A,LOW) ;
  digitalWrite(_B,LOW) ;
  Step = 0 ;
}

void MotorWork(){                            // ···················· ㉜
  ESP.wdtFeed();
  MotorRun(Step) ;
  if(Direct==1){
    Backward() ;
    TotalStep-- ;
  }
```

```
  else{
    Forward() ;
    TotalStep++ ;
  }
  Wait(Speed) ;
}

void MotorRun(int Step){                                    // ..................... ㉝
      case 1 : S_3() ;
               break ;
      case 2 : S_6() ;
               break ;
      case 3 : S_C() ;
               break ;
      case 4 : S_9() ;
               break ;
    }
}

void S_3(){                                                 // ..................... ㉞
  digitalWrite(A,HIGH) ;
  digitalWrite(B,HIGH) ;
  digitalWrite(_A,LOW) ;
  digitalWrite(_B,LOW) ;
}
void S_6(){
  digitalWrite(A,LOW) ;
  digitalWrite(B,HIGH) ;
  digitalWrite(_A,HIGH) ;
  digitalWrite(_B,LOW) ;
}
void S_9(){
  digitalWrite(A,HIGH) ;
  digitalWrite(B,LOW) ;
  digitalWrite(_A,LOW) ;
  digitalWrite(_B,HIGH) ;
}
void S_C(){
  digitalWrite(A,LOW) ;
  digitalWrite(B,LOW) ;
```

```
    digitalWrite(_A,HIGH) ;
    digitalWrite(_B,HIGH) ;
}
```

❶ SZI I-EK080 Board는 ESP8266WiFi Library를 사용해야 한다.
❷ 무선 공유기의 Host 이름과 Password이다.
❸ 서버의 IP Address이다.
❹ Watchdog Timer를 재설정한다.
❺ Motor는 Stop 상태로 시작한다.
❻ WiFi를 접속한다.
❼ Watchdog Timer를 Clear한다.
❽ Key_1을 눌러야 Server와 접속을 시도한다.
❾ 서버와 접속을 한다.
❿ TotalStep 값(0)을 서버로 전송한다.
⓫ 서버와 접속이 되었으므로 계속 유지하기 위하여 무한 루프로 진입한다.
⓬ Watchdog Timer를 Clear한다.
⓭ Server에서 송신하는 String을 수신하고 수신한 값을 분석한다.
⓮ 분석된 값으로 Motor 관련 작업을 실행한다.
⓯ 작업을 완료하였으면 Server로 결과를 송신한다.
⓰ 서버로부터 수신한 데이터를 분석하는 함수이다.
⓱ String 데이터를 숫자로 변환하는 함수이다.
⓲ Char데이터를 숫자로 변환하는 함수이다.
⓳ Pulse의 폭과 TotalStep값을 서버로 전송하는 함수이다.
⓴ 서버로부터 수신한 데이터를 처리하는 함수이다.
㉑ 시리얼 모니터로부터 수신한 데이터를 처리하는 함수
㉒ Key_1 입력에 대한 처리 루틴
㉓ 순방향으로 회전하며, Key_1을 다시 감지해야 종료된다.
㉔ 모터를 회전하는 명령
㉕ Key_1을 검출하는 루틴
㉖ Key_2 입력에 대한 처리 루틴 역방향으로 회전하며, Key_2를 다시 감지해야 종료된다.
㉗ Key_3 입력에 대한 처리 루틴 TotalStep값이 0가 되는 위치까지 회전한다.
㉘ 순방향 회전 State 값을 생성한다.

㉙ 역방향 회전 State 값을 생성한다.
㉚ 지정된 Pulse 폭만큼 대기하는 함수
㉛ 모터를 정지시키는 함수
㉜ 모터를 1 Step만큼 진행하는 함수
㉝ 모터로 Pulse를 출력하는 함수
㉞ 모터로 전압을 출력하는 함수

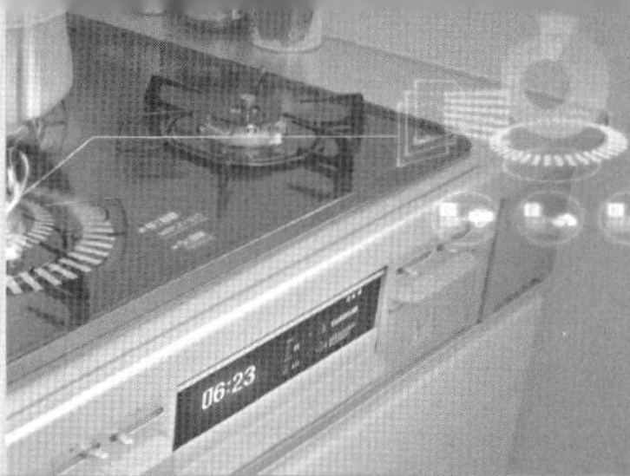

부록

부록 A. 변수와 상수

A.1 Data Type

아두이노 프로그램에서 사용하는 변수를 정리해 본 것이다. 기술적인 내용도 있지만, 가볍게 생각하고 한번 보는 정도로 충분하다. 아두이노에서 사용할 수 있는 변수의 Type를 정리하면 다음과 같다.

변수 Type	크기(Byte)	허용 범위	비고
char	1	문자	char ch = 'A' ;
byte	1	0~255	byte bDta = 15 ;
unsigned char			unsigned char ch = 180 ;
short	2	-32768~32767	short sDta = 1234 ;
int			int iDta = 1234 ;
long	4	-2147483648 ~ 2147483647	long lDta = 123456789 ;
float	4	-3.4028235×10^{38} $\sim3.4028235\times10^{38}$	float fDta = 12.34 ;
double			아두이노 Due는 8-Byte이다.
unsigned int	2	0 ~ 65535	unsigned int uiDta = 23456 ;
word			word wDta = 23456 ;
unsigned long	4	0 ~ 294967295	unsigned long ulDta = 67000 ;
bool	1	true, false	bool bDta = true ;

연산에 사용되는 Constant의 의미는 다음과 같다.

Consrant	의미	비고	
false	부정	int로 환산하면 0이다.	
true	참	int로 환산하면 0이 아닌 값이다.	
LOW	논리값 0	입력	입력 전압이 1.5V 이하(5V Board) 입력 전압이 1V 이하(3.3V Board)
		출력	0V를 출력한다.
HIGH	논리값 1	입력	입력 전압이 3V 이상(5V Board) 입력 전압이 2V 이상(3.3V Board)
		출력	5V의 전압을 출력한다(5V Board). 3.3V의 전압을 출력한다(3.3V Board).

5V Board에서 입력에서 LOW는 1.5V 이하의 전압이고, HIGH는 3V 이상의 전압으로 되어 있다. 따라서 1.5~3.0V 범위의 전압은 원칙적으로는 HIGH 혹은 LOW로 판단할 수가 없다.

Digital Hardware 규약을 보면 출력 전압은 금지 영역(inhibited region)을 두고 있으녀, 금지 영역의 범위에 있는 진압은 출력하지 못히게 되어 있다. 따라서 inhibitcd region은 Hardware상의 문제이며, Error 혹은 고장의 원인이기도 하다. 아두이노 5V Board에서 규정하는 inhibited region은 1.5~3.0V이다. 3.3V Board에서 규정하는 inhibited region은 1~2.0V이다.

A.2 전역변수와 지역 변수, static, volatile, const

전역 변수와 지역 변수, static의 의미는 사용해 보면 간단히 알 수 있는 내용이지만, 정의를 하려면 까다롭게 느껴진다. 다음 설명을 가볍게 읽고 지나가자. 변수는 전역변수와 지역 변수로 구분된다.

전역 변수는 프로그램의 모든 영역에서 사용할 수 있지만, 지역 변수는 사용할 수 있는 범위가 제한된다.

변수를 사용할 수 있는 범위를 Scope라 부르며, 지역 변수의 범위는 함수 혹은 명령어 등에서 만들어지는 중괄호("{..}")를 기준으로 생각하면 된다. 좀 더 구체적으로 말하면, 지역 변수는 자신이 만들어진 중괄호("{..}")의 내부에서는 사용할 수 있지만, 중괄호를 벗어난 범위에서는 사용할 수는 없다.

[그림 A.2.1]은 변수 x, y, z가 사용될 수 있는 범위(scope라 한다)를 표현한 그림이다. [그림 A.2.1]에서 x는 전역 변수이다.

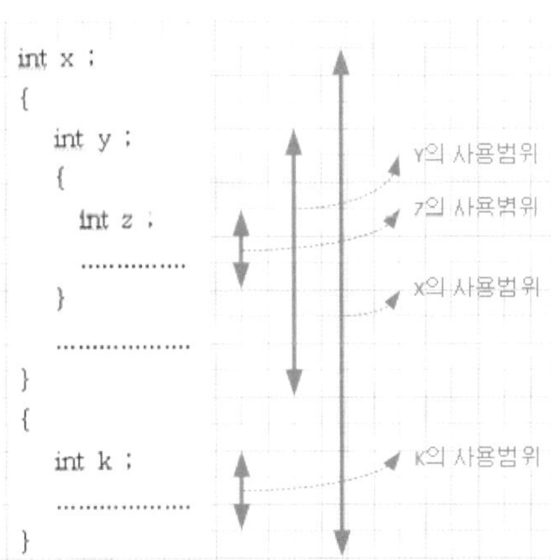

| 그림 A.2.1 | 변수의 사용 범위

① Static : 지역 변수에만 적용되는 것은 아니지만, 이해하기 쉽게 지역변수를 기준으로 설명하자. 지역 변수는 중괄호("{..}")를 기준으로하고 있기 때문에, 프로그램이 중괄호("{..}")를 벗어나면 지역 변수는 소멸되고 그 내용도 상실한다. 따라서 다음 번 다시 실행할 때 값이 초기화 되는 것이 원칙이지만, Static으로 정의된 지역 변수는 초기화 되지 않고 원래의 값을 유지한다.

② Const : 변수를 정의할 때 앞에 const를 붙이려면, 변수의 초기값을 지정해야 하며, 프로그램 내에서는 const 변수는 상수로 취급하기 때문에 변경할 수 없다.

③ volatile : 변수를 Ram 영역에 정의하는 변수이며, 아두이노에서는 interrupt 영역에서 사용하고 있다.

A.3 연산자

연산자는 산술연산자, 관계 연산자, 논리 연산자, Bit 연산자 4가지 그룹으로 분류된다.

1) 산술 연산자

연산자	의미	사용 예	결과
=	대입	a=3	변수 a에 3이 대입된다.
+	더하기	a=3+5	a의 값은 8이다.
-	빼기	a=5-3	a의 값은 2이다.
*	곱하기	a=3*5	a의 값은 15이다.
/	나누기	a=3/5	a의 값은 0.6이다.
%	나머지	a=5%3	5에서 3을 나누면 나머지 값이 2이므로 a의 값은 2이다.

2) 관계 연산자

연산자	의미	사용 예	결과
>	크다	5 > 3	True
>=	크거나 같다	5 >= 3	True
<	작다	5 < 3	False
<=	작거나 같다	5 <= 3	False
==	같다	5 == 3	False
!=	다르다	5 != 3	True

* True는 1과 등가이고, False는 0과 등가이다.

3) 논리 연산자

연산자	의미	사용 예	결과
&&	논리적 AND	(5〉3) && (4〈3)	False
||	논리적 OR	(5〉3) || (4〈3)	True
!	논리적 NOT	!(5〉3)	False

4) Bit 연산자

byte a = 42 ; // = 0x2A = 0b00101010 ;

byte b = 105 ; // = 0x69 = 0b01101001 ;

연산자	의미	사용 예	결과
&	Bit 단위 AND	c = a & b	c의 값은 40 = 0x28 = 0b00101000
|	Bit 단위 OR	c = a | b	c의 값은 107 = 0x6B = 0b01101011
~	Bit 단위 NOT	c = ~a	c의 값은 213 = 0xD5 = 0b11010101
^	Bit 단위 XOR	c = a ^ b	c의 값은 67 = 0x43 = 0b01000011
〈〈	Bit 단위 Shift Left	c = a 〈〈 2	c의 값은 168 = 0xA8 = 0b10101000
〉〉	Bit 단위 Shift Right	c = a 〉〉 2	c의 값은 10 = 0x0A = 0b00001010

5) 복합 연산자

	연산자	사용 예	등가식	결과
산술연산	+=	c += 5	c = c + 5	c에 5가 더해진다.
	-=	c -= 5	c = c - 5	c에 5가 감산된다.
	*=	c *= 2	c = c * 2	c에 2가 곱해진다.
	/=	c /= 2	c = c / 2	c는 2로 나누어진다.
	++	c++	c = c + 1	c에 1이 더해진다.
	--	c--	c = c - 1	c에서 1을 뺀다.
비트연산	&=	c &= a	c = c & a	c의 값은 c와 a가 AND 연산한 값이다.
	|=	c |= a	c = c | a	c의 값은 c와 a가 OR 연산한 값이다.
	^=	c ^= a	c = c ^ a	c의 값은 c와 a가 OR 연산한 값이다.

부록 B. 산술 함수

1) abs(x) ;

x의 절대값을 return 하는 함수

- return : x의 절대값

2) constrain(x,a,b) ;

a와 b 사이의 값만을 return하는 함수이다.

- return : 1) $a \leqq x \leqq b$의 조건을 만족하면 x를 return한다.
  2) $x < a$이면 a를 return한다.
  3) $x > b$이면 b를 return한다.

3) map(x,a,b,c,d) ;

a와 b를 경계로 하는 숫자들을 c와 d 사이의 값으로 mapping하는 함수이다.
예를 들면 아두이노의 A/D Converter의 입력은 10-Bit이므로 0과 1023 사이의 값이다. 이 값을 8-Bit의 PWM으로 출력하려면 입력 값을 PWM에 적합한 값으로 변환하여 출력 하여야 한다. 다음 예를 보자

```
int val = analogRead(A0);              // val은 0~255 사이의 값이다.
val = map(val, 0, 1023, 0, 255);       // val은 0~1023 사이의 값이다.
analogWrite(5, val);
```

- return : map에 의해 변환된 값

4) max(x,y) ;

x와 y를 비교하고 큰 값을 return한다.

- return : x, y 중 큰 값

5) min(x,y) ;

x와 y를 비교하고 작은 값을 return한다.

- return : x, y 중 작은 값

6) pow(base. Exponent) ;

거듭 제곱 값을 구하는 함수이다.

예를 들면 pow(2,3)은 $2^3 = 8$을 return한다.

- return : $base^{Exponent}$

7) sq(x) ;

x의 제곱 값을 계산한다.

- return : x^2

8) sqrt(x) ;

x의 제곱근 값을 계산하는 함수

- return : $\sqrt{x}$

9) cos(x) ;

x의 cosine 값을 계산한다. x는 radian 값이다.

- return : cos(x) ;

10) sin(x) ;

x의 sine 값을 계산한다. x는 radian 값이다.

- return : cos(x) ;

11) tan(x) ;

x의 tangent 값을 계산한다. x는 radian 값이다.

- return : cos(x) ;

부록 C. 아두이노 세트 구성

■ 아두이노 실습세트

교재 전체의 모든 내용을 실습할 수 있는 세트로 구성되어 있습니다.
실습에 필요한 개별 센서 및 부품들도 별도로 구매가 가능합니다.
http://www.toolparts.co.kr , http://www.deviceshop.net 쇼핑몰에서 구매 가능합니다.

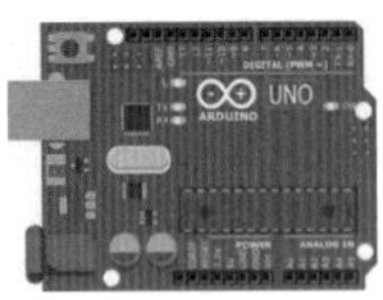
UNO R3

USB 케이블 1.5m

830 브레드 보드

점프와이어 40P M-M

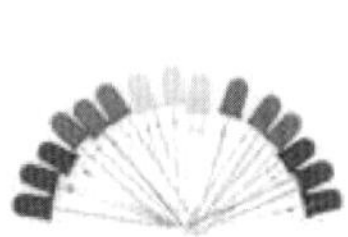
R,G,Y,W,B 4개씩

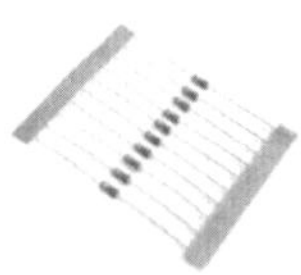
¼ W 저항 세트

케페시터 세트

6*6 스위치 10개

10K 가변저항

5V 수동 부저

적외선 수신

적외선 리모컨

S8050/S8550 TR

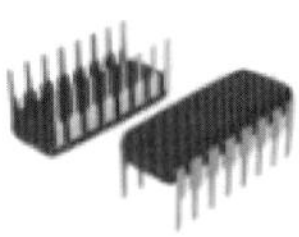
MCP4725

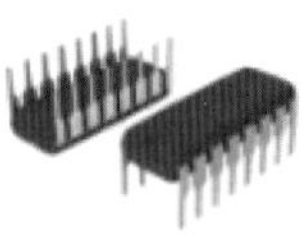
MCP3008

DHT11 온습도센서

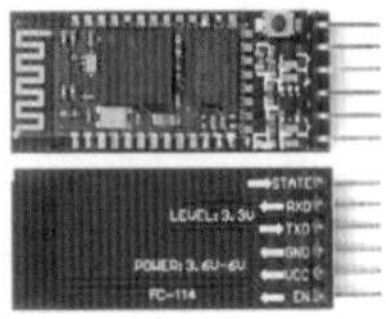
HC-06 블루투스

이더넷 모듈

와이파이 실드

AT24C02

SD 메모리

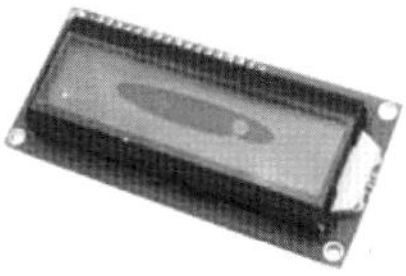
IIC 1602 LCD

RTC 모듈

CDS 조도센서

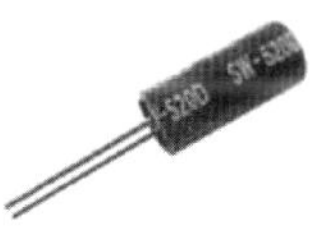
진동센서

인체감지 센서

SN04N 근접센서

MAX232

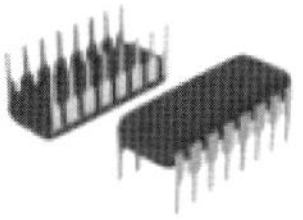
L293B

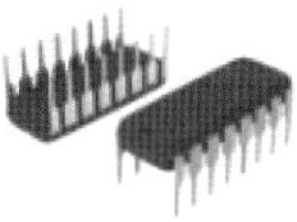
LM358

L293B 모터드라이버

LM35 온도센서

화염감지 센서

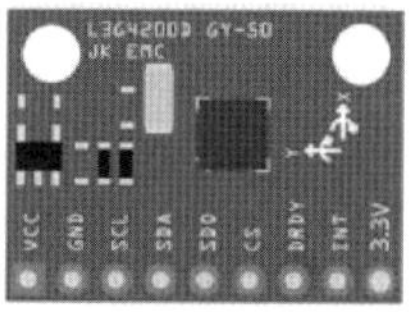

L3G4200D 자이로

초음파 센서

5V DC모터

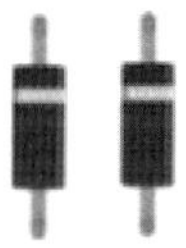
1N4001 다이오드

스테핑 모터

DIP 스위치

7세그먼트 모듈

서보 모터

아두이노를 이용한
사물인터넷 기초부터 실무까지

발　　행 / 2019년 8월 30일

•

저　　자 / 김경희, 김영채, 오상균,
허덕행 공저

펴 낸 이 / 정 창 희

펴 낸 곳 / 동일출판사

주　　소 / 서울시 강서구 곰달래로31길7 (2층)

전　　화 / (02) 2608-8250

팩　　스 / (02) 2608-8265

등록번호 / 제109-90-92166호

•

ISBN 978-89-381-1201-9-93000

값 / 20,000원